普通高等院校"十三五"应用型规划教材

# 土力学与地基基础

## （第二版）

主　编　陈剑波　刘　洋
副主编　宋海波　杜晟连
主　审　刘凤翰

华中科技大学出版社

中国·武汉

# 内 容 提 要

本书是根据项目化教学要求进行编写的建筑工程技术专业系列教材之一。全书共分为9个项目：土的性质及土方开挖方案识读，土中应力和地基变形的计算，土的抗剪强度与地基容许承载力的计算，浅基础的设计、施工及施工图识读，桩基础的设计、施工及施工图识读，地基处理，工程地质勘察报告的识读，重力式挡土墙与基坑支护及土工试验，并附有相关的设计实例与实际施工图。为方便读者学习，本书的每个项目还有学习目标及精选的练习题。

本书可作为普通高等院校、高等专科学校、高等职业技术学院、成人高校等土建类专业的教学用书，也可作为土建类工程技术人员、施工管理人员的参考用书。

**图书在版编目(CIP)数据**

土力学与地基基础/陈剑波,刘洋主编.—2版.—武汉:华中科技大学出版社,2020.1
普通高等院校"十三五"应用型规划教材
ISBN 978-7-5680-5462-1

Ⅰ.①土…　Ⅱ.①陈…　②刘…　Ⅲ.①土力学-高等学校-教材　②地基-基础(工程)-高等学校-教材　Ⅳ.①TU4

中国版本图书馆 CIP 数据核字(2019)第 266538 号

**土力学与地基基础(第二版)**　　　　　　　　　　　　　　陈剑波　刘　洋　主编
Tulixue Yu Diji Jichu(Di-erban)

责任编辑：简晓思
封面设计：原色设计
责任校对：张会军
责任监印：朱　玢
出版发行：华中科技大学出版社(中国·武汉)　　　　电话：(027)81321913
　　　　　武汉市东湖新技术开发区华工科技园　　　　邮编：430223
录　　排：华中科技大学惠友文印中心
印　　刷：武汉华工鑫宏印务有限公司
开　　本：787mm×1092mm　1/16
印　　张：13　插页：7
字　　数：364 千字
版　　次：2020 年 1 月第 2 版第 1 次印刷
定　　价：48.00 元

# 前　言

　　土力学与地基基础是土建类专业的一门重要的专业课。随着城市建设的快速发展以及高层建筑、大型公共建筑、重型设备基础、城市地铁、越江越海隧道等工程的大量兴建,土力学理论与地基基础技术显得越来越重要。据统计,国内外发生的工程事故中,地基基础领域的事故为最多,并且造成的损失和对社会的不良影响越来越大,事故处理的成本与难度也在不断增加,因此,土建类专业的学生及相关工程技术人员应重视本学科知识的学习。

　　编者根据课程的定位和培养目标,以工作为导向重构课程内容,立足于实际能力的培养,对课程内容的选择标准作了根本性改革,打破了以知识传授为主要特征的传统学科课程模式,转而以工作任务为中心、基于"工学结合"的要求来组织课程内容和课程教学,让学生在完成具体项目的过程中来构建相关理论知识,并发展职业能力。通过邀请多家相关企业行业专家与建筑工程专业教师多次深入、细致、系统的专题讨论和分析,本书最终确定了9个学习项目:项目1为土的性质及土方开挖方案识读,项目2为土中应力和地基变形的计算,项目3为土的抗剪强度与地基容许承载力的计算,项目4为浅基础的设计、施工及施工图识读,项目5为桩基础的设计、施工及施工图识读,项目6为地基处理,项目7为工程地质勘察报告的识读,项目8为重力式挡土墙与基坑支护,项目9为土工试验。

　　本书教学内容围绕实训项目组织,技能培养以工学结合为切入点;实训项目会同企业进行开发和研究,符合工作要求,有针对性,能大力提高学生对图形的理解与识读能力;理论知识作为能力培养的补充,努力打造理论实践一体化的教学课堂;进一步激发学生的学习热情,优化教学过程,提高学生的动手能力,充分发挥学生的主观能动性;最终增强学生的上岗就业的竞争能力,为零距离上岗就业提供了有力保障。本书在编写过程中力求内容精选、推导简化,做到"以应用为目的""以必需、够用为原则",并注重反映地基基础领域的新规范、新规程及推广应用的新技术、新工艺。本书采用的规范、规程有《建筑地基基础设计规范》(GB 50007—2011)、《岩土工程勘察规范(2009 年版)》(GB 50021—2001)、《建筑地基处理技术规范》(JGJ 79—2012)、《土工试验方法标准》(GB/T 50123—1999)等。

　　本书由刘凤翰担任主审,陈剑波、刘洋任主编,宋海波、杜晟连任副主编。本书在编写过程中得到了许多院校领导和老师的帮助;刘凤翰在本书成稿后认真审阅了全书,并提出了宝贵的修改意见,在此一并表示感谢。

　　由于编者水平有限,书中不妥之处,敬请读者批评指正。

编　者

2019 年 11 月

# 目　　录

# 项目 1　土的性质及土方开挖方案识读

▶▶▶ ‖ 学习要求 ‖ ‥‥‥‥

◇ 能够识别土的各种性质及其相对应的性质指标；
◇ 熟悉规范对地基土的工程分类方法；
◇ 能够读懂土方的开挖方案。

## 1.1　土与地基

自然界中的土是地壳表层的岩石经过风化、剥蚀、破碎、搬运、沉积等过程后在不同条件下形成的自然历史产物。

我们一般将支承上部建筑和基础荷载的土层称为地基，如图 1-1 所示。

图 1-1　地基与上部建筑

### 1.1.1　上部建筑、基础与地基

上部建筑的荷载传给基础，基础承受上部荷载并传递给地基，三者相互作用、相互联系，如图 1-2 所示。

地基与基础是两个完全不同的概念。

通常将埋入土层一定深度的建筑物下部的承重结构称为基础，而将支承基础的土层或岩层称为地基，如图 1-3、图 1-4 所示。

位于基础底面下第一层土称为持力层，而在持力层以下的土层称为下卧层（强度低于持力层的下卧层称为软弱下卧层），如图 1-5 所示。

由于地基的持力层需要承受上部建筑以及地基所传递过来的全部荷载，因此，必须选择承载力较高的土层作为建筑物的地基，来承受上部荷载。

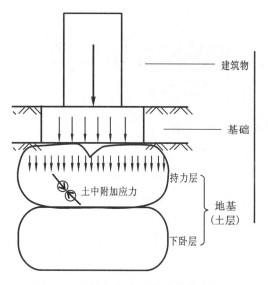

图 1-2 上部建筑、基础与地基传力关系

图 1-3 地基与基础(一)

图 1-4 地基与基础(二)

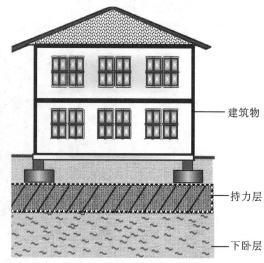

图 1-5 建筑物、持力层与下卧层

### 1.1.2 建筑物安全的保证条件

建筑物安全的保证条件如下。

①建筑物本身是安全的。

②基础本身满足强度、刚度和耐久性的要求。

③地基应满足以下条件。

a.地基的强度条件。要求建筑物的地基应有足够的承载力,在荷载作用下不发生剪切破坏或失稳。

b.地基的变形条件。要求建筑物的地基不产生过大的变形(包括沉降、沉降差、倾斜和局部倾斜),保证建筑物正常使用。

## 1.2  土的成因和组成

要选择承载力较高的土层作为建筑物的地基,就必须了解何种土层具备较高的承载力,这就要求首先要了解土的成因、组成、各种指标和土的工程分类。

### 1.2.1  土的成因

土一般是指由原岩风化产物经各种外力地质作用而成的沉积物,至今其沉积历史不长,所以只能形成未经胶结硬化的沉积物,也就是通常所说的"第四纪沉积物"或"土"。第四纪沉积物是指第四纪时期因地质作用所沉积的物质,一般呈松散状态。在第四纪连续下沉地区,其最大厚度可达 1 000 m。

不同成因类型的第四纪沉积物,各具有一定的分布规律和工程地质特征。以下分别介绍其中主要的几种成因类型。

**1. 残积物($Q^{el}$)**

残积物是由岩石风化后,未经搬运而残留于原地的土。

**2. 坡积物($Q^{dl}$)**

坡积物是残积物经水流搬运,顺坡移动堆积而成的土。

**3. 洪积物($Q^{pl}$)**

洪积物是山洪带来的碎屑物质,在山沟的出口处堆积而成的土。

**4. 冲积物($Q^{al}$)**

冲积物是河流流水的地质作用将两岸基岩及其上部覆盖的坡积成洪积物质剥蚀后搬运、沉积在河流坡降平缓地带形成的沉积物。

除了上述四种主要成因类型的沉积物外,还有海洋沉积物($Q^{m}$)、湖泊沉积物($Q^{l}$)及冰川沉积物($Q^{gl}$)等,它们分别由海洋、湖泊及冰川等地质作用形成。

### 1.2.2  土的组成

自然界中的土是由固体颗粒、水和气体组成的三相体系。

为了便于说明和计算,通常用土的三相组成图来表示它们之间的数量关系,如图 1-6 所示。三相图的左侧表示三相组成的质量关系,右侧表示三相组成的体积关系。

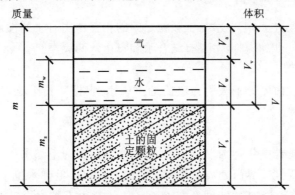

$m$—土的总质量;$m_s$—土的固定颗粒的质量;$m_w$—水的质量;$V$—土的总体积;
$V_v$—土的孔隙体积;$V_s$—土的固定颗粒的体积;$V_w$—水的体积;$V_a$—气体的体积

**图 1-6  土的三相组成**

**1. 土的固体颗粒(土粒)**

自然界中的土都是由大小不同的土粒组成的,土粒的大小与土的性质密切相关。如土粒由粗变细,则土的性质由无黏性变为黏性。粒径大小在一定范围内的土,其矿物成分及性质也比较相近。

划分粒组的分界尺寸称为界限粒径,我国习惯采用表 1-1 所示方法划分粒组。

表 1-1　粒组划分标准

| 粒组统称 | 粒组名称 | | 粒组粒径 $d$ 的范围/mm |
|---|---|---|---|
| 巨　粒 | 漂石(块石)粒 | | $d>200$ |
| | 卵石(碎石)粒 | | $60<d\leqslant200$ |
| 粗　粒 | 砾粒 | 粗砾 | $20<d\leqslant60$ |
| | | 中砾 | $5<d\leqslant20$ |
| | | 细砾 | $2<d\leqslant5$ |
| | 砂粒 | 粗砾 | $0.5<d\leqslant2$ |
| | | 中砂 | $0.25<d\leqslant0.5$ |
| | | 细砂 | $0.075<d\leqslant0.25$ |
| 细　粒 | 粉粒 | | $0.005<d\leqslant0.075$ |
| | 黏粒 | | $d\leqslant0.005$ |

土的颗粒级配是指土中各个粒组占土粒总量的百分数,常用来表示土粒的大小及组成情况。土的级配一般用颗粒级配曲线表示,一般横坐标用来表示粒径,纵坐标用来表示小于某粒径的土重含量(或累计百分含量)。图 1-7 中曲线 $a$ 平缓,则表示粒径大小相差较大,土粒不均匀,即为级配良好;曲线 $b$ 较陡,则表示粒径大小相差不大,土粒较均匀,即为级配不良。

工程上常采用不均匀系数 $C_u$ 和曲率系数 $C_c$ 来定量反映土颗粒的组成特征。我国《土的工程分类标准》(GB/T 145—2007)规定:对于砂类或砾类土,当 $C_u\geqslant5$ 且 $C_c=1\sim3$ 时,为级配良好的砂或砾;不能同时满足上述条件时,为级配不良的砂或砾。级配良好的土,其强度和稳定性较好,透水性和压缩性较小,是填方工程的良好用料。

**2. 土中水**

自然状态下土中都含有水,土中水与土颗粒之间的相互作用对土的性质影响很大,而且土颗粒越细,影响越大。土中液态水主要有结合水和自由水两大类。

1)结合水

结合水是指由土粒表面电分子吸引力吸附的土中水,根据其到土粒表面的距离又可以分为强结合水和弱结合水。

2)自由水

自由水是指存在于土粒电场范围以外的水,自由水又可分为毛细水和重力水。

毛细水是受到水与空气交界面处表面张力作用的自由水。毛细水位于地下水位以上的透水层中,容易湿润地基造成地陷,特别在寒冷地区要注意因毛细水上升产生冻胀现象,地下室要采取防潮措施。

重力水是存在于地下水位以下透水层中的地下水,它是在重力或压力差作用下而运动

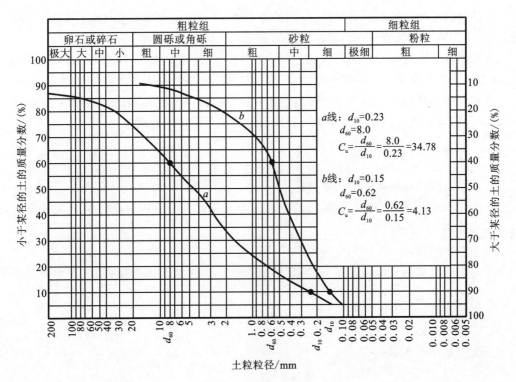

图 1-7  颗粒级配曲线

的自由水。在地下水位以下的土,受重力水的浮力作用,土中的应力状态会发生改变。施工时,重力水对于基坑开挖、排水等方面会产生较大影响。

**3. 土中气体**

土中气体存在于土孔隙中未被水占据的部位。

# 1.3  土的物理性质指标和物理状态指标

土的物理性质指标主要描述的是土的三相比例关系(见图 1-8),它在一定程度上体现了土的力学性质,如土的承载力。描述土的三相物质在体积和质量上的比例关系的有关指标,称为土的三相比例指标。

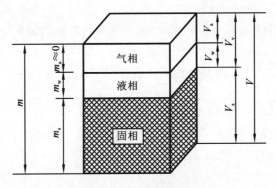

图 1-8  土的三相比例关系

土的物理性质指标可分为两种:一种是基本指标(可由土工试验直接测定),另一种是换算指标(可由基本指标经过换算求得)。

土的物理状态指标则更为形象、直观地描述了土当前所处的一种状态。所谓土的物理状态,对于无黏性土是指土的密实度,对于黏性土是指土的软硬程度。

各种土层的性质与承载力都可以通过相对应的指标进行区分,因此,更好地了解土的各种指标,我们就更能科学地选出承载力较好的土层作为建筑物的地基。

### 1.3.1 土的物理性质指标

**1. 土的物理性质指标中的基本指标**

土的含水量、土的密度、土粒相对密度这三个三相比例指标可由土工试验直接测定,称为基本指标,亦称为试验指标。

1)土的含水量 $\omega$

土中水的质量与土粒质量之比(用百分数表示),称为土的含水量,亦称为土的含水率,即

$$\omega = \frac{m_w}{m_s} \times 100\% \tag{1-1}$$

式中:$\omega$——土的含水量;

$m_w$——土中水的质量,g;

$m_s$——土粒质量,g。

同一类土,含水量越高,则土越湿,一般来说土也就越软,强度越低。

2)土的密度 $\rho$ 和重度 $\gamma$

单位体积内土的质量称为土的密度 $\rho$。

$$\rho = \frac{m}{V} \tag{1-2}$$

式中:$\rho$——土的密度,g/cm³ 或 t/m³;

$m$——土的质量,g 或 t;

$V$——土的体积,cm³ 或 m³。

单位体积内土的重量称为土的重度 $\gamma$。

$$\gamma = \rho g \tag{1-3}$$

式中:$\gamma$——土的重度,kN/m³;

$g$——重力加速度,约等于 9.8 m/s²,一般在工程计算中近似取 $g = 10$ m/s²。

3)土粒相对密度 $G_s$

土粒质量与同体积的 4 ℃时纯水的质量之比,称为土粒相对密度,即

$$G_s = \frac{m_s}{V_s \rho_w} = \frac{\rho_s}{\rho_w} \tag{1-4}$$

式中:$G_s$——土粒相对密度;

$m_s$——土粒质量,g;

$V_s$——土粒体积,cm³;

$\rho_s$——土粒密度,g/cm³;

$\rho_w$——4 ℃时纯水的密度,g/cm³,一般取 $\rho_w = 1$ g/cm³。

**2. 土的物理性质指标中的换算指标**

在测定上述三个基本指标之后,经过换算求得的下列六个指标,称为换算指标。

1)干密度 $\rho_d$ 和干重度 $\gamma_d$

单位体积内土粒的质量称为土的干密度 $\rho_d$,单位体积内土粒的重量称为土的干重度 $\gamma_d$,土的干密度和干重度的计算公式为

$$\rho_d = m_s/V \qquad (1-5)$$

$$\gamma_d = \rho_d g \qquad (1-6)$$

在工程上常把干密度作为检测人工填土密实程度的指标,以控制施工质量。

2)土的饱和密度 $\rho_{sat}$ 和饱和重度 $\gamma_{sat}$

土的饱和密度 $\rho_{sat}$ 是指土中孔隙完全充满水时,单位体积内土的质量;土的饱和重度 $\gamma_{sat}$ 是指土中孔隙完全充满水时,单位体积内土的重量,即

$$\rho_{sat} = (m_s + V_v \rho_w)/V \qquad (1-7)$$

$$\gamma_{sat} = \rho_{sat} g \qquad (1-8)$$

3)土的有效密度 $\rho'$ 和有效重度 $\gamma'$

土的有效密度 $\rho'$ 是指在地下水位以下,单位体积土中土粒的质量扣除土体排开同体积水的质量;土的有效重度 $\gamma'$ 是指在地下水位以下,单位体积土中土粒所受的重力扣除水的浮力,即

$$\rho' = (m_s - V_s \rho_w)/V \qquad (1-9)$$

$$\gamma' = \rho' g \qquad (1-10)$$

4)土的孔隙比 $e$

土的孔隙比 $e$ 为土中孔隙体积与土粒体积之比,用小数表示,即

$$e = V_v/V_s \qquad (1-11)$$

土的孔隙比是评价土的密实程度的重要指标。一般孔隙比小于 0.6 的土是低压缩性的土,孔隙比大于 1.0 的土是高压缩性的土。

5)土的孔隙率 $n$

土的孔隙率 $n$ 为土中孔隙体积与土的总体积之比,以百分数表示,即

$$n = (V_v/V) \times 100\% \qquad (1-12)$$

土的孔隙率也可用来表示土的密实程度。

6)土的饱和度 $S_r$

土中水的体积与孔隙体积之比,称为土的饱和度 $S_r$,以百分数表示,即

$$S_r = (V_w/V_v) \times 100\% \qquad (1-13)$$

土的饱和度用作描述土体中孔隙被水充满的程度。干土的饱和度 $S_r = 0$,当土处于完全饱和状态时,$S_r = 100\%$。根据饱和度,土可划分为稍湿、很湿和饱和三种湿润状态,即

①$S_r \leqslant 50\%$,稍湿;

②$50\% < S_r \leqslant 80\%$,很湿;

③$S_r > 80\%$,饱和。

**3. 三相比例指标之间的换算关系**

在土的三相比例指标中,土的含水量、土的密度和土粒相对密度这三个基本指标是通过试验测定的,其他相应各项指标可以通过土的三相比例关系换算求得。各项指标之间的换

算公式见表 1-2。

表 1-2 土的三相比例指标之间的换算公式

| 名　称 | 符号 | 三相比例指标 | 常用换算公式 | 单　位 | 常见的数值范围 |
|---|---|---|---|---|---|
| 相对密度 | $G_s$ | $G_s = \dfrac{m_s}{V_s \rho_w} = \dfrac{\rho_s}{\rho_w}$ | $G_s = \dfrac{S_r e}{\omega}$ | — | 黏性土:2.72～2.75 <br> 粉土:2.70～2.71 <br> 砂类土:2.65～2.69 |
| 含水量 | $\omega$ | $\omega = \dfrac{m_w}{m_s} \times 100\%$ | $\omega = \dfrac{S_r e}{G_s} = \dfrac{\rho}{\rho_d} - 1$ | — | 20%～60% |
| 密度 | $\rho$ | $\rho = \dfrac{m}{V}$ | $\rho = \rho_d (1+\omega)$ <br> $\rho = \dfrac{G_s(1+\omega)}{1+e} \rho_w$ | g/cm³ | 1.6～2.0 |
| 干密度 | $\rho_d$ | $\rho_d = \dfrac{m_s}{V}$ | $\rho_d = \rho/(1+\omega)$ <br> $\rho_d = \dfrac{G_s}{1+e} \rho_w$ | g/cm³ | 1.3～1.8 |
| 饱和密度 | $\rho_{sat}$ | $\rho_{sat} = \dfrac{m_s + V_v \rho_w}{V}$ | $\rho_{sat} = \rho' + \rho_w$ <br> $\rho_{sat} = \dfrac{G_s + e}{1+e} \rho_w$ | g/cm³ | 1.8～2.3 |
| 有效密度 | $\rho'$ | $\rho' = \dfrac{m_s - V_s \rho_w}{V}$ | $\rho' = \rho_{sat} - \rho_w$ <br> $\rho' = \dfrac{G_s - 1}{1+e} \rho_w$ | g/cm³ | 0.8～1.3 |
| 重度 | $\gamma$ | $\gamma = \dfrac{m}{V} g$ | $\gamma = \dfrac{G_s(1+\omega)}{1+e} \gamma_w$ | kN/m³ | 16～20 |
| 干重度 | $\gamma_d$ | $\gamma_d = \dfrac{m_s}{V} g$ | $\gamma_d = \dfrac{G_s}{1+e} \gamma_w$ | kN/m³ | 13～18 |
| 饱和重度 | $\gamma_{sat}$ | $\gamma_{sat} = \dfrac{m_s + V_v \rho_w}{V} g$ | $\gamma_{sat} = \dfrac{G_s + e}{1+e} \gamma_w$ | kN/m³ | 18～23 |
| 有效重度 | $\gamma'$ | $\gamma' = \dfrac{m_s - V_s \rho_w}{V} g$ | $\gamma' = \dfrac{G_s - 1}{1+e} \gamma_w$ | kN/m³ | 8～13 |
| 孔隙比 | $e$ | $e = \dfrac{V_v}{V_s}$ | $e = \dfrac{G_s(1+\omega)}{\rho} \rho_w - 1$ | — | 黏性土和粉土:0.40～1.20 <br> 砂类土:0.30～0.90 |
| 孔隙率 | $n$ | $n = \dfrac{V_v}{V} \times 100\%$ | $n = \dfrac{e}{1+e}$ | — | 黏性土和粉土:30%～60% <br> 砂类土:25%～60% |
| 饱和度 | $S_r$ | $S_r = \dfrac{V_w}{V_v} \times 100\%$ | $S_r = \dfrac{G_s \omega}{e}$ <br> $S_r = \dfrac{\omega \rho_d}{n \rho_w}$ | — | 0～100% |

【**例 1-1**】　某土样经试验测得体积为 100 cm³,质量为 187 g,烘干后测得质量为 167 g。已知土粒相对密度 $G_s=2.66$,试求该土样的含水量 $\omega$、密度 $\rho$、重度 $\gamma$、干重度 $\gamma_d$、孔隙比 $e$、饱和度 $S_r$、饱和重度 $\gamma_{sat}$ 和有效重度 $\gamma'$。

【**解**】

$$\omega=\frac{m_w}{m_s}\times100\%=\frac{187-167}{167}\times100\%=11.98\%$$

$$\rho=\frac{m}{V}=\frac{187}{100}\ \text{g/cm}^3=1.87\ \text{g/cm}^3$$

$$\gamma=\rho g=1.87\times10\ \text{kN/m}^3=18.7\ \text{kN/m}^3$$

$$\gamma_d=\rho_d g=\frac{167}{100}\times10\ \text{kN/m}^3=16.7\ \text{kN/m}^3$$

$$e=\frac{G_s(1+\omega)\rho_w}{\rho}-1=\frac{2.66\times(1+0.119\,8)\times1}{1.87}-1=0.593$$

$$S_r=\frac{\omega G_s}{e}\times100\%=\frac{0.119\,8\times2.66}{0.593}\times100\%=53.7\%$$

$$\gamma_{sat}=\frac{G_s+e}{1+e}\gamma_w=\frac{2.66+0.593}{1+0.593}\times10\ \text{kN/m}^3=20.4\ \text{kN/m}^3$$

$$\gamma'=\gamma_{sat}-\gamma_w=(20.4-10)\ \text{kN/m}^3=10.4\ \text{kN/m}^3$$

## 1.3.2　土的物理状态指标

### 1. 无黏性土的密实度

土的密实度是指单位体积中固体颗粒充满的程度。无黏性土颗粒排列紧密,呈密实状态时,强度较高,压缩性较小,可作为良好的天然地基;呈松散状态时,强度较低,压缩性较大,为不良地基。判别砂土密实状态的指标通常有下列三种。

1)孔隙比 $e$

采用天然孔隙比 $e$ 的大小来判断砂土的密实度,是一种较简便的方法。一般当 $e<0.6$ 时,属密实的砂土,是良好的天然地基;当 $e>0.95$ 时,为松散状态,不宜作为天然地基。

2)相对密度 $D_r$

当砂土处于最密实状态时,其孔隙比称为最小孔隙比 $e_{min}$;当砂土处于最疏松状态时,其孔隙比称为最大孔隙比 $e_{max}$;砂土在天然状态下的孔隙比用 $e$ 表示,相对密度 $D_r$ 为

$$D_r=\frac{e_{max}-e}{e_{max}-e_{min}} \tag{1-14}$$

当砂土的天然孔隙比 $e$ 接近于最大孔隙比 $e_{max}$ 时,其相对密度接近于零,则表明砂土处于最松散的状态;而当砂土的天然孔隙比 $e$ 接近于最小孔隙比 $e_{min}$ 时,其相对密度接近于 1,表明砂土处于最紧密的状态。用相对密度 $D_r$ 判定砂土密实度的标准如下:

①$0<D_r\leqslant0.33$,松散;

②$0.33<D_r\leqslant0.67$,中密;

③$0.67<D_r\leqslant1$,密实。

3)标准贯入试验的锤击数 $N$

在实际工程中,天然砂土的密实度可根据标准贯入试验的锤击数 $N$ 进行评定,表 1-3 给出了《建筑地基基础设计规范》(GB 50007—2011)的判别标准。

表 1-3　按锤击数 $N$ 划分砂土密实度

| 密 实 度 | 松 散 | 稍 密 | 中 密 | 密 实 |
|---|---|---|---|---|
| 标准贯入试验锤击数 $N$ | $N\leqslant 10$ | $10<N\leqslant 15$ | $15<N\leqslant 30$ | $N>30$ |

**2. 黏性土的物理状态指标**

黏性土的物理状态可以用稠度表示,黏性土由于含水量的不同,而分别处于固态、半固态、可塑状态及流动状态。

1)黏性土的界限含水量

黏性土从一种状态过渡到另一种状态的分界含水量称为界限含水量。黏性土由可塑状态过渡到流动状态的界限含水量称为液限 $\omega_L$;由半固态转到可塑状态的界限含水量称为塑限 $\omega_P$;由固态转到半固态的界限含水量称为缩限 $\omega_S$,如图 1-9 所示。当黏性土在某一含水量范围内时,可用外力将土塑成任何形状而不发生裂纹,即使外力移去后仍能保持既得的形状,土的这种性能称为土的可塑性。

图 1-9　黏性土的状态与含水量关系

2)黏性土的塑性指数和液性指数

(1)塑性指数

塑性指数是指液限 $\omega_L$ 和塑限 $\omega_P$ 的差值,即黏性土处在可塑状态的含水量的变化范围,用 $I_P$ 表示,即

$$I_P = \omega_L - \omega_P \tag{1-15}$$

式中:$\omega_L$、$\omega_P$ 分别为黏性土的液限和塑限,用百分数表示,计算塑性指数 $I_P$ 时去掉百分符号。《建筑地基基础设计规范》(GB 50007—2011)规定:塑性指数 $I_P>10$ 的土为黏性土,其中 $I_P$ 为 10~17 的土为粉质黏土,$I_P>17$ 的土为黏土。

(2)液性指数

液性指数是指土的天然含水量和塑限的差值与塑性指数 $I_P$ 之比,用 $I_L$ 表示,即

$$I_L = \frac{\omega - \omega_P}{I_P} \tag{1-16}$$

液性指数是表示黏性土软硬程度(稠度)的物理指标。

《建筑地基基础设计规范》(GB 50007—2011)根据液性指数 $I_L$ 将黏性土划分为坚硬、硬塑、可塑、软塑和流塑五种状态(见表 1-4)。

表 1-4　黏性土状态的划分

| 状 态 | 坚 硬 | 硬 塑 | 可 塑 | 软 塑 | 流 塑 |
|---|---|---|---|---|---|
| 液性指数 $I_L$ | $I_L\leqslant 0$ | $0<I_L\leqslant 0.25$ | $0.25<I_L\leqslant 0.75$ | $0.75<I_L\leqslant 1$ | $I_L>1$ |

3)黏性土的灵敏度和触变性

天然状态下的黏性土通常具有相对较高的强度。当土体受到扰动时,土的结构被破坏,因此强度降低。这种影响一般用土的灵敏度 $S_t$ 来表示,即

$$S_t = \frac{q_u}{q_0} \tag{1-17}$$

式中 : $S_t$——土的灵敏度;

　　$q_u$——原状土的强度;

　　$q_0$——土样受扰动后的强度。

工程中根据土的灵敏度的大小,将饱和黏性土分为以下三类:

①低灵敏度土,$1 < S_t \leqslant 2$;

②中灵敏度土,$2 < S_t \leqslant 4$;

③高灵敏度土,$S_t > 4$。

土的灵敏度越高,受扰动后土的强度降低就越多,这对工程建设是不利的,如在基坑开挖过程中,因施工造成土的扰动会使地基强度降低。

黏性土受扰动以后强度降低,但静置一段时间以后强度逐渐恢复的性质,称为土的触变性。如采用深层挤密类方法进行地基处理时,处理以后的地基常静置一段时间再进行上部结构的修建。

# 1.4　地基岩土的工程分类

岩土的分类方法很多,用途不同,所采用的分类方法不同。

《建筑地基基础设计规范》(GB 50007—2011)把作为建筑地基的岩土分为岩石、碎石土、砂土、粉土、黏性土、人工填土以及特殊土七类。

## 1.4.1　岩石

岩石为颗粒间牢固联结,呈整体或具有节理裂隙的岩体。

岩石按坚硬程度划分为坚硬岩、较硬岩、较软岩、软岩、极软岩,如表 1-5 所示。

**表 1-5　岩石按坚硬程度的划分**

| 坚硬程度类别 | 坚硬岩 | 较硬岩 | 较软岩 | 软岩 | 极软岩 |
|---|---|---|---|---|---|
| 饱和单轴抗压强度标准值 $f_{rk}$/MPa | $f_{rk} > 60$ | $60 \geqslant f_{rk} > 30$ | $30 \geqslant f_{rk} > 15$ | $15 \geqslant f_{rk} > 5$ | $f_{rk} \leqslant 5$ |

## 1.4.2　碎石土

碎石土为粒径大于 2 mm 的颗粒含量超过总质量 50% 的土,可分为漂石、块石、卵石、碎石、圆砾和角砾,如表 1-6 所示。

**表 1-6　碎石土的分类**

| 土 的 名 称 | 颗 粒 形 状 | 粒 组 含 量 |
|---|---|---|
| 漂石 | 圆形及亚圆形为主 | 粒径大于 200 mm 的颗粒含量超过总质量的 50% |
| 块石 | 棱角形为主 | |
| 卵石 | 圆形及亚圆形为主 | 粒径大于 20 mm 的颗粒含量超过总质量的 50% |
| 碎石 | 棱角形为主 | |
| 圆砾 | 圆形及亚圆形为主 | 粒径大于 2 mm 的颗粒含量超过总质量的 50% |
| 角砾 | 棱角形为主 | |

注:分类时应根据粒组含量由大到小以最先符合者确定。

### 1.4.3 砂土

砂土为粒径大于 2 mm 的颗粒含量不超过总质量 50%、粒径大于 0.075 mm 的颗粒含量超过总质量 50%的土,可分为砾砂、粗砂、中砂、细砂和粉砂,如表 1-7 所示。

表 1-7 砂土的分类

| 土 的 名 称 | 粒组含量 |
| --- | --- |
| 砾砂 | 粒径大于 2 mm 的颗粒占总质量的 25%～50% |
| 粗砂 | 粒径大于 0.5 mm 的颗粒含量超过总质量的 50% |
| 中砂 | 粒径大于 0.25 mm 的颗粒含量超过总质量的 50% |
| 细砂 | 粒径大于 0.075 mm 的颗粒含量超过总质量的 85% |
| 粉砂 | 粒径大于 0.075 mm 的颗粒含量超过总质量的 50% |

注:分类时应根据粒组含量由大到小以最先符合者确定。

### 1.4.4 粉土

粉土为介于砂土与黏性土之间、塑性指数 $I_P \leqslant 10$ 且粒径大于 0.075 mm 的颗粒含量不超过总质量 50%的土。粉土具有砂土和黏性土的某些特征。

### 1.4.5 黏性土

黏性土为塑性指数 $I_P > 10$ 的土,可分为黏土和粉质黏土,如表 1-8 所示。

表 1-8 黏性土的分类

| 土 的 名 称 | 塑性指数 $I_P$ |
| --- | --- |
| 黏土 | $I_P > 17$ |
| 粉质黏土 | $10 < I_P \leqslant 17$ |

### 1.4.6 人工填土

由于人类活动堆填的土称为人工填土。人工填土根据其组成和成因,可分为素填土、压实填土、杂填土、冲填土。

①素填土是由碎石、砂土、粉土、黏性土等一种或几种材料组成的填土,其中不含杂质或杂质很少。

②压实填土是经过压实或夯实的素填土。

③杂填土是由建筑垃圾、工业废料、生活垃圾等杂物组成的填土。

④冲填土是由水力冲填泥砂形成的填土。

人工填土的物质成分复杂,均匀性较差,作为地基时应注意其不均匀性。

### 1.4.7 特殊土

除上述六种土之外,还有一些特殊土,如软土、红黏土、湿陷性黄土、膨胀土等,这类土在特定的地理环境、气候等条件下形成,具有特殊的工程性质。

## 1.5  地基持力层选择

地基中的持力层需要承受并往下传递上部建筑与基础的全部荷载,因此,在选择持力层的时候,应考虑持力层承载力、沉降变形以及稳定性的要求。也就是说,持力层除了在承载力方面应大于上部建筑与基础的全部荷载、沉降变形应符合建筑规范的规定以外,还需要不发生稳定性破坏。在选择持力层的时候也要考虑经济因素,如果选择的持力层太深,施工造价就会过高。

结构工程师应根据地质勘察部门的地质报告所提供的各层地基承载能力特征值及建议,结合工程的荷载、使用功能、工程的重要性以及施工技术等综合因素来确定。

在合理确定地基中的持力层以后,施工单位就可以根据勘察报告以及土方开挖施工方案进行土方开挖了。

【**例 1-2**】 已知某建筑为三层,每层建筑荷载为 1 500 kN,基础自重荷载 $G_k$(包括基础上部土重)为 900 kN,筏板基础尺寸为 10 m×3 m,地下为三层土,具体如图 1-10 所示,请根据地基承载力选择合理的持力层。($f_a$ 为地基的承载力特征值。)

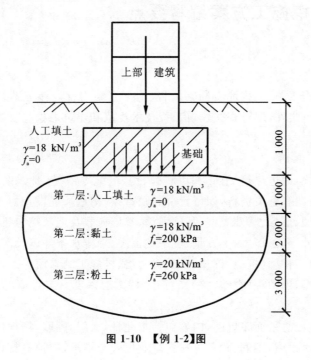

**图 1-10  【例 1-2】图**

【**解**】 (1)在中心荷载作用下,基底压强为

$$p_k = \frac{p}{lb} = \frac{1\ 500 \times 3 + 900}{10 \times 3}\ \text{kPa} = 180\ \text{kPa}$$

(2)根据三层土的承载力,且考虑经济因素,可知第二层土的承载力特征值为 200 kPa,大于上部荷载产生的基底附加压强180 kPa,因此,可以选择第二层土作为地基的持力层。

第三层土的承载力特征值为 260 kPa,虽然也大于上部荷载产生的基底附加压强180 kPa,但是从经济角度来看,优先选择第二层土。

# 1.6 土的工程特性指标

土的工程特性指标可采用抗剪强度指标、压缩性指标、静力触探探头阻力、动力触探锤击数、标准贯入试验锤击数、载荷试验承载力等特性指标来表示。

地基土的工程特性指标的代表值应分别为标准值、平均值及特征值。抗剪强度指标应取标准值,压缩性指标应取平均值,载荷试验承载力应取特征值。

土的抗剪强度指标,可采用原状土室内剪切试验、无侧限抗压强度试验、现场剪切试验、十字板剪切试验等方法测定。

土的压缩性指标可采用原状土室内压缩试验、原位浅层或深层平板载荷试验、旁压试验确定,并应符合《建筑地基基础设计规范》(GB 50007—2011)的规定。

载荷试验应采用浅层平板载荷试验或深层平板载荷试验。浅层平板载荷试验适用于浅层地基,深层平板载荷试验适用于深层地基。两种载荷试验的试验要求应分别符合《建筑地基基础设计规范》(GB 50007—2011)附录 C、D 的规定。

# 1.7 土方开挖施工方案编写要点

## 1.7.1 编制依据

基坑支护设计施工图、工程地质勘察报告、地下室结构设计施工图、国家现行有关施工及验收的规范和执行文件,现行相关建筑工程技术规范和建筑工程验收规范等。

## 1.7.2 工程概况

①工程所处地段,周边建筑、道路和市政管、沟、电缆等情况(要详细说明场地内和邻近地区地下管道、管线图和有关资料,如位置、深度、直径、构造及埋设年份等;邻近的原有建筑和构筑物的结构类型、层数、基础类型、基础埋深、基础荷载及上部结构建设现状)。

②基坑平面尺寸、开挖深度、土方量、坑中坑情况、降排水条件以及出土口设置等。

③工程桩基情况:桩型、桩径、桩长、所处持力层、桩施工结果情况。

④基坑支护类型,围护桩(类型、桩长、桩径、持力层深度),支撑概况(道数、支撑截面尺寸等参数)。

⑤所附图表:施工总平面布置图,内容包括指北针,大门,围墙,场地内、外建筑物和道路位置,塔吊位置,临时设施,钢筋、砂石等材料堆放位置与堆量,围护栏杆设置和上、下基坑通道位置。

## 1.7.3 工程地质与水文地质情况

①场地工程地质,要介绍典型土层的土层分布与土性描述(最好有典型地质剖面图),提供各土层的物理试验指标(厚度、含水量、压缩系数、固结快剪内摩擦角 $\varphi$、黏聚力 $c$、渗透系数 $k$ 等数据)。

②施工区域内及邻近地区地下水情况。

#### 1.7.4　土方工程施工

**1. 施工准备工作**

①勘查现场,清除地面及地上障碍物。

②做好施工场地排水工作,绘制出详细的基坑内外排水系统图,内容包括内外排水沟、盲沟、集水井、洗车池、沉淀池等位置及排水去向和措施。

③保护测量基准桩,以保证土方开挖标高位置与尺寸准确无误。

**2. 土方开挖**

土方开挖方案按"分区、分块、分层"等原则详细地进行说明,遵循"开槽支撑,先撑后挖,分层开挖,严禁超挖",以"机挖人修,五边法施工(边挖土、边凿桩、边铺碎石垫层、边浇筑混凝土垫层、边砌砖胎膜)"为总纲。应细化其分层数、各层厚度、坡度、平台宽度、挖土路线、开挖土方量、所需的机械选型与台数、劳动力人数以及时间进度计划安排。所附图表包括各阶段土方开挖平面图和相应剖面图(标明挖土路线)、施工机械设施配备表、土方开挖进度安排表,并应详细编制底板分块浇捣与挖土关系顺序图。

**3. 施工把握重点**

①坑中坑土方开挖方案应细化。

②工程桩、塔吊基桩以及支撑体系(支撑梁、格构立柱)的保护措施。

③基坑周边堆载和道路使用管理。

④超高桩截桩和支撑梁底混凝土凿除处理措施。

⑤避免超挖现象,基底 30 cm 厚土层采用人工方法修土,防止土体严重受扰动。

⑥土方开挖工程完成后要尽量减少土体暴露时间。

⑦基础混凝土施工阶段的相关情况。

⑧地下管线的保护措施。

⑨支护桩桩间漏水、漏土处理措施。

**4. 开挖监控**

开挖前应做出系统的开挖监控方案,监控方案应包括监控目的、监测项目、监控报警值、监测方法及精度要求、监测点的布置、监测周期、工序管理、记录制度及信息反馈系统等。

**5. 应急抢险**

应急机具和材料要量化,并成立由业主方、监理方、设计方和施工方组成的应急抢险小组,附联系电话。

#### 1.7.5　安全保证措施把握重点

①人工挖土与多台机械开挖时的安全距离以及挖土顺序。

②开挖放坡应随时注意边坡的稳定。

③机械挖土多台阶同时开挖土方时,应验算边坡的稳定。根据规定和验算确定挖土机离边坡的安全距离。

④2 m 深基坑四周应设防护栏杆,人员上下要有专用爬梯(介绍栏杆和爬梯做法、布置)。

⑤运土道路的坡度、转弯半径要符合有关安全规定。

⑥建立健全施工安全保证体系,落实有关建筑施工的基本安全措施等内容。

### 1.7.6 环保措施把握重点

灰尘、噪声、污染水、油污等处理。

# 1.8 某小区土方开挖施工方案

### 1.8.1 土方开挖施工方案目录

**1.综合说明**

1)工程概况

2)编制依据

3)总体施工部署

4)施工部署

**2.土方开挖方案**

1)施工准备

2)主要施工方法

3)确保工程质量的技术组织措施

4)确保安全生产的技术组织措施

5)确保文明施工的技术组织措施

6)确保工期的技术组织措施

7)减少噪声、降低环境污染的技术措施

8)地上、地下管线及道路和绿化带的保护措施

**3.基坑边坡支护及降水方案**

1)方案编制原则和依据

2)工程概况

3)施工方案

**4.雨季施工**

### 1.8.2 土方开挖施工方案正文

**1.综合说明**

1)工程概况

本标段工程位于某市南屏苑小区东侧,开挖场地较为开阔,无建筑物障碍;建筑面积约为 55 000 $m^2$,地下车库面积约为 18 000 $m^2$。

本工程为钢筋混凝土剪力墙结构,共 7 栋,每栋 18 层。抗震设防烈度为 7 度,设计基本地震加速度值为 0.10 g,场地土类型为中硬场地土,场地类别为Ⅱ类。本工程的抗震等级为三级。基础形式为片式筏板基础及独立基础,混凝土等级为 C30。该工程地下有两层,地下一层为车库,地下二层为相关办公室。独立基础基底标高-5.1 m;筏板基底标高为-5.9 m,基底标高复杂,土方开挖时要做好标高控制,严禁超挖。

本工程地下水位较高,根据 5 月份地质报告,地下水位埋深 6.0 m 左右,因今年雨期降水较多,估计水位有所升高,土方开挖前须做好基坑降水工作。

2）编制依据

施工组织设计的主要编制依据：招标文件及图纸，现行规范、规程以及现场实际情况。主要规范、规程如下：

①《建筑边坡工程技术规范》(GB 50330—2013)；

②《建筑与市政工程地下水控制技术规范》(JGJ 111—2016)；

③《建筑基坑支护技术规程》(JGJ 120—2012)；

④《基坑土钉支护技术规程》(CECS 96—1997)；

⑤《岩土锚杆与喷射混凝土支护技术规范》(GB 50086—2015)；

⑥《建筑地基基础工程施工质量验收标准》(GB 50202—2018)；

⑦《建筑施工安全检查标准》(JGJ 59—2011)；

⑧《建筑工程施工质量验收统一标准》(GB 50300—2013)；

⑨《建筑机械使用安全技术规程》(JGJ 33—2012)。

3）总体施工部署

（1）质量目标

根据招标文件要求，确保合格，争创优良工程。分项隐蔽工程验收一次合格率100％，优良率85％。

竣工验收一次合格率100％，优良率85％。

（2）工期目标

根据招标文件要求，确保总工期30 d完工，开工日期按业主要求，工期控制点如下所示（因开工日期未定，暂按1号开始安排工期，待开工日期确定做相应调整）。

深井开挖，1—6号，6 d；

第一步土方开挖，4—6号，4 d；

第一步边坡支护，5—9号，6 d；

第二步土方开挖，8—10号，4 d；

第二步边坡支护，9—13号，6 d；

第三步土方开挖，12—14号，4 d；

第三步边坡支护，13—17号，6 d；

第四步土方开挖，16—18号，4 d；

基坑清理，19—20号，3 d。

（3）安全文明施工目标

现场施工期间，现场安全文明达到市"安全文明优秀示范工地"标准。

（4）施工部署

本工程采用深井降水，场内共设11口井，井深10 m，滤管内径400 mm。开工前应协调办理交通、环卫、环保车辆通行手续，根据降水观测情况，满足开挖条件后，开始按由东向西的行走方向开挖。采用1台美国CAT320L(1 m³)反铲挖掘机、10辆斯太尔自卸车，进行土方开挖。本工程土方分四步开挖，每步开挖完毕随后进行钢筋混凝土锚喷支护。

拟投入的主要施工机械设备如表1-9所示。

表 1-9　拟投入的主要施工机械设备

| 序号 | 设备或设备名称 | 型号规格 | 国别产地 | 制造年份 | 数量 | 额定功率/kW | 生产能力 | 备注 |
|---|---|---|---|---|---|---|---|---|
| 1 | 泥浆泵 | BW320 | 北京 | 2003.1 | 1 | 7.5 | — | 完好 |
| 2 | 混凝土喷射机 | 转 V | 泰安 | 2002.6 | 1 | 10 | — | 完好 |
| 3 | 注浆机(带电机) | BW15D | 衡阳 | 2002.7 | 1 | 10 | — | 完好 |
| 4 | 搅拌机 | J1-400 | 温州 | 2002.7 | 1 | 7.5 | — | 完好 |
| 5 | 电焊机 | BX3-300-2 | 济南 | 2002.10 | 1 | 3.0 | — | 完好 |
| 6 | 空压机 | VY-12/7 | 柳州 | 2002.10 | 1 | 0.5 | — | 完好 |
| 7 | 水准仪 | QF50T | 济南 | 2001.1 | 1 | — | — | 完好 |
| 8 | 钻机 | SPJ-300 | | | 2 | 15 | — | 完好 |
| 9 | 切割机 | — | — | — | 1 | — | — | 完好 |
| 10 | 汽车 | 五十铃 | — | — | 1 | 90 | — | 完好 |
| 11 | 潜水泵 | QY15-26-2.2 | — | — | 20 | 1.0 | — | 完好 |
| 12 | 挖掘机 | CAT320L | 美国 | 2003.10 | 1 | — | 1 m³ | 完好 |
| 13 | 自卸车 | 斯太尔 | 济南 | 2003.9 | 10 | — | 20 t | 完好 |
| 14 | 装载机 | — | 山东 | — | | — | 3 m³ | 完好 |

主要劳动力计划如表 1-10 所示。

表 1-10　劳动力计划　（单位：人）

| 工种级别 | 按工程施工阶段投入劳动力情况 | | |
|---|---|---|---|
| | 施工降水 | 土方开挖 | 边坡支护 |
| 普通工 | 16 | 36 | 33 |
| 放线工 | 4 | 4 | 4 |
| 机具工 | 4 | — | 4 |
| 司机 | 4 | 15 | 2 |
| 电工 | 2 | 2 | 2 |
| 维修工 | 4 | 4 | 4 |

**2. 土方开挖方案**

1)施工准备

(1)工程投入的主要物资

本工程主要投入抽水泵、水管、配电箱、电缆线、钢板、钢丝绳、防滑草袋、铁锹、扫帚等物资,其数量及进场时间根据现场施工情况配备。

(2)拟投入的机械设备情况及进出场计划

本工程拟投入的主要施工机械设备如表 1-11 所示。

表 1-11 投入的主要施工机械设备

| 序号 | 机械或设备名称 | 型号规格 | 数量 | 国别产地 | 制造年份 | 额定功率/kW | 生产能力 | 备注 |
|---|---|---|---|---|---|---|---|---|
| 1 | 挖掘机 | CAT320L | 1 | 美国 | 2003 | — | 1 m³ | 完好 |
| 2 | 自卸车 | 斯太尔 | 10 | 济南 | 2003 | — | 20 t | 完好 |
| 3 | 装载机 | — | 1 | 山东 | 2003 | — | 3 m³ | 完好 |
| 4 | 抽水泵 | — | 8 | 山东 | 2004 | — | — | 完好 |

以上机械设备开工第二天进入施工现场,工程完工,经验收合格后机械设备退场。

（3）劳动力计划

本工程拟投入的劳动力计划如表 1-12 所示。

表 1-12 劳动力计划 （单位：人）

| 工种级别 | 按工程施工阶段投入劳动力情况 | | |
|---|---|---|---|
| | 施工降水 | 土方开挖 | 边坡支护 |
| 普通工 | — | 36 | — |
| 放线工 | — | 4 | — |
| 机具工 | — | — | — |
| 司机 | — | 15 | — |
| 电工 | — | 2 | — |
| 维修工 | — | 4 | — |

2）主要施工方法

①设备进场前,按甲方的要求及有关部门规划、规定,设立施工放线控制点和高程水准点。根据图纸及现场实际情况,本工程基坑较深,基坑南侧与原有办公楼地下室相接部分不放坡,东侧采用锚喷支护,留有 500 mm 宽的工作面,不放坡,以便下一道工序的施工及有利于保护原有西侧的污水管道;西侧留有 500 mm 宽的工作面,该处紧靠场内主要道路,采用锚喷支护,不放坡;北侧留有 800 mm 宽的工作面,锚喷支护,按 1∶0.2 的系数放坡。先放好坡顶线、坡底线,经复测及验收合格后开挖。

②基坑挖土分三大步进行,局部分四步进行(片式筏板),第一步挖 1.6 m,第二步挖 1.6 m,第三步挖 1.6 m,第四步挖 0.9 m。预留 20 cm 厚土层人工清理。

③第一步先挖去基槽南侧较高处土方,然后再下挖至自然地坪下 1.6 m,自东向西进行,开挖时边坡预留 20 cm 厚土层人工清理。

④第一步挖土结束,随后进行边坡支护,待锚喷混凝土达到允许强度后进行第二步开挖。挖掘机回到第一步开挖起始点按第一步行走方向进行第二步开挖至 3.2 m 深,施工人员同时做好边坡修整及边坡锚喷支护施工。

⑤第二步开挖结束,随后进行边坡支护,待锚喷混凝土达到允许强度后进行第三步开挖。第三步开挖至 4.8 m 深,随挖土随进行边坡修整及边坡支护施工。

⑥第三步开挖结束,随后进行边坡支护,同时对指挥室部分进行第四步开挖。第四步开挖至 5.7 m 深。

⑦待每次挖至距槽底标高 20 cm 时,采用人工清挖至设计槽底标高。

⑧待开挖至距离坑底 50 cm 以内时,测量人员抄出 50 cm 水平线,在槽帮上钉水平标高小木楔,在基坑内抄若干个基准点,拉通线找平。

⑨马道设在基槽的西北方向,宽度 4 m,坡度为 15°,马道收口时采用挖土机倒退挖除马道土体,剩余部分采用人工清理,支搭脚手架进行该处边坡支护施工。

⑩因该工程基槽槽底标高不统一,每次挖至设计槽底标高时,及时通知业主和监理进行基槽钎探施工。

⑪施工中对标准桩、观测点、管网加以保护,发现古墓文物及时申请有关部门处理。

⑫土方开挖完毕,为防止雨水浸泡槽底,可建议沿基坑周边设置宽 40 cm、深 40 cm 排水盲沟,且在转角处设临时积水坑,每一坑内配备一台抽水泵,随时抽出坑内积水。

3)确保工程质量的技术组织措施

建立以项目经理为负责人的质量保证体系。开工前组织全部进场人员学习施工方案,熟悉图纸及地质状况,对机械操作手进行技术交底,要求掌握施工的技术要点。每一道工序开工前,学习规范要求,精心施工。完工后,进行严格自检,不合格者坚决返工,按国际 ISO 9002 认证标准与要求进行全过程的质量管理。

各项目质量标准如表 1-13 所示。

表 1-13　质量标准

| 项次 | 项目 | 允许偏差值/mm | 检验方法 |
|------|------|---------------|----------|
| 1 | 标高 | +0～-50 | 水准仪检查 |
| 2 | 长度、宽度 | -0 | 由设计中心向两边拉尺量 |
| 3 | 边坡坡度 | 不允许 | 坡度尺检查 |

4)确保安全生产的技术组织措施

建立以项目经理为负责人的安全保证体系。开工前组织全体进场人员学习安全知识,进行安全交底,定期或不定期地进行安全检查,发现不安全因素立即整改,防患于未然,切实做好安全、文明施工。

①根据现场情况,该基坑东北角处有下水管道,土方开挖前,应采用人工挖除该处土方,方可进行机械开挖。

②在距基坑东、南、北、西边 0.6 m 周围用 ϕ48 mm 的钢管设置两道护身栏杆,立杆间距 3 m,高出自然地坪 1.2 m,埋深 0.8 m。在距基坑 0.5 m 处砌高 30 cm 的 120 砖墙,中间间距 3 m 砌 240 mm×240 mm 砖柱。基坑上口边 1 m 范围内不许堆土、堆料和停放机具。在锚喷支护上口 5 m 范围内不许重车停留。各施工人员不许翻越护身栏杆。基坑施工期间设警示牌,夜间加设红色灯标志。

③基坑外施工人员不得向基坑内乱扔杂物,向基坑下传递工具时要接稳后再松手。

④坑下人员休息要远离基坑边及放坡处,以防不慎。

⑤机械施工时现场设专职指挥人员一名,施工机械一切服从指挥,人员尽量远离施工机械,如有必要,先通知操作人员,待回应后方可接近。

5)确保文明施工的技术组织措施

公司已经制定了 CI(企业识别)战略,而且公司已经通过 ISO14001 环境管理体系认证和 ISO45001 职业健康安全管理体系认证,该工程在现场文明管理上自始至终都要严格要求,主要技术组织措施如下。

①项目部全体人员佩带统一制作的胸卡。安全帽有企业的统一标志,正面贴司徽。

②项目现场可根据业主的意见决定是否并排放置放大的业主要求与公司质量方针标牌。

③施工现场的料具堆放等需有一个合理的布局,而且要制定一个科学严密的现场管理制度。

④施工现场合理布置机械设备,搭设临建设施,堆放材料、成品、半成品,埋设临时施工用水管线,架设动力及照明线路。

⑤材料进场堆放:砖码垛、砂石等地材砌池堆放并加以覆盖,避免扬尘。半成品、成品材料分规格堆放整齐,并设置明显的标牌。废旧和多余的物资要及时回收。料具堆放整齐,不得挤占道路和作业区,保持道路畅通无阻。

⑥严格按照施工程序组织施工,确保施工过程中统一调度、统一管理、统一指挥,平衡土方开挖与边坡支护和降水等工序的关系,保持良好的施工程序。

⑦建筑物的轴线控制及高程控制点,要做出醒目的标志牌,任何人不得破坏。

⑧每一分项工程完工后,要及时清理各种材料、工具等,将施工现场清理干净,并码放整齐,以备再用。

⑨施工现场设置沉淀池,保持施工现场的清洁,运输车辆不得带泥浆进出现场,土方外运时车辆必须进行覆盖,并做到沿途不遗撒。

⑩施工现场严禁从高处向基坑内抛撒建筑垃圾,采取有效措施控制施工中的扬尘,袋装水泥必须覆盖,不得随意露天堆放,以免雨淋。

⑪所有的工作人员在施工现场应佩带证明其身份的证卡。

⑫施工现场设专人供水和专用保温水桶,水桶加盖、加锁,防止污染。施工人员不准喝生水,严禁共用一个器皿喝水。

⑬施工现场的主出入口处实行"三包",随时清扫运土车及送料车辆洒落在门口及街道上的杂物,保持门前及现场内的清洁,树立业主与本公司的良好形象。

⑭经常对职工进行文明施工教育,遵守现场文明施工管理制度,提高自身的素质。

⑮进一步抓好现场施工管理,提高施工现场标准化、科学化管理水平。施工现场施工道路坚实、平坦、整洁,在施工过程中保持畅通。工地内要设立"两栏一报"(宣传栏、读报栏和黑板报)。

⑯建立健全现场施工管理人员岗位责任制,并挂在办公室的墙上,使工作人员能随时看到自己的责任,抓好现场管理工作。

⑰现场文明要高标准严要求,达到"安全生产、文明施工优秀工地"的标准。

6)确保工期的技术组织措施

本工程属于地下施工,工序复杂,穿插作业较多,工期紧,且处于雨期施工,因此,开工时的施工组织部署及做好雨期施工技术措施很重要,合理做好施工前的机械、劳动力安排,准备好材料,保证开工时机械、劳动力及材料充足。

(1)进度安排及进度控制

本工程土方开挖共分四步进行,每步 3 d,边坡支护穿插进行施工,共计 12 d 完成土方开挖。

(2)组织措施

①公司成立工程现场指挥部,调度协调公司各部门,及时解决各项问题,优先保证本工程施工需要。

②项目部成立保证工期领导小组,负责工期目标实施。

a.组长:项目经理。

b.副组长:生产负责人、技术负责人。

c.成员:施工员、技术员、质量员、安全员、材料员、试验员。

③建立保证工期联席会议制度,由工程指挥部、工期领导小组和业主、监理等部门,定期召开保证工期会,对比工期目标,解决出现的各项问题,保证工期实施。

(3)技术、设备、劳动力保证措施

①现场施工技术人员充分了解设计文件,与设计部门紧密联系,及时解决设计文件中出现的各项技术问题,保证设计文件的正确和施工连续。

②现场成立技术攻关小组,及时解决工程施工中出现的技术难题。杜绝因采用技术措施不当,发生技术事故而影响工程工期。

③优化施工网络设计,合理划分工程施工段,流水施工。本工程合理划分流水段,编制施工进度计划,工期网络控制采取三级网络动态管理,严格按照网络计划施工。

④安排强有力的施工劳动力,保证施工连续进行。

⑤选择优良的施工机械,确保工程施工期间设备、机械完好,保证工期目标的实现。

(4)资金、材料工期保证措施

①本工程执行专款专用制度,以避免施工中因为资金问题而影响工程进展,充分保证劳动力的部署、机械的充足配备、材料的及时进场。随着工程各阶段关键日期完成,及时兑现各专业队伍的劳务费用,这样既能充分调动他们的积极性,也使各劳务作业队为本工程积极安排高技能作业人员,同时为雨季配备充足的作业人员提供了保证。同时专款专用制度也为项目部应对某一环节完不成关键日期而采取果断措施提供了保证。

②本工程主要材料由公司统一采购,零星材料及急用材料由现场采购,保证材料能够及时供应。进场后需复试检测的材料,如钢材、水泥等,必须提前到场,进行复试检测,避免因检测而耽误材料的使用。

(5)外围环境工期保证措施

①积极定期地与当地环卫、市政、交通、水电供应、政府监管部门和其他有关单位交流看法,改正不足,保证工程顺利施工。

②做好外围环境的工作,取得周围办公人员的理解和支持。为保证工程的顺利进行,在施工期间,对处理周边关系及社会协调等诸方面将采取如下措施。

a.施工期间的交通问题:我方将与当地公安、交警、环卫等有关部门取得联系,保证施工期间施工车辆行走路线,确保工程施工正常进行。

b.协调解决外围环境问题:首先,从自身抓起,在施工期间将认真执行国家环保部门有关规定,尽量减少对周围环境的影响。其次,走访工地周围的单位及办公人员,协调好相互间的关系,与他们达成谅解。公司在承建的同类工程的施工中,遇到过类似问题,但我们能较好地协调处理各方面的关系,顺利完成工程建设任务,我们有决心、有信心、有能力协调好施工过程中的各种关系,以确保工程的顺利完成。

7)减少噪声、降低环境污染技术措施

①进入施工现场的施工机械、设备,要求噪声低、效率高,污染物排放低,达不到要求的机械、设备禁止进入施工现场。

②合理安排工期,尽量避免夜间施工,土方开挖时,如必须进行夜间施工,运土车辆在院内停放时必须熄火,以降低施工噪声,减少环境污染。

③土方外运时,土方车必须覆盖,防止洒落,随时清扫施工现场及运输道路,减少污染。

④锚喷支护时,空压机必须噪声低,质量完好,安放在远离办公区的位置。

8)地上、地下管线及道路和绿化带的保护措施

①根据现场情况,本工程仅基坑西北侧及基坑的污水管道需进行保护。土方开挖前须人工挖除基坑西北侧污水管道处的土方,待管道明露后方可采用机械挖土,机械开挖时由专职指挥人员指挥挖掘机开挖土方,防止该处管线的损坏。

②挖掘机进出场必须用拖车拖至施工现场,履带式挖掘机严禁在院内混凝土路面上行走,以免破坏院内道路。

③现场场地狭窄,树木及绿化较多,施工时应按平面图设计的道路通行,车辆不可穿越、损坏树木及绿化。材料及机械、工具按平面设计布置,严防对院内原有设施、绿化等进行损坏。

**3. 基坑边坡支护及降水方案**

1)方案编制原则和依据

(1)编制原则

在保证工程质量和工期的前提下,按照安全、经济、合理的原则编制工程施工组织设计。

(2)编制依据

基坑边坡支护及降水方案的编制依据如下:

①甲方提供的《场地岩土工程勘察报告》;

②《建筑边坡工程技术规范》(GB 50330—2013);

③《建筑与市政工程地下水控制技术规范》(JGJ 111—2016);

④《建筑基坑支护技术规程》(JGJ 120—2012);

⑤《基坑土钉支护技术规程》(CECS 96—1997);

⑥《岩土锚杆与喷射混凝土支护技术规范》(GB 50086—2015);

⑦《建筑地基基础工程施工质量验收标准》(GB 50202—2018);

⑧《建筑施工安全检查标准》(JGJ 59—2011);

⑨《建筑工程施工质量验收统一标准》(GB 50300—2013);

⑩《建筑机械使用安全技术规程》(JGJ 33—2012);

⑪《建筑施工手册》(第五版),中国建筑工业出版社 2012 年出版。

2)工程概况

建筑物地上 18 层,地下 2 层,采用片筏基础。基坑底面标高 −5.9～−5.1 m,天然地面标高 −1.5 m。

该基坑南侧距基坑边缘约 0.1 m 原为 5 层办公楼,局部为 6 层,基础为筏板基础,基底标高 −5.6 m,基础埋深 6.0 m。

本工程基础开挖深度为 5.1～7.1 m,为保证基坑开挖和建筑物地下主体部分施工期间的安全性,需对基坑边坡进行支护。

(1)工程地质条件

①素填土:杂色,黄褐色,稍湿至湿,松散至稍密。粉质黏土为主,含少量白灰渣、碎砖块等,该层普遍分布,厚度 1.10~3.30 m。$\gamma = 16.0$ kN/m³,$\varphi = 25°$,$c = 0$ kPa。

②黄土:褐黄色,可塑至硬塑,含姜石 5%~10%,局部达 30%~50%,粒径 1~5 cm。干强度、韧性中等,稍有光泽,摇震反应无。该层普遍分布,厚度 2.20~4.40 m。$\gamma = 16.7$ kN/m³,$\varphi = 22°$,$c = 58$ kPa。

③黏土:棕红色,硬塑,含少量姜石及灰岩碎石,局部姜石含量 15%~30%,粒径 1~8 cm。干强度、韧性高,光滑,摇震反应无。该层普遍分布,厚度 3.40~4.30 m。$\gamma = 18.2$ kN/m³,$\varphi = 14°$,$c = 59$ kPa。

④残积土:灰绿色,可塑至硬塑,岩芯呈土状。干强度、韧性中等,稍有光泽,摇震反应无。该层普遍分布,厚度 0.80~8.00 m。$\gamma = 17.3$ kN/m³,$\varphi_u = 30°$,$c = 0$ kPa。

⑤全风化辉长岩:灰绿色,岩芯呈土状至砂状,主要矿物成分为辉石、长石及黑云母等。该层局部分布,厚度 0.80~2.00 m。

⑥强风化辉长岩:灰绿色,岩芯呈砂状至碎块状,主要矿物成分为辉石、长石及黑云母等。该层局部分布,厚度 0.30~2.10 m。

⑦中风化辉长岩:灰绿色,岩芯呈砂状至碎块状,主要矿物成分为辉石、长石及黑云母等。该层局部分布,厚度 0.30~2.10 m。

(2)水文地质条件

地下水位埋深约 5.5 m,高于基础底面,因此基坑开挖前应采取降水措施。采取降水措施后,支护设计时不考虑水的作用。

(3)土性参数取值

基坑开挖深度内以第 1 层~第 4 层的土层参数为主,参考本工程的《岩土工程勘察报告》有关数据,各土层参数取值如下:

①素填土:$H = 1.1$ m,$\gamma = 16.0$ kN/m³,$\varphi = 25°$,$c = 0$ kPa;

②黄土:$H = 4.1$ m,$\gamma = 16.7$ kN/m³,$\varphi = 22°$,$c = 58$ kPa;

③黏土:$H = 3.6$ m,$\gamma = 18.2$ kN/m³,$\varphi = 14°$,$c = 59$ kPa;

④残积土:$H = 8.0$ m,$\gamma = 17.3$ kN/m³,$\varphi_u = 30°$,$c = 0$ kPa。

根据《建筑基坑支护技术规程》(JGJ 120—2012)的有关规定,考虑实际情况,对于邻近荷载,按照每层楼 14 kPa 考虑,西侧建筑物基础埋深按 1.7 m 考虑。

3)施工方案

(1)降水施工方案

设计降水井数量为 11,降水井井深 10 m,成孔直径 700 mm。滤管采用内径 400 mm 的无砂水泥滤管,滤料采用直径 5~10 mm 的干净石子。

其中位于基础范围内的 3 口降水井,应在指挥间底板、侧壁混凝土浇筑完毕后,用级配砂石填实。

①施工顺序。

a. 施工顺序如下:

井点测量定位→挖井口、安护筒→钻机就位→钻孔→回填井底砂垫→洗井→吊放井管→回填过滤层→井内下设水泵、安装控制电路→试抽水→降水井正常工作→降水完毕拔井管→封井。

b. 施工过程及方法。

打井：用 SPJ-300 型钻机成孔，钻孔直径 700 mm，成孔后，先破泥浆护壁再用潜水泵洗井清孔后快速下放混凝土井管，在混凝土井管周围回填石子。安放井管时逐节沉入混凝土井管，外壁绑长竹片导向，使接头对正。

回填石子时，要保证井管周围均匀投放，填至井管口下 0.5 m 处，用黏土封堵口。

成孔时，要保证成孔的垂直度和孔径，孔径控制在 700～800 mm。成井后，及时用潜水泵洗井，直到井底沉渣洗净。

每个井内吊放潜水泵一台，用铁丝吊放牢固，固定井口。潜水泵在安装前，对水泵本身和控制系统做一次全面细致的检查，确认无误后方可安装。安装完毕进行试抽水，满足要求后转入正常工作。

抽水作业时，三班轮流，昼夜值班，水泵故障及时检修或更换。潜水泵在运行过程中每 2 小时观测一次水位，检查电缆线是否和井壁相碰，检查密封的可靠性，以保证水泵正常运转。

井管使用完毕后及时封井。

②施工设备。

a. 降水施工系统设备：排水管 500 m，潜水泵 20 台（含备用），SPJ-300 型钻机 2 台。

b. 井点系统设备如下。

井管：采用无砂混凝土管，管外径 520 mm、壁厚 60 mm、长 1 m。

水泵：采用 QY15-26-2.2 型潜水电泵，每井 1 台，配上 1 个自动控制开关，每两井配备 1 台备用泵。

③劳动组织及工期。

a. 人员：降水项目负责人 1 名，技术员 1 名，施工工人 8 名。

b. 工期：打井 6 d，试抽水 1 d。抽水作业根据基础施工而定，本工程降、抽水总时间暂按 50 d 考虑。

④安全文明施工措施。

a. 开工前进行安全技术交底，建立安全生产责任制，以项目经理为主，所有施工管理人员及工长参加，定期开会，检查总结，讲明注意事项，分析不安全因素，排除隐患，提高自我防护能力。

b. 施工现场设立安全标志，谢绝外人参观。

c. 打井、洗井的废水及降水作业的排水，均按指定地点排放。

d. 施工人员一律穿工作鞋，严禁穿拖鞋作业；严禁酒后作业；严禁患病未愈者上岗操作。

e. 电工等特殊工种必须持证上岗。进入现场的用电设备，均设置二级漏电保护，且经常检查漏电保护器。严格执行安全生产制度，进入现场的人员必须戴安全帽。

f. 所有电器设备由专人负责操作维修，无关人员禁止乱动电器设备。

g. 做好降水井的保护，井口应加井盖防止异物掉入。

h. 加强劳动组织管理，对违反安全规章制度和劳动纪律者，进行批评教育，对屡教不改的施工人员采取辞退措施，清除出工地。

⑤施工质量控制。

a. 回填滤料石子合格率大于 90%，含杂质量不大于 3%。

b. 由于采用泥浆护壁成孔，成孔后必须破坏泥浆护壁，以保证透水性良好。具体做法是将钻机钻头换成钢丝刷钻头进行泥浆护壁破坏，破壁过程中破壁、清孔一次完成。

c.混凝土井管管口必须平整,如不平,采用沥青找平后再安装。

d.施工场地内用电严格遵守《施工现场临时用电安全技术规范》(JGJ 46—2005)。

e.井点供电系统采用双线路,防止中途停电或发生其他故障,影响排水,建议业主必要时备用发电机,以防止突然停电,造成水淹基坑。

f.抽水作业时值班人员每 2 h 进行一次检查,检查项目包括水位变化、水泵运转是否正常,电力系统是否正常,并做好检查记录。

(2)支护施工方案

①根据地质报告及以往经验确定土的参数,具体如下。

a.素填土:$H=1.1$ m,$\gamma=16.0$ kN/m³,$\varphi=25°$,$c=0$ kPa;

b.黄土:$H=4.1$ m,$\gamma=16.7$ kN/m³,$\varphi=22°$,$c=58$ kPa;

c.黏土:$H=3.6$ m,$\gamma=18.2$ kN/m³,$\varphi=14°$,$c=59$ kPa;

d.残积土:$H=8.0$ m,$\gamma=17.3$ kN/m³,$\varphi_u=30°$,$c=0$ kPa。

②支护设计参数。

根据地质条件及基坑几何尺寸,参照以往工程实例,采用工程类比法进行设计,并经边坡稳定验算,确定该边坡支护参数。

基坑开挖时,由于基坑南侧建筑物基底标高为 $-5.6$ m,与基坑南侧消防水池基底标高 $-5.70$ m 相近,且南侧建筑物基础为筏板基础,所以基坑南侧不用支护,但土方开挖时需要清理原建筑物北墙外侧 $-5.7$ m 以上的所有土体。根据周围场地情况,采用工程类比法,经计算确定断面基坑其他三侧的支护形式如下。

基坑西侧距离基坑边缘仅 3.9 m 有 4 层楼房,受场地条件限制,该部位边坡只能采用直坡。为保证边坡安全,该部位设置 4 排锚杆,锚杆长度分别为 9 m、6 m、6 m、6 m。

锚杆水平间距为 1.5 m,竖向间距为 1.2 m,呈梅花形布置,具体布置如图 1-11 所示。

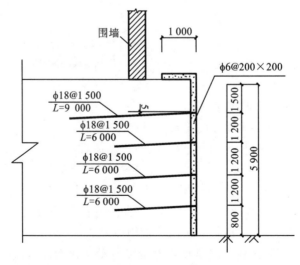

**图 1-11  1—1 剖面**

该部位支护锚杆采用普通砂浆锚杆:锚杆主体为 φ18 的钢筋,外锚头采用井字形,锚杆孔直径为 100 mm 左右。锚杆与水平的安放角为 5°左右,砂浆配比为:水泥:砂$=1:0.3$,外加剂采用 NF-6 高效减水剂,掺量为水泥用量的 1%～2%。

喷层:喷层厚度为 60 mm,挂 φ6@200×200 的钢筋网,喷射混凝土配比为:水泥:砂:石子=1:2:2,外加剂掺量为水泥用量的 2%。

由于基坑北侧场地空间较大,在保证结构施工需要的前提下,该部位按照 1:0.2 放坡,并沿基坑北侧面自上而下设置 3 排锚杆,锚杆长度分别为 3 m、3 m、3 m。

锚杆水平间距为 1.5 m,竖向间距为 1.5 m,呈梅花形布置,具体布置如图 1-12 所示。

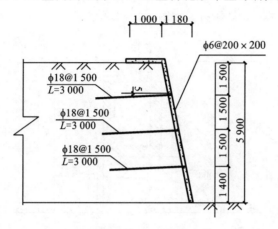

**图 1-12 2—2 剖面**

该部位支护锚杆采用普通砂浆锚杆:锚杆主体为 φ18 钢筋,外锚头采用井字形,锚杆孔直径为 100 mm 左右。锚杆与水平的安放角为 5° 左右,砂浆配比为:水泥:砂=1:0.3,外加剂采用 NF-6 高效减水剂,掺量为水泥用量的 1%~2%。

喷层:喷层厚度为 60 mm,挂 φ6@200×200 的钢筋网,喷射混凝土配比为:水泥:砂:石子=1:2:2,外加剂掺量为水泥用量的 2%。

基坑东侧紧靠一条宽 10 m 的工作生活道路,为了不影响道路的使用,该部位边坡采用直坡。为保证边坡安全,该部位设置三排锚杆,锚杆长度分别为 6 m、6 m、6 m。

锚杆水平间距为 1.5 m,竖向间距为 1.5 m,呈梅花形布置,具体布置如图 1-13 所示。

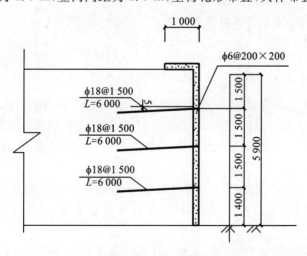

**图 1-13 3—3 剖面**

该部位支护锚杆采用普通砂浆锚杆:锚杆主体为 φ18 钢筋,外锚头采用井字形,锚杆孔直径为 100 mm 左右。锚杆与水平的安放角为 5° 左右,砂浆配比为:水泥:砂=1:0.3,外加剂采用 NF-6 高效减水剂,掺量为水泥用量的 1%～2%。

喷层:喷层厚度为 80 mm,挂 $\phi$6@200×200 的钢筋网,喷射混凝土配比为:水泥∶砂∶石子＝1∶2∶2,外加剂掺量为水泥用量的 2%。

基坑东南侧紧靠南侧基础,为保证原基础下厚 1.8 m 暴露土层的稳定性,该部位设置 1 排锚杆,锚杆长度为 6 m。

锚杆水平间距为 1.5 m,具体布置如图 1-14 所示。

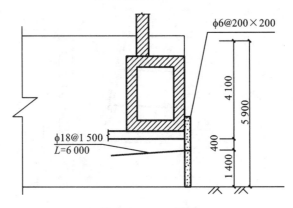

**图 1-14　4—4 剖面**

该部位支护锚杆采用普通砂浆锚杆:锚杆主体为 $\phi$18 钢筋,外锚头采用井字形,锚杆孔直径为 100 mm 左右。锚杆与水平的安放角为 5°左右,砂浆配比为:水泥∶砂＝1∶0.3,外加剂采用 NF-6 高效减水剂,掺量为水泥用量的 1%～2%。

喷层:喷层厚度为 60 mm,挂 $\phi$6@200×200 的钢筋网,喷射混凝土配比为:水泥∶砂∶石子＝1∶2∶2,外加剂掺量为水泥用量的 2%。

③支护施工组织。

a.施工顺序。

基坑土体应分层开挖,开挖一层支护一层,具体施工顺序如下:

开挖→修坡→锚杆施工→坡面施工→开挖→修坡→锚杆施工→坡面施工→开挖→修坡→锚杆施工→坡面施工。

b.工艺流程。

每层锚杆支护的主要工艺流程如下。

Ⅰ.成孔:采用人工或机械成孔,成孔深度比锚杆长度大 100 mm。

Ⅱ.锚杆制作与安放:锚杆居中器每 1.5 m 设置 1 组,锚杆端部设置排气管,排气管内径不小于 4 mm,锚杆连接采用双面搭焊连接,焊缝长度为 5 $d$,焊缝高度为 6 mm。成孔后,将锚杆放入孔中。

Ⅲ.注浆:注浆采用孔底注浆法,即将注浆管插入孔底,边注边向外拔注浆管,保证注浆管底深入浆面以下,注浆至浆液流出孔口时,孔口放置止浆阀,采用压力注浆,注浆压力为 0.2 MPa。

Ⅳ.编网:钢筋网间距为 200 mm,采用人工将钢筋绑扎在坡面上,坡顶上翻 1.0 m;坡面钢筋搭接长度为 300 mm。

Ⅴ.喷射混凝土面层:首先采用干拌法,按水泥∶砂∶石子＝1∶2∶2 的比例将混凝土拌和均匀,石子粒径为 5～15 mm,砂为中砂。面层厚度不小于设计值。

Ⅵ.养护:喷射混凝土2 h后,采取连续喷水养护5～7 d。同时监测坡顶水平位移,及时掌握边坡的稳定状态,遇特殊情况及时处理。

④人员组织。

a.工程项目部。

本支护工程成立专门项目部,成员如下。

项目经理:×× 技术负责人:××

质量安全员:×× 施工队长:××

b.施工作业班。

土钉支护施工人员分编成4个作业班,每个班的技术管理工作由工程师及班长共同负责。

4个作业班分别为:成孔作业班约16人,注浆作业班5人,喷射混凝土作业班8人,锚杆作业班4人,其他还有空压机手、测量员、电工及安全员等4人,共计约37人。

⑤机具设备。

所需主要机具设备如表1-14所示。

表1-14 主要施工机具

| 序 号 | 名 称 | 单 位 | 数 量 |
|---|---|---|---|
| 1 | 空气压缩机 | 台 | 1 |
| 2 | 混凝土喷射机 | 台 | 1 |
| 3 | 高压水泵 | 台 | 1 |
| 4 | 高压输料管 | m | 200 |
| 5 | 高压水管 | m | 200 |
| 6 | 注浆机 | 台 | 1 |
| 7 | 搅拌机 | 台 | 1 |
| 8 | 洛阳铲 | 把 | 10 |
| 9 | 工具(箱) | 套(个) | 1 |
| 10 | 切割机 | 台 | 1 |
| 11 | 电焊机 | 台 | 2 |
| 12 | 运输汽车 | 台 | 1 |
| 13 | 经纬仪 | 台 | 1 |
| 14 | SPJ-300型钻机 | 台 | 1 |
| 15 | 泥浆泵 | 台 | 2 |
| 16 | 其他零星机具 | | 若干 |
| 17 | 潜水泵 | QY15-26-2.2型 | 20 |

⑥施工进度及工期。

在水电正常供应,支护区有全长作业面的情况下,完成边坡支护所需的时间约为15 d。

⑦质量保证。

施工现场技术人员全面负责整个支护工程的质量,关键工序轮流跟班作业,随时解决施工中出现的问题,确保每个工序的质量符合要求。要求做到以下几点:

a.对所进钢筋、水泥、必须有质量检测书,施工前对所有材料进行试验;

b.锚杆的长度必须达到设计要求;

c.锚杆必须灌注密实;

d.喷层做到均匀、密实,厚度满足设计要求;

e.材料必须进行称量;

f.按时进行邻近建筑物沉降观测。

⑧安全、文明施工管理。

以项目经理、队长及专职安全员为主,成立安全文明施工领导小组,负责施工安全文明监督。安全方面贯彻以防为主的原则,开展经常性的安全教育和安全检查,施工人员必须严格执行公司制定的《安全施工操作规程》《安全文明施工管理办法》,进入工地必须戴安全帽,对违反规定者,坚决制止,并从严处理。杜绝重大安全事故的发生。

(3)施工准备工作计划

①劳动力计划如表1-15所示。

表 1-15　劳动力计划

| 工种、级别 | 按工程施工阶段投入劳动力情况 | | | | |
|---|---|---|---|---|---|
| 降水作业班 | 10 | | | | |
| 成孔作业班 | | 16 | | | |
| 锚杆作业班 | | | 4 | | |
| 注浆作业班 | | | | 5 | |
| 喷射作业班 | | | | | 8 |

②材料及施工机具安排及进场计划如表1-16所示。

表 1-16　材料及施工机具安排及进场计划

| 序号 | 设备或设备名称 | 型号规格、国别产地、制造年份 | 数量/台 | 额定功率/kW | 生产能力 | 备注 |
|---|---|---|---|---|---|---|
| 1 | 泥浆泵 | BW320/北京/03.1 | 1 | 7.5 | | |
| 2 | 混凝土喷射机 | 转 V/泰安/02.6 | 1 | 10 | | |
| 3 | 注浆机(带电机) | BW15D/衡阳/02.7 | 1 | 10 | | |
| 4 | 搅拌机 | J1-400/温州/02.7 | 1 | 7.5 | | |
| 5 | 电焊机 | BX3-300-2/济南/02.10 | 1 | 3.0 | | |
| 6 | 空压机 | VY-12/7/柳州/02.10 | 1 | 0.5 | | |
| 7 | 水准仪 | QF50T/济南/01.1 | 1 | | | |
| 8 | 钻机 | SPJ-300 型 | 2 | 15 | | |
| 9 | 切割机 | | 1 | | | |
| 10 | 汽车 | 五十铃 | 1 | 90 | | |
| 11 | 潜水泵 | QY15-26-2.2 型 | 20 | 1.0 | | |

(4)工期和质量保证措施

①工期保证措施。

　　a.每天召开碰头会,按照施工网络计划安排工作,确保进度计划实现。

　　b.积极协调配合,做好穿插施工。

　　c.及时做好材料计划,保证材料供应。

　　d.定期进行设备机具检修,保证机具供应;必要时及时调遣备用机械设备和人员进场。

　　e.合理组织人员调度,保证关键工作按期完成。

　　f.做好后勤工作,保证食堂卫生。

　　g.做好安全工作,保证工人人身安全。

　　h.严格检查制度,保证工程质量。

　　②质量保证计划。

　　本工程的施工必须坚持"百年大计,质量第一"的方针,精心组织,精心施工,严格执行有关的规范及规程,以确保工程质量。在组织管理上,建立完善的施工质量管理机构,明确各级职员的质量管理职责。为保证工程质量,我方将采取以下措施。

　　a.施工前的质量预控及材料验收。

　　Ⅰ.施工前对施工人员进行质量目标交底、施工技术交底和强化技术培训,提高管理人员和操作人员的技术水平及质量意识,做到心中有标准,施工有准则,把质量问题消灭在萌芽状态,使工程质量有可靠保证。

　　Ⅱ.在开始施工前,应对工作人员进行安全技术教育和安全技术交底及培训,配备好安全帽、防滑鞋、高空作业安全带等安全防护用品。

　　Ⅲ.操作各种机械及电动工具人员须经专门培训。

　　Ⅳ.在施工过程中,做好现场清理,清除现场一切障碍物,以利于安全作业。

　　b.质量控制措施。

　　Ⅰ.严格按照设计提供的图纸和安装要求进行施工安装。

　　Ⅱ.在施工中不准随意修改、变更设计图纸,如需要变更,须经各方同意方可进行。

　　Ⅲ.验收标准及范围应符合国家现行标准。

　　Ⅳ.在施工过程中,应接受现场监理人员的技术指导和质量监管。

　　Ⅴ.公司采用三级质量保证体系,对产品进行监督检查,即班组自检、项目部质检部门评定、公司质检部门检查核定。

　　Ⅵ.具体检查项目,每项都有检核人、复核人签字,并有检核时间等。

　　c.公司为争创优良工程,拟以下质量保证措施。

　　Ⅰ.成立现场全面质量管理以总经理为首,项目经理为负责人,质检员、安全员为核心的质量管理小组,对工程的特殊项目和薄弱环节制定预防措施,严格按国际及设计要求施工,确保对整个工程的控制和指导。

　　Ⅱ.拟定创优计划及消除质量通病的措施,对各部分分项工程设定质量目标,逐项实现,来保证整个工程的创优计划落实。

　　Ⅲ.在施工过程中,坚持开展"三检制",做好施工检查记录,每道工序经严格检查后进入施工。

　　Ⅳ.强化技术管理,及时编制施工组织设计方案,做好隐蔽验收和技术资料的收集整理,对地下管网设施做好查清摸底,做好防护措施,保证安全施工。

　　Ⅴ.审批制度,各工序检查合格后,由技术负责人批准进行下道工序,质量措施的修改、重要技术方案应报项目部技术负责人批准。

Ⅵ.制定出各工序控制检查点,检查的内容、项目、标准、方法及制度,并保证实施。

Ⅶ.监理质量交底制度,施工前都应由有关人员向下一级执行人员进行质量交底,让具体操作执行人员明白质量目标、具体要求、操作标准、方法等。交底人和被交底人都应签署有关表格文件。

Ⅷ.采取多种形式保证质保体系的运行:对参加施工的全体人员进行"百年大计,质量第一"的教育,贯彻全面质量管理,采取质量指标与经济效益挂钩的考核办法。

(5)安全生产措施

①项目经理为安全施工第一责任人,对现场安全施工全面负责。

②施工队长为安全施工的具体领导者,负责现场本队施工区安全施工的实施。

③安全文明管理员为现场安全施工的专职人员,负责安全施工的教育、监督、检查。

④班组长安全员负责本班组施工区域的安全施工,执行具体的安全施工措施。

⑤明确安全施工责任,责任到人,层层负责,切实将安全施工落到实处。

⑥贯彻国家劳动保护政策,严格执行本公司有关安全、文明施工管理制度和规定。

⑦施工现场建立项目经理负责制贯彻"谁施工,谁负责安全"的制度。

⑧加强"安全第一"的教育,坚持班前交底,班中检查,周一例会制度。

⑨加强安全施工宣传,在施工现场显著位置悬挂标语、警告牌,提醒施工人员。

⑩进入施工现场须佩戴安全帽。

⑪施工过程中做好现场机具、设备、已完成工程的安全防护。

⑫特殊工种持有效上岗证上岗。

⑬做好现场的安全防护措施,按规定搭设脚手架并经检查合格,方可使用。

⑭在实施每一项任务前,应对工人反复讲明安全事项。

⑮公司采用二级安全监督体系,实现安全教育和安全检查。

⑯防止高空坠落,现场施工人员均应戴好安全帽,高空作业人员应佩戴安全带,并要高挂低用,并系在安全可靠的地方,高空操作必须穿绝缘软底鞋,并做好安全措施。

⑰防止高空坠物伤人,高空作业人员所携带的各种工具等应在专用工具袋中放好,在高空传递物品时,应挂好安全绳,不得随便抛掷,以防伤人。

⑱雨天作业时,应采取必要的防滑措施,夜间作业应有充足的照明。

⑲严格现场用电管理,严格"三级配电,二级保护"措施,电缆线平行架空架设,严禁纠结布线,严禁乱拉乱扯电线。

⑳空气压缩机、喷射机、注浆机、钻机、电焊机等机具要有专人保管,及时维护,做到不因机具问题影响施工。

㉑基坑周围必须设防护栏、警示牌,防止非施工人员进入。

㉒挖掘机作业时,作业半径 15 m 内禁止任何人员进入。

㉓车辆进出场时,时速不得超过 5 km/h。

㉔现场施工用电严格按照《施工用电管理规定》执行。

(6)文明施工、减少扰民、降低环境污染和噪音的措施

①项目经理为文明施工第一责任人,对现场的文明施工全面负责。

②施工队长为文明施工的具体领导者,负责现场本队施工区域的文明施工实施。

③安全文明管理员为现场文明施工的专职人员,负责文明施工的教育、监督、检查。

④班组长安全员负责本班组施工区域的文明施工,执行具体的文明施工措施。

⑤明确文明施工责任,责任到人,层层负责,切实地将文明施工落到实处。

⑥加强文明施工教育,坚持班前交底,班中检查,周一例会制度。

⑦执行公司的文明施工制度,打架斗殴、损坏公物等违反文明施工制度的行为,不仅会受到经济处罚,还将受到行政处分。

⑧施工现场设沉淀池,降水管井开挖时排出的泥浆先经沉淀池沉淀后,清水排入市政管网,避免泥浆乱流,污染环境。

⑨现场材料、施工机具按规定停放,施工现场每日下班前清理、收集、整理零星材料,做到有序堆放、道路畅通、场地清洁,搞好文明施工。

⑩对飞扬的渣土,使用喷淋、喷水的降尘法。

⑪场区内禁止随地大小便。

⑫空压机白天使用,夜晚不进行喷护。

(7)其他技术方案

①夜间作业要有充足的照明,以保证夜间安全施工。

②夜间施工易造成民扰,我单位将采取以下措施:夜晚使用低于 42 dB 的机械,夜晚远距居民楼施工以减少噪声,办理夜间施工的有关手续,实行车辆分流,单位合作。

**4.雨季施工措施**

本工程将在雨季施工,雨季施工采取以下措施。

1)建立以项目经理为组长的雨期施工领导小组

①组长:项目经理。

②副组长:技术负责人、生产负责人。

③成员:项目部各职能管理及施工队长、各班组长。

2)现场排水

工程开工后,施工队伍进入现场首先进行现场排水设计,并按设计要求完成现场排水管道施工,保持现场无积水、施工道路畅通。

3)材料机具准备

制定材料计划,备好防洪、抢险、排水的机具设备和雨期施工材料。

原材料、成品、半成品的储存:水泥按规格分别堆放,严格遵守“先收先发,后收后发”的原则,库房四周设排水措施;散体材料(砂、石子等)置于地势较高地区,堆放在路边的散体材料砌围护墙,以防冲失;钢筋及半成品存放在 20 cm 厚垫体上,避免水淹、粘泥。

4)雨期防护

①定点机械搭棚,需移动机械的操作室,特别是电器部位采取防水措施。

②现场砂、石、水泥等材料做好防淋、防淹措施。

5)施工技术措施

①对所使用的砂、石子,在雨后测定含水率,及时调整混凝土的配合比。

②设兼职气象联络员,提前了解天气情况,随时检测砂、石子的含水率,及时调整混凝土配合比,严格控制混凝土的质量;浇筑过程中,及时联系当地气象部门,尽量避开雨天浇筑混凝土。混凝土浇筑过程中如遇下雨,必须采取可靠的防雨措施,保证混凝土不受雨淋。已浇筑但未终凝的混凝土用塑料布覆盖,防止雨水冲刷。

③土方开挖时尽量避开雨天,如遇下雨,土方开挖应立即停止,机械设备退场,禁止雨天作业,以防不安全因素的产生。

④未做支护的边坡,如遇雨天,应采取塑料布覆盖边坡的方式,防止雨水冲刷边坡,避免不安全因素的发生。

⑤雨天基坑内如有积水,应立即用水泵抽水或采取其他排水措施,防止雨水泡槽。

⑥雨天作业时,应采取必要的防滑措施。

⑦在基坑的顶面和底面设置排水沟及积水坑,利用抽水泵进行地面排水。

6)安全生产

①加强安全生产教育,认真做好防洪、防雷、防触电、防火、防风暴、防滑、防暑等工作,通过交底贯彻到班组。

②经常检查施工用电,电闸箱、机电设备有完善的保护接零和可靠的防雨、防潮措施。绝缘良好,严防漏电,设漏电保护器,手持电动工具应带齐个人安全保护用具。

③随时检查边坡的稳定情况,如发现边坡有裂缝等不安全因素,应立即停止该处施工,上报项目部安全及技术人员,确定无安全隐患后,方可继续施工。

④施工电源线在雨季时要架高,架高高度不低于 2 m,避免漏电。

⑤尽力改善工作环境,调整作业时间。

⑥雨天作业时,应采取必要的防滑措施。

【练习题】

1.1　土的物理性质指标、物理状态指标以及土的工程特性指标一般有哪些? 它们的作用是什么?

1.2　列出土的工程分类,并说出各种土层的特点。

1.3　土方开挖施工方案由哪几个部分组成? 其编写要点包括哪几个方面?

1.4　某原状土样,试验测得土的天然重度 $\gamma = 18$ kN/m³,含水量 $\omega = 26\%$,土粒相对密度 $G_s = 2.72$。试求该土的孔隙比 $e$、饱和度 $S_r$ 及干重度 $\gamma_d$。

# 项目 2　土中应力和地基变形的计算

>>→ ▌学习要求▐ ⋯⋯

◇ 能够掌握土中应力的计算方法；
◇ 能够判断地基中某一点的破坏状态；
◇ 能够掌握地基变形的计算方法。

## 2.1　土中应力和变形、自重应力和附加应力的概念

在建筑物荷载作用下，地基中必将产生应力，从而使土颗粒互相挤压，最终引起地基变形（沉降）。地基在建筑物荷载作用下由于压缩而引起的竖向位移称为沉降。地基土中的应力按产生的原因可分为自重应力和附加应力。

由上覆土体自重引起的应力称为土的自重应力，它在建筑物建造之前就已经存在于土中。由外荷载（包括建筑物荷载、交通荷载、堤坝荷载等）作用引起的应力称为附加应力。对于形成于地质年代比较久远的土，由于在自重应力作用下，其变形已经稳定，因此土的自重应力不再引起地基变形（新沉积土或近期人工充填土除外）。而附加应力由于是地基中新增加的应力，将引起地基变形，所以附加应力是引起地基变形和破坏的主要原因（见图 2-1）。

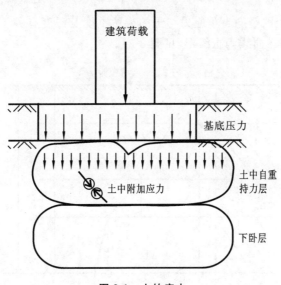

图 2-1　土的应力

## 2.2　土中自重应力计算

计算土中自重应力时，假定地基土为匀质、连续、各向同性的弹性半空间无限

体[①]。在此条件下,受自身重力作用的地基土只能产生竖向变形,而不能产生侧向位移和剪切变形,则地基土中任意深度 $z$ 处的竖向自重应力 $\sigma_{cz}$ 等于单位面积上的土柱重量(见图 2-2),即

$$\sigma_{cz} = \gamma z \qquad (2\text{-}1)$$

式中:$\sigma_{cz}$——土的竖向自重应力,$kN/m^2$;

$\gamma$——土的天然重度,$kN/m^3$;

$z$——天然地面算起的深度,m。

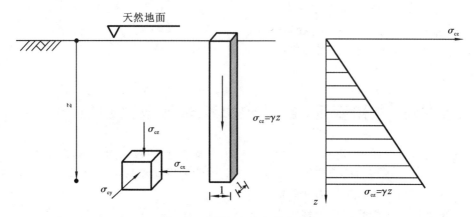

图 2-2　均质土中竖向自重应力

当深度 $z$ 范围内有多层土组成时,则深度 $z$ 处土的竖向自重应力 $\sigma_{cz}$ 为各土层竖向自重应力之和,即

$$\sigma_{cz} = \gamma_1 z_1 + \gamma_2 z_2 + \gamma_3 z_3 + \cdots + \gamma_n z_n = \sum_{i=1}^{n} \gamma_i z_i \qquad (2\text{-}2)$$

从式(2-2)可知,土的竖向自重应力与土的天然重度及深度有关。竖向自重应力随深度增加而增大,其应力分布曲线为折线形(见图 2-3)。

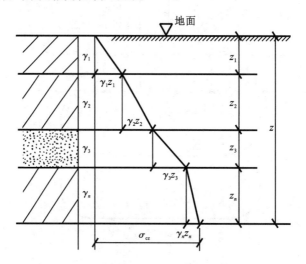

图 2-3　成层土竖向自重应力分布曲线

---

① 　假定天然地面为无限大的水平面,面下为无限深的土体,即称为半空间无限体。

为方便起见,以下讨论中若无特别注明,自重应力仅指竖向自重应力。

【例 2-1】 某地基土层剖面如图 2-4 所示,求各层土的自重应力并绘制其自重应力分布曲线。

【解】 填土层底  $\sigma_{cz}=15.7\times0.5 \text{ kN/m}^2=7.85 \text{ kN/m}^2$

地下水位处  $\sigma_{cz}=(7.85+17.8\times0.5) \text{ kN/m}^2=16.75 \text{ kN/m}^2$

粉质黏土层底  $\sigma_{cz}=[16.75+(18.1-9.8)\times3] \text{ kN/m}^2=41.65 \text{ kN/m}^2$

淤泥层底  $\sigma_{cz}=[41.65+(16.7-9.8)\times7] \text{ kN/m}^2=89.95 \text{ kN/m}^2$

不透水层层面  $\sigma_{cz}=[89.95+(3+7)\times9.8] \text{ kN/m}^2=187.95 \text{ kN/m}^2$

钻孔底  $\sigma_{cz}=(187.95+19.6\times4) \text{ kN/m}^2=266.35 \text{ kN/m}^2$

土的自重应力曲线如图 2-4 所示,该曲线在不透水层处有一个突变。

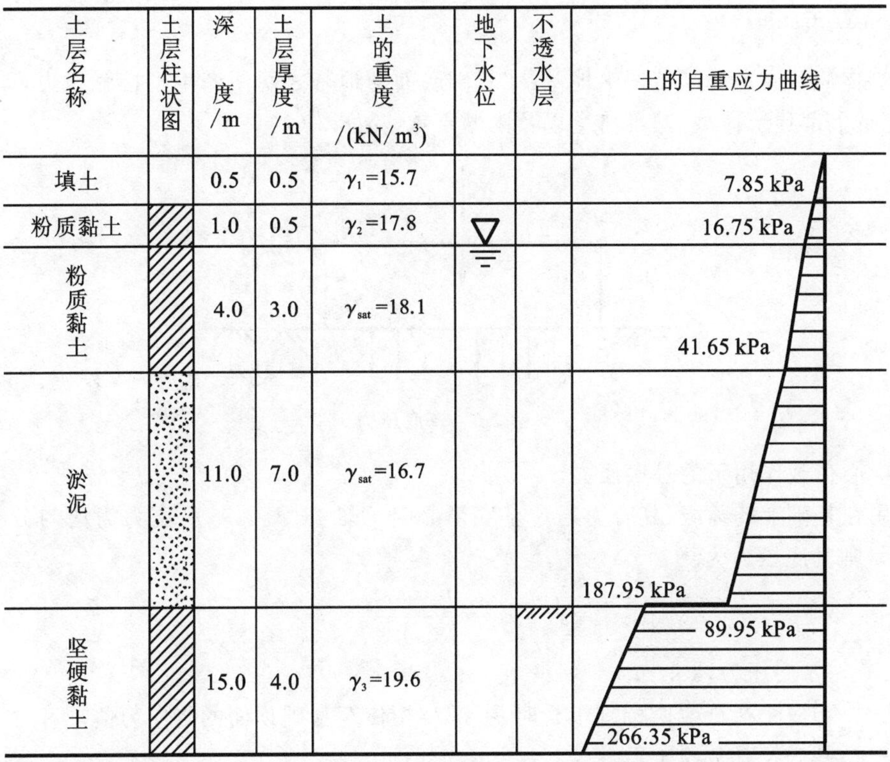

| 土层名称 | 土层柱状图 | 深度/m | 土层厚度/m | 土的重度/(kN/m³) | 地下水位 | 不透水层 | 土的自重应力曲线 |
|---|---|---|---|---|---|---|---|
| 填土 | | 0.5 | 0.5 | $\gamma_1=15.7$ | | | 7.85 kPa |
| 粉质黏土 | | 1.0 | 0.5 | $\gamma_2=17.8$ | ▽ | | 16.75 kPa |
| 粉质黏土 | | 4.0 | 3.0 | $\gamma_{sat}=18.1$ | | | 41.65 kPa |
| 淤泥 | | 11.0 | 7.0 | $\gamma_{sat}=16.7$ | | | 187.95 kPa  89.95 kPa |
| 坚硬黏土 | | 15.0 | 4.0 | $\gamma_3=19.6$ | | | 266.35 kPa |

图 2-4 【例 2-1】图

## 2.3  基底压力、基底附加压力和土中附加应力

建筑物荷载通过基础传递给地基,在基础底面与地基之间便产生了接触压力,即基底压力,它包括上部建筑荷载、基础自重以及土的自重。基底附加压力指附加在基础底面的压力,所以应该减去土中原有的自重。在土中产生的附加应力就是由于基底附加压力作用在地基上,使地基中的土颗粒发生相互挤压,从而产生了土中附加应力,如图 2-5 所示。

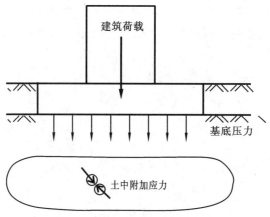

图 2-5　基底压力与土中附加应力

### 2.3.1　基底压力

建筑物荷载通过基础传递给地基,在基础底面与地基之间便产生了接触压力,即基底压力,它包括上部建筑荷载、基础自重以及土的自重(见图 2-6)。

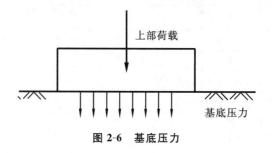

图 2-6　基底压力

**1. 中心荷载作用下的基底压力**

作用在基础上的荷载,其合力通过基底形心时为轴心受压,基底压力为均匀分布,如图 2-7 所示,则基底压力为

$$p_k = \frac{F_k + G_k}{A} \tag{2-3}$$

式中:$p_k$——基底压力,$kN/m^2$;

　　　$F_k$——相应于荷载效应标准组合时,上部结构传至基础顶面的竖向力值,kN;

　　　$G_k$——基础及其上覆土重,kN。

　　　$A$——基础底面积,$m^2$,矩形基础底面积 $A=lb$,$l$、$b$ 分别为基础底面的长度和宽度,m。

对于一般基础,$G_k$ 可近似取

$$G_k = \gamma_G A d$$

式中:$\gamma_G$——基础及其上覆土的平均重度,一般取 20 $kN/m^3$,地下水位以下取有效重度;

　　　$d$——基础埋置深度,m,当室内外标高不同时,取平均深度计算;

　　　$A$——基础底面积,$m^2$,矩形基础底面积 $A=lb$,$l$、$b$ 分别为基础底面的长度和宽度,m。

若基础长宽比大于或等于 10,这种基础称为条形基础,此时可沿基础长度方向取 1 m 来进行计算。

**2. 单向偏心荷载作用下的基底压力**

在基底的一个主轴平面内有偏心力或轴心力与弯矩同时作用时,基础偏心受压,基底压

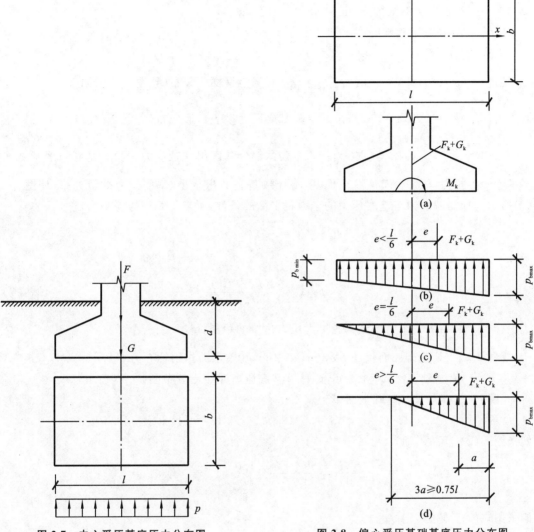

图 2-7　中心受压基底压力分布图　　　图 2-8　偏心受压基础基底压力分布图

力呈梯形或三角形分布,如图 2-8 所示。基底两端的压力按下式计算,即

$$\frac{p_{k\,max}}{p_{k\,min}} = \frac{F_k + G_k}{A} \pm \frac{M_k}{W} \tag{2-4}$$

对矩形基础底面,取

$$M_k = (F_k + G_k)e$$

$$W = \frac{bl^2}{6}$$

则

$$\frac{p_{k\,max}}{p_{k\,min}} = \frac{F_k + G_k}{A}\left(1 \pm \frac{6e}{l}\right) \tag{2-5}$$

式中:$p_{k\,max}$、$p_{k\,min}$——相应于荷载效应标准组合时,基础底面边缘的最大压力值和最小压力值,$kN/m^2$;

　　$M_k$——相应于荷载效应标准组合时,作用于基础底面的力矩值,$kN \cdot m$;

$e$——偏心距,m,$e = \dfrac{M_k}{F_k + G_k}$;

$W$——基础底面的抵抗矩,m³;

$b$、$l$——分别表示基础的宽度和长度,m。

由式(2-5)可知:

当 $\left(1 - \dfrac{6e}{l}\right) > 0$,即 $e < \dfrac{l}{6}$ 时,$p_{k\,min} > 0$,基底压力呈梯形分布(见图 2-8(b));

当 $\left(1 - \dfrac{6e}{l}\right) = 0$,即 $e = \dfrac{l}{6}$ 时,$p_{k\,min} = 0$,基底压力呈三角形分布(见图 2-8(c));

当 $\left(1 - \dfrac{6e}{l}\right) < 0$,即 $e > \dfrac{l}{6}$ 时,$p_{k\,min} < 0$,表示部分基底出现拉应力。由于基底与地基之间不可能产生拉力,故部分基底脱离地基,将导致基底面积减小,基底压力重新分布,如图 2-8(d)所示。根据偏心力与基底压力的合力相平衡的条件,可求得基底边缘最大压力。

$$F_k + G_k = \frac{1}{2} \times 3ab\,p_{k\,max} \tag{2-6}$$

则

$$p_{k\,max} = \frac{2(F_k + G_k)}{3ab} \tag{2-7}$$

式中:$a$——偏心荷载作用点至基底最大压力边缘的距离,m,$a = \dfrac{l}{2} - e$。

**【例 2-2】** 某基础底面尺寸 $l = 3$ m,$b = 2$ m,基础顶面作用轴心力 $F_k = 450$ kN,弯矩 $M_k = 150$ kN·m,基础埋深 $d = 1.2$ m,试计算基底压力并绘出分布图。

**【解】** 基础自重及基础上回填土重

$$G_k = \gamma_G Ad = 20 \times 3 \times 2 \times 1.2 \text{ kN} = 144 \text{ kN}$$

如采用式(2-4)解答,则

$$\begin{matrix} p_{k\,max} \\ p_{k\,min} \end{matrix} = \frac{F_k + G_k}{A} \pm \frac{M_k}{W} = \frac{450 + 144}{2 \times 3} \pm \frac{150}{\dfrac{bl^2}{6}} = (99 \pm 50) \text{ kPa} = \begin{matrix} 149 \\ 49 \end{matrix} \text{ kPa}$$

如采用式(2-5)解答,则

偏心距为

$$e = \frac{M_k}{F_k + G_k} = \frac{150}{450 + 144} \text{ m} = 0.253 \text{ m}$$

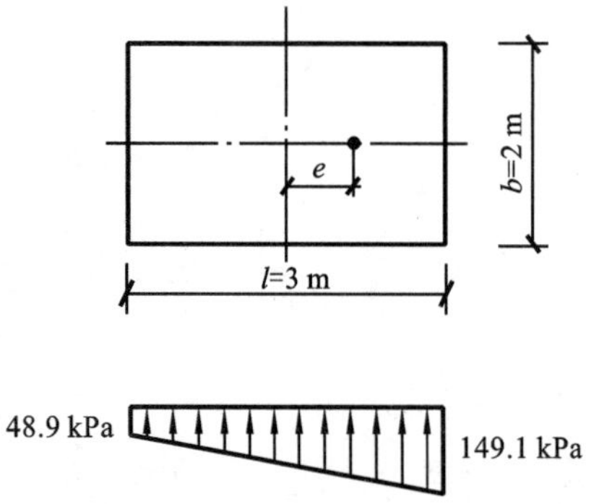

基底压力为

$$\begin{matrix} p_{k\,max} \\ p_{k\,min} \end{matrix} = \frac{F_k + G_k}{A}\left(1 \pm \frac{6e}{l}\right)$$

$$= \frac{450 + 144}{2 \times 3} \times \left(1 \pm \frac{6 \times 0.253}{3}\right) \text{ kPa}$$

$$= \begin{matrix} 149.1 \\ 48.9 \end{matrix} \text{ kPa}$$

结果发现两者答案基本一样,所以解答时以上两种方法都可以采用。

基底压力分布如图 2-9 所示。

图 2-9 【例 2-2】图

### 2.3.2　基底附加压力

一般基础都埋于地面以下一定深度处,在基坑开挖前,基底处已存在土的自重应力,基坑开挖后自重应力消失,故作用于基底上的平均压力减去基底处原先存在于土中的自重应力才是基底新增加的附加压力,即

$$p_0 = p_k - \sigma_{cz} = p_k - \gamma_m d \qquad (2\text{-}8)$$

式中:$p_0$——基底附加压力,$kN/m^2$;

$p_k$——基底压力,$kN/m^2$;

$\sigma_{cz}$——基底处土的竖向自重应力,$kN/m^2$;

$\gamma_m$——基础埋置深度范围内土的加权平均重度,地下水位以下取有效重度的加权平均值,$kN/m^2$;

$d$——基础埋深,一般从天然地面算起,m。

从式(2-8)可以看出,深埋基础可减小基底附加压力。

因此,高层建筑设计时常采用箱形基础或地下室、半地下室,这样既可减轻基础自重,又可增加基础埋深,减小基底附加压力,从而减少基础的沉降。这种方法在工程上称为基础的补偿性设计。

### 2.3.3　土中附加应力

土中附加应力是由建筑物荷载在地基内引起的应力(不包括土的自重),如图 2-10(a)所示,附加应力通过土粒之间的传递,向水平方向和竖直方向扩散,并逐渐减小。图 2-10(b)中左半部分表示不同深度处同一水平面上各点附加应力的大小,右半部分表示集中力下沿垂线方向不同深度处附加应力的大小。

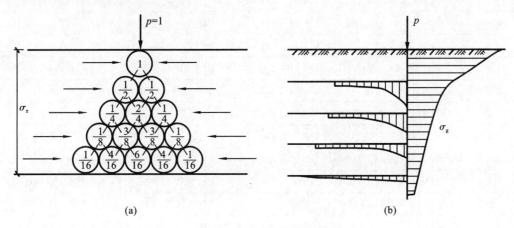

(a)　　　　　　　　　　　　　(b)

**图 2-10　土中附加应力扩散**

(a)附加应力扩散示意;(b)附加应力分布

矩形基础底面在建筑工程中较为常见,在中心荷载作用下,基底压力按均布荷载考虑。矩形面积受均布荷载作用时,土中附加应力按下列两种情况计算。

**1. 矩形面积上均布荷载角点下任意深度的附加应力**

如图 2-11 所示,设矩形基础的长边为 $l$,短边为 $b$,矩形基础传给地基的均布矩形荷载为 $p_0$,则基础角点下任意深度 $z$ 处的附加应力为

$$\sigma_z = \alpha_c p_0 \qquad (2\text{-}9)$$

$$\alpha_c = \frac{1}{2\pi} \left[ \frac{mn(m^2 + 2n^2 + 1)}{(m^2 + n^2)(1 + n^2)\sqrt{m^2 + n^2 + 1}} + \arctan \frac{m}{n\sqrt{m^2 + n^2 + 1}} \right] \qquad (2\text{-}10)$$

$$m = \frac{l}{b}$$

$$n = \frac{z}{b}$$

式中：$\alpha_c$——矩形均布荷载作用下角点附加应力系数，可按式(2-10)计算或查表 2-1 求得。

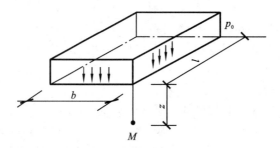

图 2-11　矩形均布荷载角点下的应力计算

表 2-1　矩形均布荷载作用下角点附加应力系数 $\alpha_c$

| $m = l/b$ <br> $n = z/b$ | 1.0 | 1.2 | 1.4 | 1.6 | 1.8 | 2.0 | 3.0 | 4.0 | 5.0 | 6.0 | 10.0 |
|---|---|---|---|---|---|---|---|---|---|---|---|
| 0.0 | 0.250 0 | 0.250 0 | 0.250 0 | 0.250 0 | 0.250 0 | 0.250 0 | 0.250 0 | 0.250 0 | 0.250 0 | 0.250 0 | 0.250 0 |
| 0.2 | 0.248 6 | 0.248 9 | 0.249 0 | 0.249 1 | 0.249 1 | 0.249 1 | 0.249 2 | 0.249 2 | 0.249 2 | 0.249 2 | 0.249 2 |
| 0.4 | 0.240 1 | 0.242 0 | 0.242 9 | 0.243 4 | 0.243 7 | 0.243 9 | 0.244 2 | 0.244 3 | 0.244 3 | 0.244 3 | 0.244 3 |
| 0.6 | 0.222 9 | 0.227 5 | 0.230 0 | 0.231 5 | 0.232 4 | 0.232 9 | 0.233 9 | 0.234 1 | 0.234 2 | 0.234 2 | 0.234 2 |
| 0.8 | 0.199 9 | 0.207 5 | 0.212 0 | 0.214 7 | 0.216 5 | 0.217 6 | 0.219 6 | 0.220 0 | 0.220 2 | 0.220 2 | 0.220 2 |
| 1.0 | 0.175 2 | 0.185 1 | 0.191 1 | 0.195 5 | 0.198 1 | 0.199 9 | 0.203 4 | 0.204 2 | 0.204 4 | 0.204 5 | 0.204 6 |
| 1.2 | 0.151 6 | 0.162 6 | 0.170 5 | 0.175 8 | 0.179 3 | 0.181 8 | 0.187 0 | 0.188 2 | 0.188 5 | 0.188 7 | 0.188 8 |
| 1.4 | 0.130 8 | 0.142 3 | 0.150 8 | 0.156 9 | 0.161 3 | 0.164 4 | 0.171 2 | 0.173 0 | 0.173 5 | 0.173 8 | 0.174 0 |
| 1.6 | 0.112 3 | 0.124 1 | 0.132 9 | 0.143 6 | 0.144 5 | 0.148 2 | 0.156 7 | 0.159 0 | 0.159 8 | 0.160 1 | 0.160 4 |
| 1.8 | 0.096 9 | 0.108 3 | 0.117 2 | 0.124 1 | 0.129 4 | 0.133 4 | 0.143 4 | 0.146 3 | 0.147 4 | 0.147 8 | 0.148 2 |
| 2.0 | 0.084 0 | 0.094 7 | 0.103 4 | 0.110 3 | 0.115 8 | 0.120 2 | 0.131 4 | 0.135 0 | 0.136 3 | 0.136 8 | 0.137 4 |
| 2.2 | 0.073 2 | 0.083 2 | 0.091 7 | 0.098 4 | 0.103 9 | 0.108 4 | 0.120 5 | 0.124 8 | 0.126 4 | 0.127 1 | 0.127 7 |
| 2.4 | 0.064 2 | 0.073 4 | 0.081 2 | 0.087 9 | 0.093 4 | 0.097 9 | 0.110 8 | 0.115 6 | 0.117 5 | 0.118 4 | 0.119 2 |
| 2.6 | 0.056 6 | 0.065 1 | 0.072 5 | 0.078 8 | 0.084 2 | 0.088 7 | 0.102 0 | 0.107 3 | 0.109 5 | 0.110 6 | 0.111 6 |
| 2.8 | 0.050 2 | 0.058 0 | 0.064 9 | 0.070 9 | 0.076 1 | 0.080 5 | 0.094 2 | 0.099 9 | 0.102 4 | 0.103 6 | 0.104 8 |
| 3.0 | 0.044 7 | 0.051 9 | 0.058 3 | 0.064 0 | 0.069 0 | 0.073 2 | 0.087 0 | 0.093 1 | 0.095 9 | 0.097 3 | 0.098 7 |
| 3.2 | 0.040 1 | 0.046 7 | 0.052 6 | 0.058 0 | 0.062 7 | 0.066 8 | 0.080 6 | 0.087 0 | 0.090 0 | 0.091 6 | 0.093 3 |
| 3.4 | 0.036 1 | 0.042 1 | 0.047 7 | 0.052 7 | 0.057 1 | 0.061 1 | 0.074 7 | 0.081 4 | 0.084 7 | 0.086 4 | 0.088 2 |
| 3.6 | 0.032 6 | 0.038 2 | 0.043 3 | 0.048 0 | 0.052 3 | 0.056 1 | 0.069 4 | 0.076 3 | 0.079 9 | 0.081 6 | 0.083 7 |

续表

| $m=l/b$ / $n=z/b$ | 1.0 | 1.2 | 1.4 | 1.6 | 1.8 | 2.0 | 3.0 | 4.0 | 5.0 | 6.0 | 10.0 |
|---|---|---|---|---|---|---|---|---|---|---|---|
| 3.8 | 0.029 6 | 0.034 8 | 0.039 5 | 0.043 9 | 0.047 9 | 0.051 6 | 0.064 5 | 0.071 7 | 0.075 3 | 0.077 3 | 0.079 6 |
| 4.0 | 0.027 0 | 0.031 8 | 0.056 2 | 0.040 3 | 0.044 1 | 0.047 4 | 0.060 3 | 0.067 4 | 0.071 2 | 0.073 3 | 0.075 8 |
| 4.2 | 0.024 7 | 0.029 1 | 0.033 3 | 0.037 1 | 0.040 7 | 0.043 9 | 0.056 3 | 0.063 4 | 0.067 4 | 0.069 6 | 0.072 4 |
| 4.4 | 0.022 7 | 0.026 8 | 0.030 6 | 0.034 3 | 0.037 6 | 0.040 7 | 0.052 7 | 0.059 7 | 0.063 9 | 0.066 2 | 0.069 2 |
| 4.6 | 0.020 9 | 0.024 7 | 0.028 3 | 0.030 7 | 0.034 8 | 0.037 8 | 0.049 3 | 0.056 4 | 0.060 6 | 0.063 0 | 0.066 3 |
| 4.8 | 0.019 1 | 0.022 9 | 0.026 2 | 0.029 3 | 0.032 4 | 0.035 2 | 0.046 3 | 0.053 3 | 0.057 6 | 0.060 1 | 0.063 5 |
| 5.0 | 0.017 9 | 0.021 2 | 0.024 3 | 0.027 4 | 0.030 2 | 0.032 8 | 0.043 5 | 0.050 4 | 0.054 7 | 0.057 3 | 0.061 0 |
| 6.0 | 0.012 7 | 0.015 1 | 0.017 4 | 0.019 6 | 0.021 8 | 0.023 8 | 0.032 5 | 0.038 8 | 0.043 1 | 0.046 0 | 0.050 6 |
| 7.0 | 0.009 4 | 0.011 2 | 0.013 0 | 0.014 7 | 0.016 4 | 0.018 0 | 0.025 1 | 0.030 6 | 0.034 6 | 0.037 6 | 0.042 8 |
| 8.0 | 0.007 3 | 0.008 7 | 0.010 1 | 0.011 4 | 0.012 7 | 0.014 0 | 0.019 8 | 0.024 6 | 0.028 3 | 0.031 1 | 0.036 7 |
| 9.0 | 0.005 8 | 0.006 9 | 0.008 0 | 0.009 1 | 0.010 2 | 0.011 2 | 0.016 1 | 0.020 2 | 0.023 5 | 0.026 2 | 0.031 9 |
| 10.0 | 0.004 7 | 0.005 6 | 0.006 5 | 0.007 4 | 0.008 3 | 0.009 2 | 0.013 2 | 0.016 7 | 0.019 8 | 0.022 2 | 0.028 0 |

**2. 矩形面积上均布荷载非角点下任意深度的附加应力**

如图 2-12 所示，计算矩形均布荷载非角点 $o$ 下任意深度的附加应力时，可通过点 $o$ 将荷载面积划分为几块小矩形面积，使每块小矩形面积都包含有角点 $o$，分别求角点 $o$ 下同一深度的应力，然后叠加求得，这种方法称为角点法。

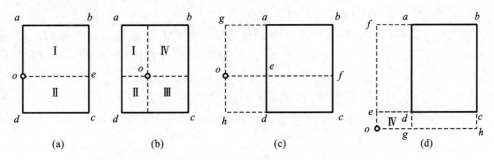

图 2-12　用角点法计算矩形均布荷载下的地基附加应力

图 2-12(a)为 2 个矩形面积角点应力之和，即

$$\sigma_z = (\alpha_{cI} + \alpha_{cII})p_0$$

图 2-12(b)为 4 个矩形面积角点应力之和，即

$$\sigma_z = (\alpha_{cI} + \alpha_{cII} + \alpha_{cIII} + \alpha_{cIV})p_0$$

当 4 个矩形面积相同时，有

$$\sigma_z = 4\alpha_c p_0$$

图 2-12(c)所求的点 $o$ 在荷载面积 $abcd$ 之外，其角点应力为 4 个矩形面积的代数和，即

$$\sigma_z = (\alpha_{c(ogbf)} + \alpha_{c(ofch)} - \alpha_{c(ogae)} - \alpha_{c(oedh)})p_0$$

图 2-12(d)所求的点 $o$ 在荷载面积 $abcd$ 之外，其角点应力也为 4 个矩形面积的代数和，即

$$\sigma_z = (\alpha_{c(ofbh)} - \alpha_{c(ofag)} - \alpha_{c(oech)} + \alpha_{c(oedg)})p_0$$

**【例 2-3】** 已知某矩形面积地基,长边 $l = 2$ m,短边 $b = 1$ m,其上作用有均布荷载 $p_0 = 100$ kPa,如图 2-13 所示。试计算此矩形面积的角点 $A$、边点 $E$、中心点 $O$,以及矩形面积外点 $F$ 和点 $G$ 下深度 $z = 1$ m 处的附加应力,并利用计算结果说明附加应力的扩散规律。

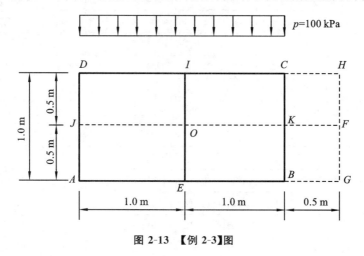

图 2-13 【例 2-3】图

**【解】** (1)计算角点 $A$ 下的附加应力 $\sigma_{zA}$

因 $\dfrac{l}{b} = \dfrac{2}{1} = 2.0$,$\dfrac{z}{b} = \dfrac{1}{1} = 1.0$,由表 2-1 查得附加应力系数 $\alpha_c = 0.199\,9$,则点 $A$ 下的附加应力为

$$\sigma_{zA} = \alpha_c p_0 = 0.199\,9 \times 100 \text{ kPa} \approx 20 \text{ kPa}$$

(2)计算边点 $E$ 下的附加应力 $\sigma_{zE}$

作辅助线 $IE$,将矩形荷载面积 $ABCD$ 划分为 2 个相等的小矩形 $EADI$ 和 $EBCI$。任一小矩形中,$m = 1$,$n = 1$,由表 2-1 查得 $\alpha_c = 0.175\,2$,则点 $E$ 下的附加应力为

$$\sigma_{zE} = 2\alpha_c p_0 = 2 \times 0.175\,2 \times 100 \text{ kPa} \approx 35 \text{ kPa}$$

(3)计算中心点 $O$ 下的附加应力 $\sigma_{zO}$

作辅助线 $JOK$ 和 $IOE$,将矩形荷载面积 $ABCD$ 划分为 4 个相等的小矩形 $OEAJ$、$OJDI$、$OICK$ 和 $OKBE$。任一小矩形中 $\dfrac{l}{b} = \dfrac{1}{0.5} = 2.0$,$\dfrac{z}{b} = \dfrac{1}{0.5} = 2.0$,由表 2-1 查得 $\alpha_c = 0.120\,2$,则点 $O$ 下的附加应力为

$$\sigma_{zO} = 4\alpha_c p_0 = 4 \times 0.120\,2 \times 100 \text{ kPa} \approx 48.1 \text{ kPa}$$

(4)计算矩形面积外点 $F$ 下的附加应力 $\sigma_{zF}$

作辅助线 $JKF$ 和 $HFG$、$CH$、$BG$,将原矩形荷载面积划分为 2 个长矩形 $FGAJ$、$FJDH$ 和 2 个小矩形 $FGBK$、$FKCH$。在长矩形 $FGAJ$ 中,$\dfrac{l}{b} = \dfrac{2.5}{0.5} = 5.0$,$\dfrac{z}{b} = \dfrac{1}{0.5} = 2.0$,由表 2-1 查得 $\alpha_{cI} = 0.136\,3$。在小矩形 $FGBK$ 中,$\dfrac{l}{b} = \dfrac{0.5}{0.5} = 1.0$,$\dfrac{z}{b} = \dfrac{1}{0.5} = 2.0$,由表 2-1 查得 $\alpha_{cII} = 0.084\,0$,则点 $F$ 下的附加应力为

$$\sigma_{zF} = 2(\alpha_{cI} - \alpha_{cII})p_0 = 2 \times (0.136\,3 - 0.084\,0) \times 100 \text{ kPa} \approx 10.5 \text{ kPa}$$

(5)计算矩形面积外点 $G$ 下的附加应力 $\sigma_{zG}$

作辅助线 $BG$、$HG$、$CH$,将原矩形荷载面积划分为 1 个大矩形 $GADH$ 和 1 个小矩形

$GBCH$。在大矩形 $GADH$ 中，$\dfrac{l}{b}=\dfrac{2.5}{1}=2.5$，$\dfrac{z}{b}=\dfrac{1}{1}=1.0$，由表 2-1 查得 $\alpha_{cⅠ}=0.201\,6$。在小矩形 $FGBK$ 中，$\dfrac{l}{b}=\dfrac{1}{0.5}=2.0$，$\dfrac{z}{b}=\dfrac{1}{0.5}=2.0$，由表 2-1 查得 $\alpha_{cⅡ}=0.120\,2$。则点 $G$ 下的附加应力为

$$\sigma_{zG}=(\alpha_{cⅠ}-\alpha_{cⅡ})p_0=(0.201\,6-0.120\,2)\times100\ \text{kPa}\approx8.1\ \text{kPa}$$

### 2.3.4　土中某点破坏状态判断实例

【例 2-4】　已知某筏板基础，长边 $l=10$ m，短边 $b=2$ m，上部建筑为 4 层，每层建筑荷载为 700 kN，基础自重荷载（包括基础上部土重）为 200 kN，具体如图 2-14 所示，且土体在点 $A$（基础角点，离基础深度为 2 m）的强度为 26 kPa，土体在点 $B$（基础中心点，离基础深度为 2 m）的强度为 82 kPa。试判断地基中的点 $A$ 和点 $B$ 是否会发生破坏。

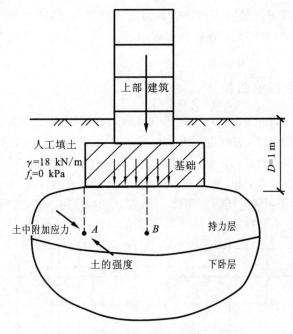

**图 2-14　【例 2-4】图**

【解】　（1）计算角点 $A$ 下的附加应力 $\sigma_{zA}$

因 $\dfrac{l}{b}=\dfrac{10}{2}=5.0$，$\dfrac{z}{b}=\dfrac{2}{2}=1.0$，由表 2-1 查得附加应力系数 $\alpha_c=0.204\,4$。

外荷载在基础产生的基底压力为

$$p_k=\frac{F}{l\times b}=\frac{700\times4+200}{10\times2}\ \text{kPa}=150\ \text{kPa}$$

且

$$p_0=p_k-\gamma D=(150-1\times18)\text{kPa}=132\ \text{kPa}$$

则点 $A$ 下的附加应力为

$$\sigma_{zA}=\alpha_c p_0=0.204\,4\times132\ \text{kPa}\approx26.98\ \text{kPa}$$

而点 $A$ 本身的强度为 26 kPa < 26.98 kPa，因此，点 $A$ 的强度不能承受外力产生的附加应力，该点将会发生破坏。

(2)计算中心点 $B$ 下的附加应力 $\sigma_{zB}$

将矩形荷载面积划分为 4 个相等小矩形。任一小矩形 $\dfrac{l}{b}=\dfrac{5}{1}=5.0$，$\dfrac{z}{b}=\dfrac{2}{1}=2.0$，由表 2-1 查得 $\alpha_c=0.136\,3$。则点 $B$ 下的附加应力为

$$\sigma_{zB}=4\alpha_c p_0=4\times0.136\,3\times132\ \text{kPa}\approx71.97\ \text{kPa}$$

由于点 $B$ 本身的强度为 82 kPa＞71.97 kPa，因此，点 $B$ 的强度能承受外力产生的附加应力，该点将不会发生破坏。

## 2.4 土的压缩性和土的压缩性指标

土在压力作用下体积缩小的特性称为土的压缩性。

试验研究表明，在一般建筑物荷载作用下，土粒及孔隙中水与空气本身的压缩很小，可以略去不计。土的压缩主要是由于孔隙中水与气体被挤出，致使土的孔隙体积减小而引起的。土的压缩性的高低，常用压缩性指标来表示，这些指标可通过室内压缩试验或现场荷载试验等方法测到。

### 2.4.1 压缩试验和压缩曲线

土样在天然状态下或经人工饱和后，进行逐级加压固结，以便测定各级压力 $p_i$ 作用下，土样压缩稳定后的孔隙比 $e_i$，进而得到表示土的孔隙比 $e$ 与压力 $p$ 的压缩关系曲线。

土的压缩曲线可按两种方式绘制：一种是采用普通直角坐标绘制的 $e\text{-}p$ 曲线，另一种是采用半对数直角坐标纸绘制的 $e\text{-}\lg p$ 曲线，如图 2-15 所示。压缩性不同的土，其压缩曲线的形状也不一样。曲线越陡，说明随着压力的增加，土孔隙比的减小越显著，因而土的压缩性越大。

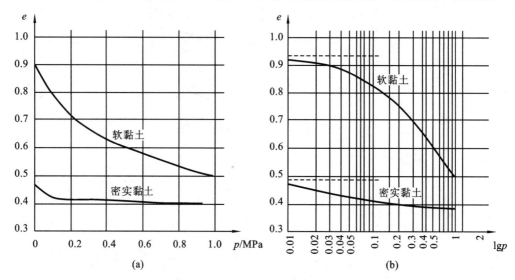

图 2-15 土的压缩曲线

(a)$e\text{-}p$ 曲线；(b)$e\text{-}\lg p$ 曲线

### 2.4.2 压缩性指标

$e\text{-}p$ 曲线在压力 $p_1$、$p_2$ 变化(压力增量 $\Delta p=p_2-p_1$)不大的情况下，其对应的曲线段可

近似看作直线,这段直线(见图 2-16)的斜率(曲线上任意两点割线的斜率)称为土的压缩系数 $a$,即

$$a = \tan\alpha = \frac{\Delta e}{\Delta p} = -\frac{e_1 - e_2}{p_1 - p_2} = \frac{e_2 - e_1}{p_1 - p_2} \qquad (2\text{-}11)$$

压缩系数是评价地基土压缩性高低的重要指标之一。从曲线上看,它不是一个常量,而与所取的 $p_1$、$p_2$ 大小有关。在工程实践中,通常以自重应力作为 $p_1$,以自重应力和附加压力之和作为 $p_2$。对于土的压缩性,《建筑地基基础设计规范》(GB 50007—2011)中有如下规定。

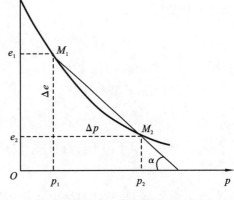

**图 2-16  以 $e\text{-}p$ 曲线确定压缩系数**

地基土的压缩性可按 $p_1 = 100$ kPa 和 $p_2 = 200$ kPa 时相对应的压缩系数值 $a_{1-2}$ 划分为低、中、高压缩性,并应按下列规定进行评价:

当 $a_{1-2} < 0.1$ MPa$^{-1}$ 时,为低压缩性土;

当 $0.1$ MPa $\leqslant a_{1-2} < 0.5$ MPa$^{-1}$ 时,为中压缩性土;

当 $a_{1-2} \geqslant 0.5$ MPa$^{-1}$ 时,为高压缩性土。

在工程中,为减少土的孔隙比,从而达到加固土体的目的,常采用砂桩挤密、重锤夯实、灌浆加固等方法。

除了压缩系数以外,还可以采用压缩指数、压缩模量和变形模量等系数来衡量土的压缩性。

## 2.5  地基最终沉降量计算

地基土层在建筑物荷载作用下,不断产生压缩(变形),直至压缩稳定后地基表面的沉降量称为地基的最终沉降量。

计算地基最终沉降量的方法有很多,本节主要介绍分层总和法。

分层总和法是在地基可能产生压缩的土层深度内,按土的特性和应力状态将地基划分为若干层,然后分别求出每一分层的压缩量 $s_i$,最后将各分层的压缩量相加得到总和,即为地基表面的最终沉降量 $s$。

### 2.5.1  基本假定

①假定地基每一分层均匀,且应力沿厚度均匀分布。

②在建筑物荷载作用下,地基土层只产生竖向压缩变形,不发生侧向膨胀变形。因此,在计算地基的沉降量时,可采用室内侧限条件下测定的压缩性指标。

③采用基底中心点下的附加应力计算地基变形量,且地基任意深度处的附加应力等于基底中心点下该深度处的附加应力值。

④地基变形发生在有限的深度范围内。

⑤地基最终沉降量等于各分层沉降量之和。

### 2.5.2 沉降量的计算

分层总和法计算地基沉降如图 2-17 所示。根据假设条件，由相关公式可推导出地基各分层沉降量为

$$s_i = \frac{e_{1i} - e_{2i}}{1 + e_{1i}} h_i = \frac{a_i (p_{2i} - p_{1i})}{1 + e_{1i}} h_i = \frac{a_i \Delta p_i}{1 + e_{1i}} h_i = \frac{a_i \overline{\sigma_{zi}}}{1 + e_{1i}} = \frac{\overline{\sigma_{zi}}}{E_i} h_i \tag{2-12}$$

最终沉降量为

$$s = \sum_{i=1}^{n} s_i = \sum_{i=1}^{n} \frac{e_{1i} - e_{2i}}{1 + e_{1i}} h_i = \sum_{i=1}^{n} \frac{a_i \overline{\sigma_{zi}}}{1 + e_{1i}} h_i = \sum \frac{\overline{\sigma_{zi}}}{E_i} h_i \tag{2-13}$$

式中：$s_i$——第 $i$ 层土的压缩量；

$s$——地基的最终沉降量；

$e_{1i}$——第 $i$ 层土的平均自重应力 $p_{1i}$ 所对应的孔隙比，$p_{1i} = \dfrac{\sigma_{c(i-1)} + \sigma_{ci}}{2}$；

$e_{2i}$——第 $i$ 层土的平均自重应力与平均附加应力之和 $p_{2i}$ 所对应的孔隙比，$p_{2i} = p_{1i} + \Delta p_i$；

$\Delta \overline{\sigma_{zi}}$——第 $i$ 层土的附加应力平均值，$\Delta \overline{\sigma_{zi}} = \Delta p_i = \dfrac{\sigma_{z(i-1)} + \sigma_{zi}}{2}$。

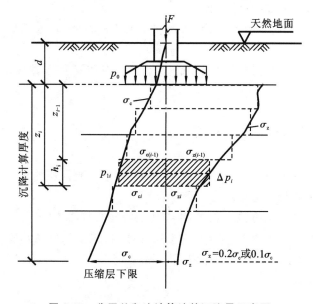

**图 2-17 分层总和法计算地基沉降量示意图**

沉降计算深度，理论上应计算至无限深，工程上因附加应力随深度而减小，计算至某一深度（即受压层）即可。一般情况下，沉降计算深度取地基附加应力等于自重应力的 20%（$\sigma_z = 0.2\sigma_c$）处；在该深度以下如有高压缩性土，则应计算至 $\sigma_z = 0.1\sigma_c$ 处或高压缩性土层底部。

地基分层厚度按下列原则确定。

①天然土层的分界面及地下水面为特定的分层面。

②同一类土层中分层厚度应小于基础宽度的 0.4 倍（$h_i \leqslant 0.4b$）或取 1~2 m，以免因附加应力 $\sigma_z$ 沿深度发生非线性变化而产生较大误差。

【例 2-5】 有一矩形基础建在均质黏土层上，如图 2-18(a)所示。基础长度 $l = 10$ m，宽

度 $b=5$ m,埋置深度 $d=1.5$ m,其上作用着中心荷载 $p=10\ 000$ kN。地基土的天然重度为 $20$ kN/m³,饱和重度为 $21$ kN/m³,土的压缩曲线如图 2-18(b)所示。若地下水位距基底 $2.5$ m,试求基础中心点的沉降量。

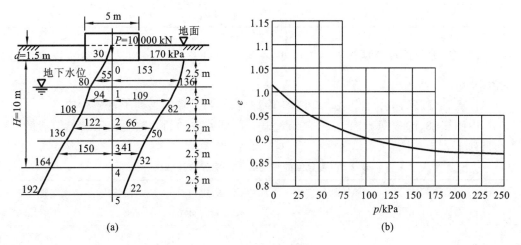

图 2-18 【例 2-5】图

【解】 (1)中心荷载作用下,基底压力为

$$p_k = \frac{p}{lb} = \frac{10\ 000}{10 \times 5}\ \text{kPa} = 200\ \text{kPa}$$

基底净压力为

$$p_0 = p_k - \gamma d = (200 - 20 \times 1.5)\text{kPa} = 170\ \text{kPa}$$

(2)因为是均质土,且地下水位在基底以下 $2.5$ m 处,取分层厚度 $2.5$ m。

(3)求各分层面的自重应力(注意从地面算起)并绘制分布曲线(见图 2-18(a))。

$$\sigma_{c0} = \gamma d = 20 \times 1.5\ \text{kPa} = 30\ \text{kPa}$$

$$\sigma_{c1} = \sigma_{c0} + \gamma h_1 = (30 + 20 \times 2.5)\text{kPa} = 80\ \text{kPa}$$

$$\sigma_{c2} = \sigma_{c1} + \gamma' h_2 = [80 + (21 - 9.8) \times 2.5]\ \text{kPa} = 108\ \text{kPa}$$

$$\sigma_{c3} = \sigma_{c2} + \gamma' h_3 = [108 + (21 - 9.8) \times 2.5]\ \text{kPa} = 136\ \text{kPa}$$

$$\sigma_{c4} = \sigma_{c3} + \gamma' h_4 = [136 + (21 - 9.8) \times 2.5]\ \text{kPa} = 164\ \text{kPa}$$

$$\sigma_{c5} = \sigma_{c4} + \gamma' h_5 = [164 + (21 - 9.8) \times 2.5]\ \text{kPa} = 192\ \text{kPa}$$

(4)求各分层面的竖向附加应力并绘分布曲线(见图 2-18(a))。该基础为矩形,故采用 "角点法"求解。为此,通过中心点将基底划分为 4 块相等的计算面积,每块的长度 $L_1 = 5$ m,宽度 $B_1 = 2.5$ m。中心点正好在 4 块计算面积的公共角点上,该点下任意深度 $z_i$ 处的附加应力为任一分块在该点引起的附加应力的 4 倍,计算结果如表 2-2 所示。

表 2-2  附加应力计算成果表

| 位　置 | $z_i/\text{m}$ | $z_i/b$ | $l/b$ | $K_a$ | $a_z = 4K_a p_0/\text{kPa}$ |
| --- | --- | --- | --- | --- | --- |
| 0 | 0 | 0 | 2 | 0.250 0 | 170 |
| 1 | 2.5 | 1.0 | 2 | 0.199 9 | 136 |
| 2 | 5.0 | 2.0 | 2 | 0.120 2 | 82 |
| 3 | 7.5 | 3.0 | 2 | 0.073 2 | 50 |

| 位　　置 | $z_i$/m | $z_i/b$ | $l/b$ | $K_a$ | $a_z = 4K_a p_0$/kPa |
|---|---|---|---|---|---|
| 4 | 10.0 | 4.0 | 2 | 0.047 4 | 32 |
| 5 | 12.5 | 5.0 | 2 | 0.032 8 | 22 |

(5)确定压缩层厚度。从计算结果可知,在第 4 点处有 $\dfrac{\sigma_{z4}}{\sigma_{c4}} = 0.195 < 0.2$,所以取压缩层厚度为 10 m。

(6)计算各分层的平均自重应力和平均附加应力,将计算结果列于表 2-3 中。

(7)由图 2-18(b)根据 $p_{1i} = \sigma_{si}$ 和 $p_{2i} = \sigma_{si} + \sigma_{zi}$ 分别查取初始孔隙比和压缩稳定后的孔隙比,结果列于表 2-3 中。

表 2-3　各分层的平均应力及相应的孔隙比

| 层　　次 | 平均自重应力<br>$p_{1i} = \sigma_{si}$/kPa | 平均附加应力<br>$\sigma_{zi}$/kPa | 加荷后总的应力<br>$p_{2i} = (\sigma_{si} + \sigma_{zi})$/kPa | 初始孔隙比<br>$e_{1i}$ | 压缩稳定后的<br>孔隙比 $e_{2i}$ |
|---|---|---|---|---|---|
| Ⅰ | 55 | 153 | 208 | 0.935 | 0.870 |
| Ⅱ | 94 | 109 | 203 | 0.915 | 0.870 |
| Ⅲ | 122 | 66 | 188 | 0.895 | 0.875 |
| Ⅳ | 150 | 41 | 191 | 0.885 | 0.873 |

(8)计算地基的沉降量。分别计算各分层的沉降量,然后累加即得

$$s = \sum_{i=1}^{n} \frac{e_{1i} - e_{2i}}{1 + e_{1i}} h_i$$
$$= \left( \frac{0.935 - 0.870}{1 + 0.935} + \frac{0.915 - 0.870}{1 + 0.915} + \frac{0.895 - 0.875}{1 + 0.895} + \frac{0.885 - 0.873}{1 + 0.885} \right) \times 250 \text{ cm}$$
$$= 18.5 \text{ cm}$$

# 2.6　地基沉降与时间的关系

地基变形稳定(沉降)需要一定时间完成。碎石土和砂土的透水性好,其沉降所经历的时间短,可以认为在施工完毕时,其沉降已完成;对于黏性土,由于水被挤出的速度较慢,沉降稳定所需的时间就比较长,在厚层的饱和软黏土中,其固结沉降需要经过几年甚至几十年时间才能完成。因此,实践中一般只考虑饱和土的沉降与时间关系。

土的压缩随时间增长的过程,称为土的固结。饱和土在荷载作用后的瞬间,孔隙中的水承受了由荷载产生的全部压力,此压力称为孔隙水压力或称为超静水压力。孔隙水在超静水压力作用下逐渐被排出,同时使土粒骨架逐渐承受压力,此压力称为土的有效应力。在有效应力增长的过程中,土粒孔隙被压密,土的体积被压缩,所以土的固结过程就是超静水压力消散后转为有效应力的过程。

由上述分析可知,在饱和土的固结过程中,任一时间内有效应力 $\sigma'$ 与超静水压力 $u$ 之和总是等于由荷载产生的附加应力 $\sigma_z$,即

$$\sigma_z = \sigma' + u \tag{2-14}$$

式(2-14)即为饱和土的有效应力原理。在加荷瞬间 $\sigma_z = u$,而 $\sigma' = 0$;当固结变形稳定时 $\sigma_z =$

$\sigma'$,而 $u=0$。也就是说,只要超静水压力消散,有效应力增至最大值 $\sigma_z$,则饱和土完全固结。

　　饱和土在某一时间的固结程度称为固结度 $U_t$,表示为

$$U_t = \frac{s_t}{s} \tag{2-15}$$

式中:$s_t$——地基在某一时刻 $t$ 的固结沉降量,mm;

　　　　$s$——地基最终的固结沉降量,mm。

## 2.7　地基变形特征与建筑物沉降观测

### 2.7.1　地基变形特征

　　地基变形特征可分为沉降量、沉降差、倾斜和局部倾斜四种,如图 2-19 所示。

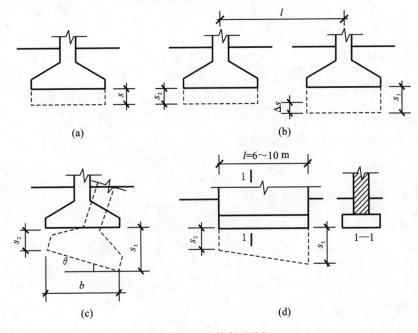

**图 2-19　地基变形特征**
(a)沉降量;(b)沉降差;(c)倾斜;(d)局部倾斜

**1. 沉降量**

　　沉降量是指基础中心的沉降量 $s$。建筑物若沉降量过大,势必会影响其正常使用。因此,沉降量常作为建筑物地基变形的控制指标之一。

**2. 沉降差**

　　沉降差是指两相邻独立基础沉降量之差,$\Delta s = s_1 - s_2$。如建筑物中相邻两个基础的沉降差过大,将会使建筑物发生裂缝、倾斜甚至破坏。对于框架结构和排架结构,计算地基变形时应由相邻柱基的沉降差控制。

**3. 倾斜**

　　倾斜是指基础倾斜方向两端点的沉降差与其距离的比值 $\frac{s_1 - s_2}{b}$。若建筑物倾斜过大,将

影响正常使用;若遇台风或强烈地震,将危及建筑物的整体稳定性,甚至使建筑物发生倾覆。对于多层或高层建筑和高耸结构,地基变形时应由倾斜值控制。

**4.局部倾斜**

局部倾斜是指砌体承重结构沿纵墙 $l = 6 \sim 10$ m 内基础两点间的沉降差与其距离的比值 $\frac{s_1 - s_2}{l}$。建筑物若局部倾斜过大,往往会使砌体结构受弯而拉裂。对于砌体承重结构,计算地基变形时应由局部倾斜值控制。

为保证建筑物正常使用,防止因地基变形过大而发生裂缝、倾斜甚至破坏等事故,《建筑地基基础设计规范》(GB 50007—2011)根据各类建筑物的特点和地基土的不同类别,规定了建筑物的地基变形允许值(见表 2-4)。对于表中未包括的建筑物,其地基变形允许值应根据上部结构对地基变形的适应能力和使用上的要求确定。

表 2-4　建筑物的地基变形允许值

| 变 形 特 征 | 地基土类别 | |
|---|---|---|
| | 中、低压缩性土 | 高压缩性土 |
| 砌体承重结构基础的局部倾斜 | 0.002 | 0.003 |
| 工业与民用建筑相邻柱基的沉降差 | | |
| ①框架结构 | $0.002l$ | $0.003l$ |
| ②砌体墙填充的边排柱 | $0.000\,7l$ | $0.001l$ |
| ③当基础不均匀沉降时不产生附加应力的结构 | $0.005l$ | $0.005l$ |
| 单层排架结构(柱距为 6 m)柱基的沉降量/mm | (120) | 200 |
| 桥式吊车轨面的倾斜(按不调整轨道考虑) | | |
| ①纵向 | 0.004 | |
| ②横向 | 0.003 | |
| 多层和高层建筑的整体倾斜 | | |
| $H_g \leqslant 24$ m | 0.004 | |
| 24 m$<H_g \leqslant 60$ m | 0.003 | |
| 60 m$<H_g \leqslant 100$ m | 0.002 5 | |
| $H_g > 100$ m | 0.002 | |
| 体型简单的高层建筑基础的平均沉降量/mm | 200 | |
| 高耸结构基础的倾斜 | | |
| $H_g \leqslant 20$ m | 0.008 | |
| 20 m$<H_g \leqslant 50$ m | 0.006 | |
| 50 m$<H_g \leqslant 100$ m | 0.005 | |
| 100 m$<H_g \leqslant 150$ m | 0.004 | |
| 150 m$<H_g \leqslant 200$ m | 0.003 | |
| 200 m$<H_g \leqslant 250$ m | 0.002 | |

续表

| 变 形 特 征 | 地基土类别 | |
|---|---|---|
| | 中、低压缩性土 | 高压缩性土 |
| 高耸结构基础的沉降量/mm<br>$H_g \leq 100$ m<br>100 m $< H_g \leq 200$ m<br>200 m $< H_g \leq 250$ m | 400<br>300<br>200 | |

注：①本表数值为建筑物地基实际最终变形允许值；

②有括号者仅适用于中压缩性土；

③$l$ 为相邻柱基的中心距离(mm)，$H_g$ 为自室外地面起算的建筑物高度(m)。

### 2.7.2  建筑物沉降观测

为保证建筑物的安全，对于一级建筑物、高层建筑、重要的新型或有代表性的建筑物，体形复杂、形式特殊或构造上、使用上对不均匀沉降有严格限制的建筑物，以及软弱地基、存在旧河道、池塘或局部基岩出露的建筑物，应进行施工期间与竣工后使用期间的沉降观测。

**1. 目的**

①验证工程设计与沉降计算的正确性。

②判别建筑物施工的质量。

③发生事故后作为分析事故原因和加固处理的依据。

**2. 水准基点设置**

水准基点宜设置在基岩或压缩性较低的土层上，以保证水准基点的稳定可靠。水准基点的位置应靠近观测点并在建筑物产生的压力影响范围以外，不受行人车辆碰撞的地点。在一个观测区内水准基点不应少于 3 个。

**3. 观测点的设置**

观测点的设置应能全面反映建筑物的变形，并结合地质情况确定。如建筑物 4 个角点、沉降缝两侧、高低层交界处、地基土软硬交界两侧等，数量不少于 6 个。

**4. 仪器与精度**

沉降观测的仪器宜采用精密水准仪和钢尺，对第一观测对象宜固定测量工具、固定人员，观测前应严格校验仪器。

测量精度宜采用Ⅱ级水准测量，视线长度宜为 20～30 m，视线高度不宜低于 0.3 m。水准测量应采用闭合法。

**5. 观测次数和时间**

观测次数要求前密后疏。民用建筑每建完一层(包括地下部分)应观测一次；工业建筑按不同荷载阶段分次观测，施工期间观测不应少于 4 次。建筑物竣工后的观测：第一年不少于 5 次，第二年不少于 2 次，以后每年 1 次，直至沉降稳定为止(稳定标准半年沉降 $s \leq 2$ mm)。在特殊情况下，如突然发生严重裂缝或较大沉降，应增加观测次数。

沉降观测后，应及时整理资料，算出各点的沉降量、累计沉降量及沉降速率，以便及早处理出现的地基问题。

### 2.7.3 防止地基有害变形的措施

当地基变形计算结果超过表 2-4 的规定时,为避免发生事故,保证工程的安全,必须采取适当措施。

**1. 减小沉降量的措施**

1)外因方面的措施

地基沉降由附加应力产生,如减小基础底面的附加应力 $p_0$,则可相应减小地基沉降。由 $p_0 = p_k - \gamma_m d$ 可知,减小 $p_0$ 可采取以下两种措施:

①减小上部结构重量,则可减小基础底面的接触压力 $p_0$;

②当地基中无软弱下卧层时,可加大基础埋深 $d$,采取补偿性基础设计。

2)内因方面的措施

地基产生沉降的内因,是由于地基土由三相组成,固体颗粒之间存在孔隙,在外荷载作用下孔隙发生压缩所致。因此,为减小地基的沉降量,在建造建筑物之前,可根据地基土的性质、厚度,结合上部结构特点和场地周围环境,分别采用换土垫层、强力夯实、预压排水固结、砂桩挤密、振冲及化学加固等地基处理措施;必要时,还可以采用桩基础。

**2. 减小沉降差的措施**

①设计中尽量使上部荷载中心受压,均匀分布。

②遇高低层相差悬殊或地基软硬突变等情况,可合理设置沉降缝。

③增加上部结构对地基不均匀沉降的调整作用。如设置封闭圈梁与构造柱,加强上部结构的刚度;将超静定结构改为静定结构,以加大对不均匀沉降的适应性。

④妥善安排施工顺序。如先施工主体结构或沉降大的部位,后施工附属结构或沉降小的部位等。

⑤当建筑物已发生严重的不均匀沉降时,可采取人工补救措施。

【练习题】

2.1 某独立基础(见图 2-20),底面尺寸 $l \times b = 3$ m$\times 2$ m,埋深 $d = 2$ m,作用在地面标高处的荷载 $F = 1\,000$ kN,力矩 $M = 200$ kN·m,试计算基底压力并绘出分布图。

2.2 地基土呈水平成层分布,自然地面下分别为黏土、细砂和中砂,地下水位于第一层土底面,各层土的重度如图 2-21 所示。试计算图 2-21 中点 1、点 2 和点 3 处的竖向自重应力。

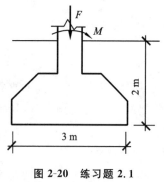

图 2-20 练习题 2.1

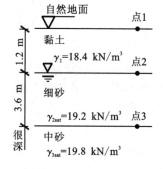

图 2-21 练习题 2.2

2.3　在图 2-22 所示的矩形 $ABCD$ 面积上作用均布荷载 $p_0=180$ kPa，试计算在此荷载作用下矩形长边 $AB$ 上点 $E$ 下 2 m 深度处的竖向附加应力 $\sigma_z$。矩形面积上均布荷载作用下角点的竖向附加应力系数如表 2-5 所示。

表 2-5　矩形面积上均布荷载作用下角点的竖向附加应力系数

| $z/b$ \ $l/b$ | 1.0 | 1.2 | 1.4 | 1.6 | 1.8 | 2.0 | 3.0 | 4.0 |
|---|---|---|---|---|---|---|---|---|
| 0.5 | 0.231 5 | 0.234 8 | 0.236 5 | 0.237 5 | 0.238 1 | 0.238 4 | 0.239 1 | 0.239 2 |
| 1.0 | 0.175 2 | 0.185 1 | 0.191 1 | 0.195 5 | 0.198 1 | 0.199 9 | 0.203 4 | 0.204 2 |
| 2.0 | 0.084 0 | 0.094 7 | 0.103 4 | 0.110 3 | 0.115 8 | 0.120 2 | 0.131 4 | 0.135 0 |
| 3.0 | 0.044 7 | 0.051 9 | 0.058 3 | 0.064 0 | 0.069 0 | 0.073 2 | 0.087 0 | 0.093 1 |
| 4.0 | 0.027 0 | 0.031 8 | 0.036 2 | 0.040 6 | 0.044 1 | 0.047 4 | 0.060 3 | 0.067 4 |

2.4　某独立基础（见图 2-23），坐落于均质黏性土上，土的天然重度 $\gamma=18.5$ kN/m³，平均压缩模量 $E_s=5.5$ MPa。在荷载作用下产生的基底附加压力 $p_0=150$ kPa，在基础中心线上距基础底面下 2.0 m 处点 $A$ 的附加应力 $\sigma_z=110$ kPa。试计算基底下 2.0 m 厚度的土层产生的最终压缩量 $s_c$（为方便，仅分一层）；如果该土层的平均固结度达到 50%，此时该土层已经产生的压缩量 $s_{ct}$ 为多少？

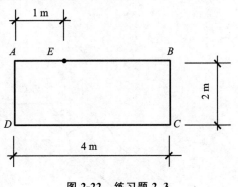

图 2-22　练习题 2.3

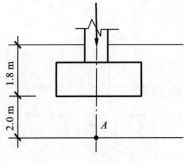

图 2-23　练习题 2.4

# 项目3 土的抗剪强度与地基容许承载力的计算

◇ 能够理解土的抗剪强度和地基容许承载力的含义；

◇ 能够掌握土的抗剪强度的计算方法；

◇ 能够掌握地基容许承载力的确定方法。

## 3.1 土的抗剪强度

地基土在上部荷载作用下互相挤压，土体中颗粒间将产生剪切应力，当剪切应力超过土体本身的抗剪强度时(主要由颗粒间的黏聚力和摩擦力构成，见图 3-1)，土体就会沿着某一滑裂面(多个剪切破坏点连成，见图 3-2)产生相对滑动，而造成剪切破坏，使地基丧失稳定性。

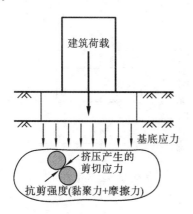

图 3-1 剪切应力

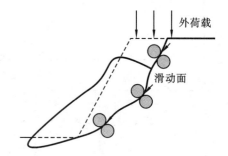

图 3-2 剪切应力产生的滑坡

因为土体中颗粒间的连接处为最薄弱的部位，在外荷载作用下，该位置首先发生剪切破坏，因此，地基土的强度实质上就是土的抗剪强度。地基的承载力和边坡的稳定性等都是由土的抗剪强度控制的。

总之，土中的剪切应力是土体破坏的来源，而正是因为外荷载的作用，土中产生了剪切应力，如果土中的剪切应力大于土体该点的抗剪强度，则土体该点发生剪切破坏(开裂)。因此，可以通过减小外荷载或提高土体本身的抗剪强度来避免土体发生剪切破坏。

下面，我们就来研究一下土的抗剪强度。

## 3.2 抗剪强度库仑定律

当土体在荷载作用下发生剪切破坏时，作用在剪切面上的极限剪切应力就称为土的抗剪强度。

为研究土体的抗剪强度,法国科学家库仑(C. A. Coulomb)总结土的破坏现象和影响因素,于 1776 年提出土的抗剪强度公式为

无黏性土

$$\tau_f = \sigma \tan\varphi \tag{3-1}$$

黏性土

$$\tau_f = \sigma \tan\varphi + c \tag{3-2}$$

式中:$\tau_f$——土的抗剪强度,kPa;

　　　$\sigma$——剪切面上的法向应力,kPa;

　　　$c$——土的黏聚力,kPa;

　　　$\varphi$——土的内摩擦角,度(°)。

式(3-1)、式(3-2)称为土的抗剪强度库仑定律。根据试验证明,抗剪强度 $\tau_f$ 与法向应力 $\sigma$ 的关系曲线近似为一条直线,如图 3-3 所示。图中直线倾角即为土的内摩擦角 $\varphi$,直线在纵坐标上的截距即为土的黏聚力 $c$。$\varphi$、$c$ 称为土的抗剪强度指标。

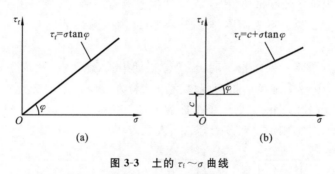

**图 3-3　土的 $\tau_f \sim \sigma$ 曲线**
(a)无黏性土;(b)黏性土

式(3-1)、式(3-2)表明,土的抗剪强度由摩擦阻力 $\sigma\tan\varphi$ 和黏聚力 $c$ 两部分组成。

土的摩擦阻力来源于两个方面:一个是由颗粒间剪切滑动所产生的滑动摩擦,另一个是由土粒间互相嵌入所产生的咬合摩擦。摩擦阻力的大小取决于剪切面上的正应力和土的内摩擦角。内摩擦角是衡量滑动难易程度和咬合作用强弱的参数。影响土内摩擦角的主要因素有密度、颗粒级配、颗粒形状、矿物成分、含水量等,而细粒土还受到颗粒表面物理化学作用的影响。

黏聚力由土粒之间的胶结作用和电分子引力等因素形成。土粒越细,塑性越大,其黏聚力也越大。通常认为粗粒土的黏结强度等于零。

## 3.3　抗剪强度指标的测定方法以及抗剪强度指标的选用

土的抗剪强度的测定方法有多种,室内有直接剪切试验、三轴压缩试验、无侧限抗压强度试验;现场原位测试有十字板剪切试验等(因本专业涉及实验的内容较少,故略去)。

土的抗剪强度指标随试验方法、排水条件的不同而不同,对于具体工程,应尽可能根据现场条件来确定所采用的试验方法,以获得合适的抗剪强度指标。土的抗剪强度室内试验方法的选用,参见表 3-1。

表 3-1 抗剪强度室内试验方法选用

| 试 验 方 法 | 适 用 条 件 |
| --- | --- |
| 三轴不固结不排水试验(UU)或直接剪切快剪试验(Q) | 地基土的透水性小,排水条件不良,建筑物施工速度较快,如厚层饱和黏性土地基 |
| 三轴固结排水试验(CD)或直接剪切慢剪试验(S) | 地基土的透水性大,排水条件佳,建筑物加荷速率较慢。如薄层黏性土、粉土、黏性土层中夹杂砂层等地基 |
| 三轴固结不排水试验(CU)或直接剪切固结快剪试验(CQ) | 建筑物竣工以后,受到大量、快速新增荷载作用,或地基条件介于上述两种情况之间 |

相对于三轴压缩试验而言,直接剪切试验设备简单,操作方便,故目前在实际工程中使用比较普遍。

《建筑地基基础设计规范》(GB 50007—2011)规定:土的抗剪强度指标可采用原状土室内剪切试验、无侧限抗压强度试验、十字板剪切试验等方法测定;当采用室内剪切试验确定时,应选择三轴压缩试验中不固结不排水试验;经过预压固结的地基可采用固结不排水试验。

【例 3-1】 已知建筑 1 要求抢工期,建筑 2 工期很长、施工慢,建筑 3 介于两者之间,如图 3-4 所示,则这 3 栋建筑地基的抗剪强度室内试验方法应该如何选择? 若通过试验测出建筑 1 地基深度 1 m 处的土的抗剪强度指标为 $\sigma=20$ kPa,$c=10$ kPa,$\varphi=10°$,且外荷载在该处产生的应力为 15 kPa,则地基在该点是否会发生破坏?

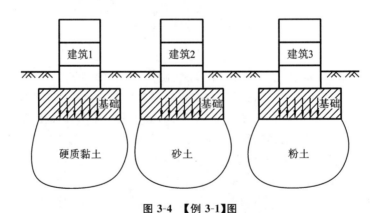

图 3-4 【例 3-1】图

【解】 (1)根据表 3-1,建筑 1 应该采用三轴不固结不排水试验(UU)或直接剪切快剪试验(Q);建筑 2 应该采用三轴固结排水试验(CD)或直接剪切慢剪试验(S);建筑 3 应该采用三轴固结不排水试验(CU)或直接剪切固结快剪试验(CQ)。

(2)由式(3-2)可知

$$\tau_f = \sigma \tan\varphi + c = (20 \times \tan10° + 10) \text{ kPa} = 13.5 \text{ kPa}$$

因为外荷载在该处产生的应力为 15 kPa,而该点的土体强度为 13.5 kPa,因此在该点土体将会发生破坏。

# 3.4 地基承载力的理论计算和地基容许承载力的确定

## 3.4.1 土的抗剪强度、地基容许承载力与地基承载力特征值

土的抗剪强度是指土中某点抵抗因外力产生的剪切应力的能力,而地基承载力指的是地基能承受外部荷载的能力。只有当土体具有较高的抗剪强度时,地基才具备良好的承载力。因此,地基承载力受土的抗剪强度的控制。

地基承受荷载的能力称为地基承载力。地基基础的设计分为承载能力极限状态和正常使用极限状态,前者对应于地基基础达到最大承载力或达到不适于继续承载的变形的状态;后者对应于地基基础达到变形或耐久性能的某一限值的极限状态,对应于地基的容许承载力。所以地基极限承载力等于其可能承受的最大荷载;而容许承载力则等于既确保地基不会失稳,又保证建筑物的沉降不超过允许值的荷载。

地基承载力特征值是《建筑地基基础设计规范》(GB 50007—2011)规定的采用值,它是指建筑地基所允许承受的基础最大压力,基础给地基施加的压力如果大于该值,可能会发生过大变形。《建筑地基基础设计规范》(GB 50007—2011)规定,在正常使用极限状态计算时采用的地基承载力特征值作为地基容许承载力。

## 3.4.2 地基的临塑荷载、临界荷载、极限荷载

### 1. 地基的临塑荷载

地基的临塑荷载 $p_{cr}$ 是指地基中将要出现但尚未出现塑性变形区时的基底附加压力(见图 3-5)。其计算公式可根据土中应力计算的弹性理论和土体极限平衡条件导出。当采用临塑荷载 $p_{cr}$ 作为地基承载力时,十分安全而偏于保守,因为此时地基还没有真正出现塑性区。

地基临塑荷载 $p_{cr}$ 的计算公式为

$$p_{cr} = \frac{\pi(\gamma_m d + c \cdot \cot\varphi)}{\cot\varphi + \varphi - \frac{\pi}{2}} + \gamma_m d = N_d \gamma_m d + N_c c \tag{3-3}$$

式中: $p_{cr}$——地基临塑荷载,kPa;

$N_d$、$N_c$——承载力系数。

### 2. 地基的临界荷载

地基的临界荷载是指地基中已经出现塑性变形区,但尚未达到极限破坏时的基底附加压力(见图 3-6)。即塑性区范围不是很大,在安全允许的范围时,就不致影响建筑物的安全和正常使用。因此,可以采用临界荷载作为地基承载力。

一般认为,在中心垂直荷载下,塑性区的最大发展深度 $z_{max}$ 可控制在基础宽度的 1/4,相应的临界荷载用 $p_{1/4}$ 表示。

$$p_{1/4} = \frac{\pi(\gamma_m d + \frac{1}{4}\gamma b + c \cdot \cot\varphi)}{\cot\varphi + \varphi - \frac{\pi}{2}} + \gamma d = N_{1/4}\gamma b + N_d \gamma_m d + N_c c \tag{3-4}$$

式中: $p_{1/4}$——塑性区最大发展深度 $z_{max} = b/4$ 时的临界荷载,kPa。

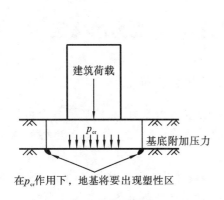

图 3-5　临塑荷载

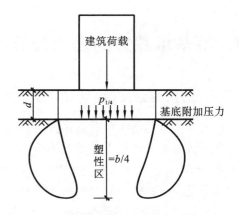

图 3-6　临界荷载(塑性区为基础宽度的 1/4)

而对于偏心荷载作用的基础,塑性区的最大发展深度可取 $z_{max}=b/3$,相应的临界荷载用 $p_{1/3}$ 表示。

**3. 地基的极限荷载**

地基的极限荷载指整个地基处于极限平衡状态时所承受的荷载。设计时绝不允许建筑物荷载达到极限荷载。当采用极限荷载 $p_u$ 确定地基承载力时,$p_u$ 应除以安全系数 $K$。

计算地基的极限荷载常用的公式有太沙基公式、斯凯普顿公式、汉森公式等。

(1)太沙基(K. Terzaghi)公式

太沙基公式是世界各国常用的极限荷载计算公式,适用于基础底面粗糙的条形基础,并推广应用于圆形基础和方形基础。

对于条形基础

$$p_u = \frac{1}{2}\gamma b N_r + \gamma_m d N_q + c N_c \tag{3-5}$$

用太沙基极限荷载公式计算地基承载力时,应除以安全系数 $K$,即

$$f = \frac{p_u}{K} \tag{3-6}$$

式中:$f$——地基承载力;

$p_u$——极限荷载;

$K$——地基承载力安全系数,$K \geqslant 3$。

(2)斯凯普顿(Skempton)公式

当地基土的内摩擦角 $\varphi=0$ 时,太沙基公式难以应用,这是因为太沙基公式中的承载力系数 $N_r$、$N_q$、$N_c$ 都是 $\varphi$ 的函数。斯凯普顿专门研究了 $\varphi=0$ 的饱和软土地基的极限荷载计算,提出了斯凯普顿极限荷载计算公式,即

$$p_u = 5c\left(1+0.2\frac{b}{l}\right)\left(1+0.2\frac{d}{b}\right) + \gamma_m d \tag{3-7}$$

该公式适用于浅基础(基础埋深 $d \leqslant 2.5b$)、内摩擦角 $\varphi=0$ 的饱和软土地基,并考虑了基础宽度与长度比值 $b/l$ 的影响。工程实践表明,按斯凯普顿公式计算的地基极限荷载与实际更接近。

用斯凯普顿极限荷载公式计算地基承载力时,应除以安全系数 $K$,$K$ 取 1.1~1.5。

(3)汉森(J. B. Hansen)公式

汉森公式适用于倾斜荷载作用下,不同基础形状和埋置深度的极限荷载计算。由于适

用范围较广,对水利工程有实用意义,已被我国港口工程技术规范采用。

$$p_u = \frac{1}{2}\gamma b N_r S_r d_r i_r g_r b_r + \gamma_0 d N_q S_q d_q i_q g_q b_q + c N_c S_c d_c i_c g_c b_c \tag{3-8}$$

用汉森极限荷载公式计算地基承载力时,应除以安全系数 $K$,$K \geqslant 2$。

### 3.4.3　地基容许承载力的确定

《建筑地基基础设计规范》(GB 50007—2011)规定,在正常使用极限状态计算时采用的地基承载力特征值作为地基容许承载力。

**1. 地基承载力特征值的概念**

前面提到,地基承载力特征值是《建筑地基基础设计规范》(GB 50007—2011)中规定的采用值,它是指建筑地基所允许承受的基础最大压力,基础给地基施加的压力如果大于该值,地基可能会发生过大变形。规范规定,以正常使用极限状态计算时采用的地基承载力特征值作为地基承载力,所以从某种意义上说,可以认为地基承载力特征值就是地基承载力。

《建筑地基基础设计规范》(GB 50007—2011)还规定:当按地基承载力计算以确定基础底面积和埋深或按单桩承载力确定桩的数量时,传至基础或承台底面上的荷载效应应按正常使用极限状态采用标准组合,相应的抗力限值应采用修正后的地基承载力特征值或单桩承载力特征值。

地基承载力特征值的确定方法可归纳为三类:①根据土的抗剪强度指标的相关理论公式进行计算;②按现场载荷试验的 $p$-$s$ 曲线确定;③其他原位测试方法确定。这些方法各有长短,互为补充,可结合起来综合确定。当场地条件简单,又有成功可靠的建设经验时,也可按建设经验选取地基承载力。

**2. 按理论公式确定地基容许承载力**

(1)按一般理论公式确定

前面已介绍了地基临塑荷载 $p_{cr}$、临界荷载 $p_{1/4}$ 和 $p_{1/3}$、极限荷载 $p_u$ 的计算,它们均可用来确定地基容许承载力。

若设计时不允许地基中出现局部剪切破坏,地基临塑荷载 $p_{cr}$ 就是地基的容许承载力。但工程实践表明,对于给定的基础,地基从开始出现塑性区到整体破坏,相应的基础荷载有一个相当大的变化范围,即使地基中出现小范围的塑性区对整个建筑物上部结构的安全并无妨碍,而且相应的荷载与极限荷载 $p_u$ 相比,一般仍有足够的安全度,因此临界荷载 $p_{1/4}$ 和 $p_{1/3}$ 也可作为地基的容许承载力。当采用极限荷载 $p_u$ 确定地基的容许承载力时,$p_u$ 应除以安全系数 $K$。

(2)按规范推荐公式确定

《建筑地基基础设计规范》(GB 50007—2011)推荐采用以临界荷载 $p_{1/4}$ 为基础的理论公式计算地基容许承载力。规范规定:当偏心距 $e$ 小于或等于 0.033 倍基础底面宽度时,根据土的抗剪强度指标确定地基容许承载力可按下式计算,并应满足变形要求。

$$f_a = M_b \gamma b + M_d \gamma_m d + M_c c_k \tag{3-9}$$

式中:$f_a$——由土的抗剪强度指标确定的地基容许承载力,kPa;

$M_b$、$M_d$、$M_c$——承载力系数,按表 3-2 确定;

$\gamma$——基础底面以下土的重度,地下水位以下取浮重度,kN/m³;

$b$——基础底面宽度,大于 6 m 时,按 6 m 取值;对于砂土基础底面,小于 3 m 时,按 3 m 取值;

$\gamma_m$——基础底面以上土的加权平均重度,地下水位以下取浮重度,kN/m³;

$c_k$——基础底面以下一倍短边宽深度内土的黏聚力标准值,kPa;

$d$——基础埋置深度,一般从室外地面标高算起,m。在填方整平地区,可自填土地面标高算起,但填土在上部结构施工后完成时,应从天然地面标高算起。对于地下室:如采用箱形基础或筏板时,基础埋置深度自室外地面标高算起;当采用独立基础或条形基础时,应从室内地面标高算起。

表 3-2  承载力系数 $M_b$、$M_d$、$M_c$

| 土的内摩擦角标准值 $\varphi_k$/(°) | $M_b$ | $M_d$ | $M_c$ |
|---|---|---|---|
| 0 | 0 | 1.00 | 3.14 |
| 2 | 0.03 | 1.12 | 3.32 |
| 4 | 0.06 | 1.25 | 3.51 |
| 6 | 0.10 | 1.39 | 3.71 |
| 8 | 0.14 | 1.55 | 3.93 |
| 10 | 0.18 | 1.73 | 4.17 |
| 12 | 0.23 | 1.94 | 4.42 |
| 14 | 0.29 | 2.17 | 4.69 |
| 16 | 0.36 | 2.43 | 5.00 |
| 18 | 0.43 | 2.72 | 5.31 |
| 20 | 0.51 | 3.06 | 5.66 |
| 22 | 0.61 | 3.44 | 6.04 |
| 24 | 0.80 | 3.87 | 6.45 |
| 26 | 1.10 | 4.37 | 6.90 |
| 28 | 1.40 | 4.93 | 7.40 |
| 30 | 1.90 | 5.59 | 7.95 |
| 32 | 2.60 | 6.35 | 8.55 |
| 34 | 3.40 | 7.21 | 9.22 |
| 36 | 4.20 | 8.25 | 9.97 |
| 38 | 5.00 | 9.44 | 10.80 |
| 40 | 5.80 | 10.84 | 11.73 |

注:$\varphi_k$—基底下一倍短边宽深度内土的内摩擦角标准值。

【例 3-2】 某柱下基础承受中心荷载作用,基础尺寸 2.2 m×3.0 m,基础埋深 2.5 m。场地土为粉土,水位在地表以下 2.0 m,水位以上土的重度为 $\gamma = 17.6$ kN/m³,水位以下饱和土重度为 $\gamma_{sat} = 19$ kN/m³,土的黏聚力 $c_k = 14$ kPa,内摩擦角 $\varphi_k = 21°$。试按规范推荐的理论公式确定地基容许承载力。

【解】 由 $\varphi_k = 21°$,查表 3-2 并作内插,得 $M_b = 0.56$、$M_d = 3.25$、$M_c = 5.85$。

基底以上土的加权平均重度为

$$\gamma_m = \frac{17.6 \times 2.0 + (19-10) \times 0.5}{2.5} \text{ kN/m}^3 = 15.9 \text{ kN/m}^3$$

由式(3-9)得

$$\begin{aligned} f_a &= M_b \gamma b + M_d \gamma_m d + M_c c_k \\ &= [0.56 \times (19-10) \times 2.2 + 3.25 \times 15.9 \times 2.5 + 5.85 \times 14] \text{ kPa} \\ &= 222.2 \text{ kPa} \end{aligned}$$

### 3. 按载荷试验确定地基容许承载力

载荷试验是一种原位测试[①]技术，能够模拟建筑物地基的实际受荷条件，比较准确地反映地基土的受力状况和变形特征，是直接确定地基容许承载力最可靠的方法。但载荷试验费时、耗资，因此规范只要求对地基基础设计等级为甲级的建筑物采用。

载荷试验包括浅层平板载荷试验、深层平板载荷试验和螺旋板载荷试验。浅层平板载荷试验适用于确定浅部地基土层的承压板下应力主要影响范围内的承载力，深层平板载荷试验适用于确定深部地基土层（埋深 $d \geqslant 3$ m 和地下水位以上的地基土）及大直径桩桩端土层在承压板下应力主要影响范围内的承载力，螺旋板载荷试验适用于深层地基土或地下水位以下的地基土。

图 3-7 所示为现场浅层平板载荷试验示意图。试验时，将一个刚性承压板平置于欲试验的土层表面，通过千斤顶或重块在板上分级施加荷载，观测记录沉降随时间的发展以及稳定时的沉降量 $s$，将上述试验得到的各级荷载与相应的稳定沉降量绘制成 $p\text{-}s$ 曲线，由此曲线即可确定地基容许承载力和地基土变形模量。

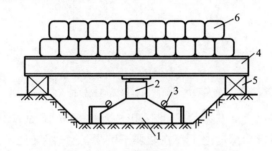

**图 3-7  现场浅层平板载荷试验示意图**
1—承压板；2—千斤顶；3—百分表；4—平台；5—支墩；6—堆载

浅层平板载荷试验的要点如下。

①浅层平板载荷试验承压板面积不应小于 0.25 m²，对于软土不应小于 0.5 m²。

②试验基坑宽度不应小于承压板宽度或直径的 3 倍。应保持试验土层的原状结构和天然湿度。宜在拟试压表面用粗砂或中砂层找平，其厚度不超过 20 mm。

③加荷分级不应少于 8 级，最大加载量不应小于设计要求的两倍。

④每级加荷后，按间隔 10 min、10 min、10 min、15 min、15 min 测读沉降量，以后每隔半小时测读一次沉降量，当在连续 2 h 内，每小时的沉降量小于 0.1 mm 时，则认为已趋稳定，可加下一级荷载。

⑤当出现下列情况之一时，即可终止加载：

a.承压板周围的土明显地侧向挤出；

b.沉降 $s$ 急骤增大，荷载与沉降曲线（$p\text{-}s$ 曲线）出现陡降段；

c.在某一级荷载下，24 h 内沉降速率不能达到稳定状态；

d.沉降量与承压板宽度或直径之比大于或等于 0.06。

当满足前三种情况之一时，其对应的前一级荷载定为极限荷载。

⑥容许承载力的确定。

a.对于密实砂土、硬塑黏土等低压缩性土，当 $p\text{-}s$ 曲线上有比例界限时，考虑到低压缩

---

① 原位测试是指在岩土工程勘察现场，不扰动或基本不扰动岩土层的情况下对岩土层进行测试。

性土的容许承载力一般由强度安全控制,取临塑荷载值 $p_{cr}$ 作为容许承载力(见图 3-8(a))。

b. 对于临塑荷载 $p_{cr}$ 与极限荷载 $p_u$ 都能确定的土,当 $p_u < 2p_{cr}$ 时,取 $\frac{p_u}{2}$ 作为容许承载力值。

c. 对于中、高压缩性土,如松砂、填土、可塑性黏土等,$p$-$s$ 曲线无明显转折点,其地基承载力往往通过相对变形来控制。规范总结了许多实测资料,规定当压板面积为 0.25~0.50 m² 时,取 $s = (0.010 \sim 0.015)b$ 所对应的荷载作为容许承载力,但其值不应大于最大加载量的一半(见图 3-8(b))。

同一土层参加统计的试验点不应少于 3 个,当试验实测值的极差不超过其平均值的 30% 时,取此平均值作为该土层的地基容许承载力 $f_{ak}$。

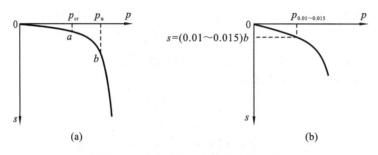

**图 3-8 载荷试验确定承载力特征值**
(a)有明显转折点的 $p$-$s$ 曲线;(b)无明显转折点的 $p$-$s$ 曲线

载荷板的尺寸一般比实际基础的尺寸小,影响深度也较小,试验只反映这个范围内土层的承载力。如果载荷板影响深度之下存在软弱下卧层,而该层又处于基础的主要受力层内,如图 3-9 所示的情况,此时除非采用大尺寸载荷板做试验,否则意义不大。

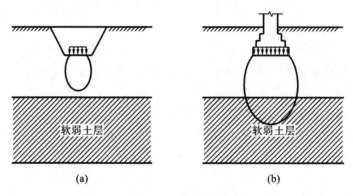

**图 3-9 基础宽度对附加应力的影响**
(a)载荷试验;(b)实际基础

**4. 其他原位试验确定地基容许承载力**

除载荷试验外,静力触探、动力触探、标准贯入试验等原位测试,在我国已经积累了丰富的经验,《建筑地基基础设计规范》(GB 50007—2011)允许将其应用于确定地基容许承载力。但是强调必须有地区经验,即当地的对比资料。同时还应注意,当地基基础设计等级为甲级和乙级时,应结合室内试验成果综合分析,不宜单独应用。

**5. 地基承载力特征值修正**

理论分析和工程实践表明,增加基础宽度和埋置深度,地基的承载力也将随之提高。而在上述原位测试中,地基承载力测定都是在一定条件下进行的,因此,必须考虑这两个因素的影响。《建筑地基基础设计规范》(GB 50007—2011)规定:当基础宽度大于 3 m 或埋置深度大于 0.5 m 时,根据载荷试验或其他原位测试、经验值等方法确定的地基承载力特征值应按下式修正:

$$f_a = f_{ak} + \eta_b \gamma (b-3) + \eta_b \gamma_m (d-0.5) \tag{3-10}$$

式中: $f_a$——修正后的地基承载力特征值,kPa;

$f_{ak}$——地基承载力特征值,kPa;

$\eta_b$、$\eta_d$——基础宽度和埋深的地基承载力修正系数,按基础底面以下土的类别查表 3-3 取值;

$b$——基础地面宽度,m,小于 3 m 按 3 m 取值,大于 6 m 按 6 m 取值;

$\gamma$、$\gamma_m$、$d$ 符号意义同式(3-9)。

表 3-3　地基承载力修正系数

| 土 的 类 别 | | $\eta_b$ | $\eta_d$ |
|---|---|---|---|
| 淤泥和淤泥质土 | | 0 | 1.0 |
| 人工填土,$e$ 或 $I_L$ 不小于 0.85 的黏性土 | | 0 | 1.0 |
| 红黏土 | 含水比 $a_w > 0.8$ | 0 | 1.2 |
| | 含水比 $a_w \leqslant 0.8$ | 0.15 | 1.4 |
| 大面积压实填土 | 压密系数大于 0.95、黏粒含量 $\rho \geqslant 10\%$ 的粉土 | 0 | 1.5 |
| | 最大密度大于 2.1 t/m³ 的级配砂石 | 0 | 2.0 |
| 粉土 | 黏粒含量 $\rho_c \geqslant 10\%$ 的粉土 | 0.3 | 1.5 |
| | 黏粒含量 $\rho_c < 10\%$ 的粉土 | 0.5 | 2.0 |
| $e$ 及 $I_L$ 均小于 0.85 的黏性土 | | 0.3 | 1.6 |
| 粉砂、细砂(不包括很湿与饱和时的稍密状态) | | 2.0 | 3.0 |
| 中砂、粗砂、砾砂和碎石土 | | 3.0 | 4.4 |

注:①强风化和全风化的岩石,可参照所风化的相应土类取值,其他状态下的岩石不修正。

②地基承载力特征值按《建筑地基基础设计规范》(GB 50007—2011)中"附录 D 深层平板载荷试验"确定时 $\eta_d$ 取 0。

【例 3-3】　某场地土层分布及各项物理力学指标如图 3-10 所示,若在该场地拟建下列基础:①柱下独立基础,底面尺寸为 2.6 m×4.8 m,基础底面设置于粉质黏土层顶面;②高层箱形基础,底面尺寸 12 m×45 m,基础埋深为 4.2 m。试确定这两种情况下修正后的地基承载力特征值。

$\nabla \pm 0.00$

人工填土　$\gamma = 17.0$ kN/m³

$\nabla -2.10$

$\nabla -3.20$　粉质黏土　$\omega_P = 22\%$　　$\omega_L = 34\%$　$d_s = 2.71$ m
水位以上　$\gamma = 18.6$ kN/m³　$\omega = 25\%$　$f_{ak} = 165$ kPa
水位以下　$\gamma = 19.4$ kN/m³　$\omega = 30\%$　$f_{ak} = 158$ kPa

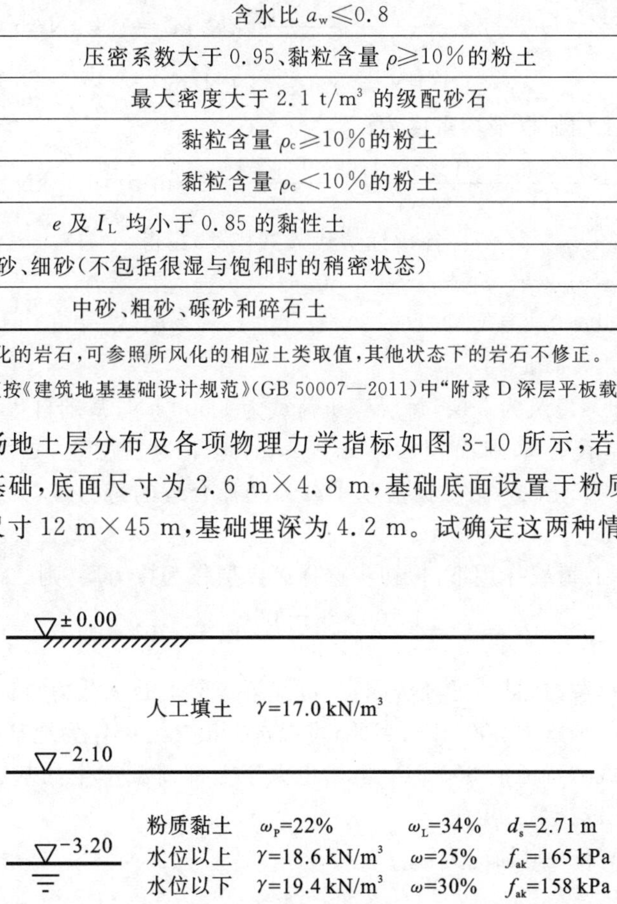

图 3-10　【例 3-3】图

【解】 (1)确定柱下独立基础修正后的地基承载力特征值。已知 $b=2.6$ m$<3$ m,按 3 m 考虑,$d=2.1$ m。粉质黏土层水位以上

$$I_L = \frac{\omega - \omega_P}{\omega_L - \omega_P} = \frac{25-22}{34-22} = 0.25$$

$$e = \frac{d_s(1+\omega)\gamma_w}{\gamma} - 1 = \left[\frac{2.71 \times (1+0.25) \times 10}{18.6} - 1\right] \text{m} = 0.82 \text{ m}$$

查表,得 $\eta_b=0.3$、$\eta_d=1.6$,将各指标值代入式(3-10),得

$$f_a = f_{ak} + \eta_b \gamma(b-3) + \eta_b \gamma_m(d-0.5)$$
$$= [165 + 0 + 1.6 \times 17 \times (2.1-0.5)] \text{ kPa}$$
$$= 208.5 \text{ kPa}$$

(2)确定箱形基础修正后的地基承载力特征值。已知 $b=6$ m,按 6 m 考虑,$d=4.2$ m,基础底面以下

$$I_L = \frac{\omega - \omega_P}{\omega_L - \omega_P} = \frac{30-22}{34-22} = 0.67$$

$$e = \frac{d_s(1+\omega)\gamma_w}{\gamma} - 1 = \left[\frac{2.71 \times (1+0.30) \times 10}{19.4} - 1\right] \text{m} = 0.82 \text{ m}$$

水位以下浮重度

$$\gamma' = \frac{d_s-1}{1+e}\gamma_w = \frac{(2.71-1) \times 10}{1+0.82} \text{ kN/m}^3 = 9.4 \text{ kN/m}^3$$

或

$$\gamma' = \gamma_{sat} - \gamma_w = 9.4 \text{ kN/m}^3$$

基础底面以上土的加权平均重度为

$$\gamma_m = \frac{17 \times 2.1 + 18.6 \times 1.1 + 9.4 \times 1}{4.2} \text{ kN/m}^3 = 15.6 \text{ kN/m}^3$$

查表,得 $\eta_b=0.3$、$\eta_d=1.6$,将各指标值代入式(3-10),得

$$f_a = f_{ak} + \eta_b \gamma(b-3) + \eta_b \gamma_m(d-0.5)$$
$$= [158 + 0.3 \times 9.4 \times (6-3) + 1.6 \times 15.6 \times (4.2-0.5)] \text{ kPa}$$
$$= 258.8 \text{ kPa}$$

【例 3-4】 已知某建筑为 3 层,每层建筑荷载为 1 500 kN,基础自重荷载(包括基础上部土重)$G_k$ 为 900 kN,筏板基础面积为 9 m×2 m,地下为三层土,点 A 土的抗剪强度为 28 kPa。具体如图 3-11 所示,请根据地基承载力选择合理的持力层,并判断基础角点 A 是否会发生破坏。

【解】 (1)在中心荷载作用下,拟初步选择第二层作为持力层,则

$$p_k = \frac{p}{lb} = \frac{1\,500 \times 3 + 900}{9 \times 2} \text{ kPa} = 300 \text{ kPa}$$

根据三层土的承载力,且考虑经济因素,可知第二层土的承载力特征值 300 kPa 等于上部荷载产生的基底附加压力 300 kPa,因此,可以选择第二层土作为地基的持力层。

第三层土的承载力特征值 360 kPa 虽然也大于上部荷载产生的基底附加压力,但是从经济角度来看,优先选择第二层土。

(2)计算角点 A 下的附加应力 $\sigma_{zA}$

因 $\frac{l}{b} = \frac{9}{2} = 4.5$,$\frac{z}{b} = \frac{2}{2} = 1.0$,由表 2-1 查得附加应力系数 $\alpha_c = 0.204\,3$。

外荷载在基础产生的基底附加压力为 $p_0 = (300 - 18 \times 1) \text{ kPa} = 282 \text{ kPa}$。

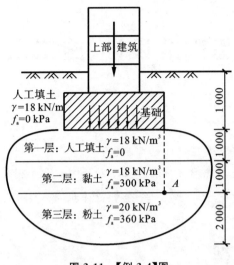

图 3-11　【例 3-4】图

则点 $A$ 下的附加应力

$$\sigma_{zA} = \alpha_c p_0 = 0.204\,3 \times 282\ \text{kPa} \approx 57.61\ \text{kPa}$$

而点 $A$ 本身的强度为 28 kPa $<$ 57.61 kPa,因此,点 $A$ 强度不能承受外力产生的附加应力,该点将会发生破坏。

【练习题】

3.1　何谓土的抗剪强度? 何谓地基容许承载力? 它们有何关系?

3.2　简述地基容许承载力和地基承载力特征值之间的关系。

3.3　简述地基临塑荷载、临界荷载、极限荷载与地基容许承载力的关系。

3.4　某建筑物的箱形基础宽 8.5 m、长 20 m、埋深 4 m,土层情况如图 3-12 所示。已知地下水位线位于地表下 2 m 处,且已求得 $\eta_b = 0.3$,$\eta_d = 1.6$。求该黏土持力层深宽修正后的承载力特征值 $f_a$。

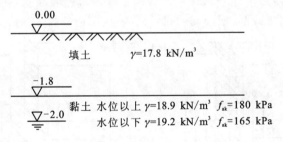

图 3-12　练习题 3.4

# 项目 4　浅基础的设计、施工及施工图识读

»»➔┃学习要求┃……

◇ 熟悉各种钢筋混凝土浅基础的细部构造；
◇ 能够识读钢筋混凝土条形基础和独立基础的工程施工图；
◇ 能进行简单的无筋条形基础和独立基础的计算与设计。

## 4.1　浅基础的类型

一般将设置在天然地基上，埋置深度小于 5 m 的基础及埋置深度虽超过 5 m 但小于基础宽度的基础统称为天然地基上的浅基础。在天然地基上修建浅基础，施工简单，造价低，因此，在保证建筑物安全和正常使用的条件下，应首先选用天然地基上浅基础的方案。

**1. 无筋基础（刚性基础）**

无筋基础指由砖、毛石、混凝土或毛石混凝土、灰土和三合土等材料组成的，且不需配置钢筋的墙下条形基础或柱下独立基础。无筋基础适用于多层民用建筑和轻型厂房。

无筋基础所用的材料抗压强度较高，但抗拉、抗剪强度却较低，通过对其刚性角的限制来减小弯矩，提高基础抗剪强度。因为刚性角越小，基础的外伸宽度就越小，基础高度就越大，对基础就越有利。由于无筋基础的相对高度都比较高，几乎不发生变形，所以此类基础也常被称为刚性基础。

1）砖基础

砖砌体具有一定的抗压强度，但抗拉强度和抗剪强度较低，砖基础底面以下一般设垫层，其剖面做成阶梯形，通常称大放脚。大放脚一般为二一间隔收，即一皮一收与两皮一收相间（基底必须保证两皮砖厚）或两皮一收，每收一次两边各收 1/4 砖长（见图 4-1）。

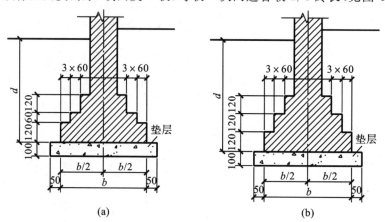

(a)　　　　　　　　　　　(b)

**图 4-1　砖基础剖面**

(a)二一间隔收；(b)两皮一收

砖基础具有取材容易、价格便宜、施工简便的特点,因此广泛应用于 6 层及 6 层以下的民用建筑和墙承重厂房。

2)毛石基础

毛石基础是选用未经风化的硬质岩石砌筑而成的,其抗冻性较好,如图 4-2 所示。

图 4-2　毛石基础

3)灰土基础

为了节约砖石材料,常在砖石大放脚下面做一层灰土垫层,这个垫层习惯上称为灰土基础。灰土是经过熟化后的石灰粉和黏性土按一定比例加适量水拌和夯实而成的,配合比一般为 3∶7,即 3 份石灰粉掺入 7 份黏性土(体积比),通常称为三七灰土。

灰土基础适用于 5 层和 5 层以下、土层比较干燥、地下水位较低的民用建筑。

4)三合土基础

三合土是由石灰、砂和骨料(碎石、碎砖或矿渣等)按体积比 1∶2∶4 或 1∶3∶6 配成,经适量水拌和后均匀铺入槽内,并分层夯实而成(每层虚铺 220 mm,夯至 150 mm)。三合土基础的优点是施工简单、造价低廉,但其强度较低,故一般用于地下水位较低的 4 层及 4 层以下的民用建筑,在我国南方地区应用较为广泛。

5)混凝土和毛石混凝土基础

混凝土基础的强度、耐久性、抗冻性都较好,当荷载大或位于地下水位以下时,常采用混凝土基础。由于其水泥用量较大,故造价较砖、石基础高。为减少水泥用量,可在混凝土内掺入基础体积 20%～30%的毛石,做成毛石混凝土基础。

**2. 配筋扩展基础**

用钢筋混凝土建造的基础抗弯能力强,不受刚性角限制。

配筋扩展基础一般包括柱下钢筋混凝土独立基础、柱下和墙下钢筋混凝土条形基础、筏板基础以及箱形基础等。这种基础整体性较好,抗弯强度大,能发挥钢筋的抗拉性能及混凝土的抗压性能。配筋扩展基础由于有很好的抗弯能力,不受刚性角限制,因此也称为柔性基础。

1)柱下钢筋混凝土独立基础

当建筑物上部结构采用框架结构或单层排架结构承重时,基础常采用方形、圆柱形和多边形等形式的独立式基础,这类基础称为独立基础,也称为单独基础。独立基础分阶梯形基础、坡形基础、杯口基础三种(见图 4-3、图 4-4)。

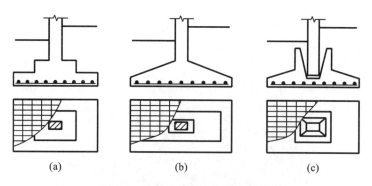

**图 4-3  柱下钢筋混凝土独立基础**

(a)阶梯形基础;(b)坡形基础;(c)杯口基础

**图 4-4  柱下阶梯形独立基础**

2)柱下钢筋混凝土条形基础和墙下钢筋混凝土条形基础

当荷载很大或地基土层软弱时,如采用柱下独立基础,基础底面积必然很大且相互靠近,为增加基础的整体性并方便施工,可将同一排的柱基础连在一起做成条形基础(见图 4-5)。

墙下条形基础是墙体下的条形基础。当基础上的荷载较大,或地基上承载力较低而需要加大基础宽度时,可采用钢筋混凝土条形基础,以承受所产生的弯曲应力(见图 4-6)。

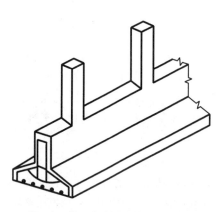

**图 4-5  柱下钢筋混凝土条形基础**

**图 4-6  墙下钢筋混凝土条形基础**

3)筏板基础

当地基软弱而上部结构的荷载又很大时,采用十字形基础仍不能满足要求或相邻基槽距离很小时,可采用钢筋混凝土做成整块的筏板基础,以扩大基底面积,增强基础的整体刚度。筏板基础分为平板式、下梁式和上梁式(见图 4-7)。

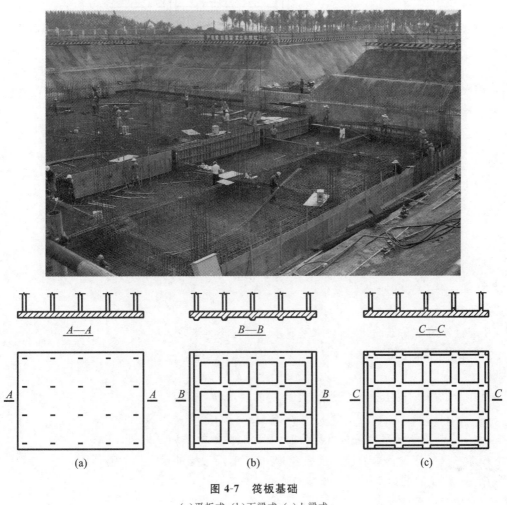

图 4-7  筏板基础

(a)平板式;(b)下梁式;(c)上梁式

4)箱形基础

箱形基础由筏板基础演变而成,它是由钢筋混凝土顶板、底板和纵横交叉的隔墙组成的空间整体结构(见图 4-8)。箱形基础内空可用作地下室,与实体基础相比可减小基底压力。箱形基础较适用于地基软弱、平面形状简单的高层建筑物。某些对不均匀沉降有严格要求的设备或构筑物,也可采用箱形基础。箱形基础、柱下条形基础、十字形基础、筏板基础都需用钢筋混凝土,尤其是箱形基础,钢筋和混凝土用量更大,施工复杂,故采用这类基础时,应与其他类型的基础(如桩基等)进行经济、技术比较后确定。

除上述基础类型外,在实际工程中还有一些浅基础形式,如壳体基础,圆板、圆环基础等。

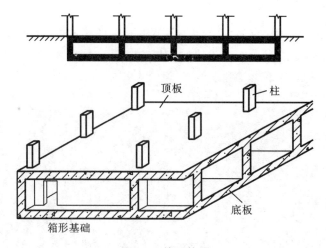

**图 4-8 箱形基础**

# 4.2 基础设计的要求与步骤

**1. 一般设计要求**

地基基础设计包括基础的设计和地基的设计,既要保证基础本身的安全,还要保证地基的安全。

1)地基承载力设计要求

在进行建筑物基础设计时,要求基底压力满足下列要求。

当有轴心荷载作用时

$$p_k \leqslant f_a \tag{4-1}$$

当有偏心荷载作用时,除应满足式(4-1)的要求外,还需满足

$$p_{k\,max} \leqslant 1.2 f_a \tag{4-2}$$

式中:$p_k$——相应于荷载效应标准组合时,基础底面处的平均压力值,kPa;

$p_{k\,max}$——相应于荷载效应标准组合时,基础底面边缘的最大压力值,kPa;

$f_a$——修正后的地基持力层承载力特征值,kPa。

2)地基变形设计要求

建筑物的地基变形计算值,不应大于地基变形允许值,即

$$s \leqslant [s] \tag{4-3}$$

式中:$s$——建筑物的地基变形计算值(地基最终变形量),mm;

$[s]$——建筑物的地基变形允许值,按规范规定采用,mm。

3)基础本身强度、刚度和耐久性的要求

基础是埋入土层一定深度的建筑物下部的承重结构,其作用是承受上部荷载,并将荷载传递到下部地基土层中。因此,基础结构本身应有足够的强度和刚度,在地基反力作用下不会产生过大强度破坏,并具有改善沉降与不均匀沉降的能力。

**2. 天然地基上浅基础的设计内容与步骤**

①选择基础类型、材料。

②确定基础的埋置深度。

③确定地基承载力。

④根据上部荷载值和地基承载力特征值 $f_a$,初步计算基础底面尺寸。

⑤确定基础高度和配筋计算。

需要注意的是：a. 若地基持力层下部存在软弱土层时,需验算软弱下卧层的承载力；b. 甲级、乙级建筑物及部分丙级建筑物,应在承载力计算的基础上进行变形验算；c. 最后还要绘制施工图,编制施工技术说明书。

## 4.3　基础埋置深度的确定

基础埋置深度是指从室外设计地坪至基础底面的垂直距离(见图 4-9)。确定基础埋置深度时,必须综合考虑建筑物的用途,有无地下室、设备基础和地下设施,基础的形式和构造,上部荷载大小,工程地质条件和水文地质条件,相邻建筑物埋深,地基土冻胀等因素。

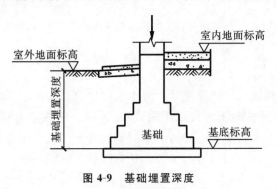

**图 4-9　基础埋置深度**

### 4.3.1　与建筑物有关的条件和场地环境条件

与建筑物有关的条件包括建筑物用途、类型、规模与性质等。

场地环境条件包括：①基础底面应到达一定的深度,除岩石地基外,不宜小于 0.5 m。为了保护基础,一般要求基础顶面低于设计地面(一般指室内相邻基础的埋深地面)至少 0.1 m。②新基础、原有基础间应保留一定的净距,一般取相邻两基础底面高差的 $1\sim2$ 倍,即 $L\geqslant(1\sim2)\Delta H$(见图 4-10)。

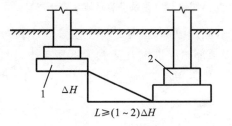

**图 4-10　相邻基础的埋深**
1—原有基础;2—新基础

不能满足上述要求时,应采取分段施工、设临时加固支撑、打板桩、地下连续墙等施工措施,或加固原有建筑物地基,以保证邻近原有建筑物的安全。

如果基础邻近有管道或沟、坑等设施时,基础底面一般应低于这些设施的底面。临水建筑物,为防流水或波浪的冲刷,其基础底面应位于冲刷线以下。

### 4.3.2 工程地质条件

一般应选择具有良好承载力的土层作为持力层,但应综合考虑实际情况。一般可根据经验做出选择,如图 4-11 所示。

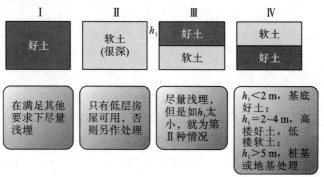

图 4-11 工程地质条件选择

### 4.3.3 水文地质条件

有潜水存在时,基础底面应尽量埋置在潜水水位以上。

若基础底面必须埋置在地下水位以下时,应考虑施工时的基坑排水、坑壁围护、地下水对混凝土的腐蚀性、地下水的防渗以及地下水对基础底板的上浮作用等问题。

对埋藏有承压含水层的地基(见图 4-12),选择基础埋深时,应防止基底因挖土减压而隆起开裂。

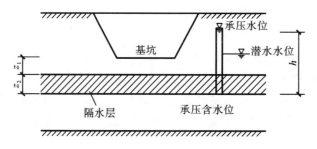

图 4-12 基坑下有承压水含水层

必须控制基坑开挖深度,满足:总水压力 $u$ 小于覆盖土自重 $\sigma$,即 $u < \sigma$。

这里的 $u$ 为承压含水层顶部的静水压力,$\sigma$ 为上部覆盖土自重。静水压力 $u = \gamma_w h$,$h$ 为承压含水层顶部压力水头高;总覆盖压力 $\sigma = \gamma_1 z_1 + \gamma_2 z_2$,$\gamma_1$、$\gamma_2$ 分别为各土层的重度,水位下取饱和重度。

### 4.3.4 地基冻融条件

土体中水冻结后,体积膨胀,从而产生冻胀。如基础下面存在冻胀土,则在发生冻胀时基础会被上抬,而解冻时基础又发生融陷,这个过程往往会对建筑物造成破坏。因此,为避开冻胀区土层的影响,基础底面宜设置在冻结线以下或在其下留有少量冻土层,以使其不足以给上部结构造成危害(见图 4-13)。《建筑地基基础设计规范》(GB 50007—2011)规定,基础的最小埋置深度为

$$d_{\min} = z_d - h_{\max} \tag{4-4}$$

式中：$z_d$——设计冻深，m；

$h_{\max}$——基底下允许残留冻土层最大厚度，m，可按规范确定。

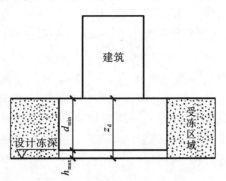

**图 4-13   基础的最小埋置深度**

## 4.4   基础底面尺寸的确定

在设计浅基础时，一般先确定基础的埋置深度，选定地基持力层并求出地基承载力特征值 $f_a$，然后根据上部荷载和 $f_a$ 确定基础底面尺寸。

### 4.4.1   中心荷载作用下基础底面积的确定

中心荷载作用下，基础通常对称布置，基底压力 $p_k$ 假定均匀分布，按下列公式计算

$$p_k = \frac{F_k + G_k}{A} = \frac{F_k}{A} + \gamma_G \overline{d} \tag{4-5}$$

式中：$F_k$——相应于荷载效应标准组合时，上部结构传至基础顶面处的竖向力，kN；

$G_k$——基础自重和基础上土重，kN；

$A$——基础底面面积，m²；

$\gamma_G$——基础和基础上土的平均重度，kN/m³；

$\overline{d}$——基础的平均埋置深度，m。

由式(4-1)持力层承载力的要求，得

$$\frac{F_k}{A} + \gamma_G \overline{d} \leqslant f_a$$

由此可得矩形基础底面面积为

$$A \geqslant \frac{F_k}{f_a - \gamma_G \overline{d}} \tag{4-6}$$

对于条形基础，可沿基础长度的方向取单位长度进行计算，荷载同样是单位长度上的荷载，则基础宽度

$$b \geqslant \frac{F_k}{f_a - \gamma_G \overline{d}} \tag{4-7}$$

式(4-6)和式(4-7)中的地基承载力特征值，在基础底面未确定以前可先只考虑深度修正，初步确定基底尺寸以后，再将宽度修正项加上，重新确定承载力特征值，直至设计出最佳基础底面尺寸。

### 4.4.2 偏心荷载作用下基础底面积的确定

偏心荷载作用下的基础底面尺寸常采用试算法确定。计算方法如下。

①先按中心荷载作用条件,利用式(4-6)或式(4-7)初步估算基础底面尺寸。

②根据偏心程度,将基础底面积扩大10%～40%,并以适当的比例确定矩形基础的长 $l$ 和宽 $b$,一般取 $l/b=1\sim2$。

③计算基底平均压力和基底最大压力,并使其满足式(4-1)和式(4-2)。

这一计算过程可能要经过几次试算方能确定合适的基础底面尺寸。

若持力层下有相对软弱的下卧土层,还须对软弱下卧层进行强度验算。

如果建筑物有变形验算要求,应进行变形验算。承受水平力较大的高层建筑和不利于稳定的地基上的结构还须进行稳定性验算。

### 4.4.3 软弱下卧层承载力验算

在地基受力范围内,如果在持力层下存在承载力明显低于持力层承载力的高压缩性土层时,还必须对软弱下卧层的承载力进行验算。

要求作用在软弱下卧层顶面处的附加应力和自重应力之和不超过下卧层顶面处经深度修正后的地基承载力特征值,即

$$p_z + p_{cz} \leqslant f_{az} \tag{4-8}$$

式中:$p_z$——相应于荷载效应标准组合时软弱下卧层顶面处的附加压力值;

　　　$p_{cz}$——软弱下卧层顶面处的自重压力值;

　　　$f_{az}$——软弱下卧层顶面处经深度修正后的地基承载力特征值。

关于附加压力值 $p_z$ 的计算,《建筑地基基础设计规范》(GB 50007—2011)中采用应力扩散简化计算方法。当持力层与下卧层的压缩模量比值 $E_{s1}/E_{s2} \geqslant 3$ 时,对于矩形或条形基础,可按压力扩散角的概念计算。如图4-14所示,假设基底附加应力($p_0 = p - p_c$)按某一角度 $\theta$ 向下传递。根据基底扩散面积上的总附加压力相等的条件可得软弱下卧层顶面处的附加压力。

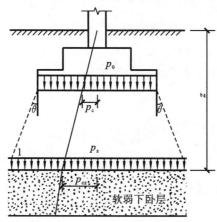

**图4-14　软弱下卧层顶面处的附加压力**

矩形基础的附加压力为

$$p_z = \frac{lb(p - p_c)}{(b + 2z\tan\theta)(l + 2z\tan\theta)} \tag{4-9}$$

条形基础仅考虑宽度方向的扩散,并沿基础纵向取单位长度为计算单元,于是可得

$$p_z = \frac{b(p - p_c)}{b + 2z\tan\theta} \tag{4-10}$$

式中:$l$、$b$——矩形基础底面的长度和宽度,m;

　　　$p_c$——基础底面的土自重应力,$kN/m^2$;

　　　$z$——基础底面到软弱下卧层顶面的距离,m;

　　　$\theta$——地基压力扩散线与垂直线的夹角,°,可按表 4-1 采用。

表 4-1　地基压力扩散角 $\theta$ 值

| $E_{s1}/E_{s2}$ | $z/b$ | |
|---|---|---|
| | 0.25 | 0.5 |
| 3 | 6° | 23° |
| 5 | 10° | 25° |
| 10 | 20° | 30° |

注:①$E_{s1}$ 为上层土压缩模量,$E_{s2}$ 为下层土压缩模量。

②$z/b < 0.25$ 时取 $\theta = 0°$,必要时,宜由试验确定;$z/b > 0.50$ 时,$\theta$ 值不变。

**【例 4-1】** 某框架柱截面尺寸为 $400\ mm \times 300\ mm$,传至室内外平均标高位置处竖向力标准值为 $F_k = 700\ kN$,力矩标准值 $M_k = 80\ kN \cdot m$,水平剪力标准值 $V_k = 13\ kN$;基础底面距室外地坪为 $d = 1.0\ m$,基底以上填土重度 $\gamma_1 = 17.5\ kN/m^3$,持力层为黏性土,重度 $\gamma_2 = 18.5\ kN/m^3$,饱和重度 $\gamma_{sat} = 19.6\ kN/m^3$,孔隙比 $e = 0.7$,液性指数 $I_L = 0.78$,地基承载力特征值 $f_{ak} = 226\ kPa$,持力层下为淤泥土(见图 4-15),试确定柱基础的底面尺寸。

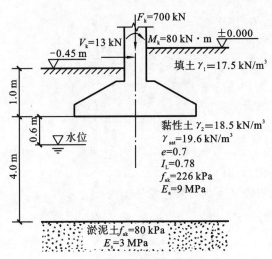

图 4-15　例【4-1】图

**【解】** (1)确定地基持力层承载力

先不考虑承载力宽度修正项,由 $e = 0.7$,$I_L = 0.78$,查表得承载力修正系数 $\eta_b = 0.3$,$\eta_d = 1.6$,则

$$\begin{aligned}
f_a &= f_{ak} + \eta_b \gamma (b - 3) + \eta_d \gamma_m (d - 0.5) \\
&= [226 + 0 + 1.6 \times 17.5 \times (1.0 - 0.5)]\ kPa \\
&= 240\ kPa
\end{aligned}$$

（2）用试算法确定基底尺寸

①先不考虑偏心荷载,按中心荷载作用计算

$$A_0 = \frac{F_k}{f_a - \gamma_G \bar{d}} = \frac{700}{240 - 20 \times 1.225} \text{ m}^2 = 3.25 \text{ m}^2$$

②考虑偏心荷载时,面积扩大为 $A = 1.2A_0 = 1.2 \times 3.25 \text{ m}^2 = 3.90 \text{ m}^2$。取基础长度 $l$ 和基础宽度 $b$ 之比 $l/b = 1.5$,取 $b = 1.6$ m,$l = 2.4$ m,$l \times b = 3.84$ m²。这里偏心荷载作用于长边方向。

③验算持力层承载力。

因 $b = 1.6$ m $< 3$ m,不考虑宽度修正,$f_a$ 值不变。

基底压力平均值为

$$p_k = \frac{F_k}{lb} + \gamma_G \bar{d} = \left( \frac{700}{1.6 \times 2.4} + 20 \times 1.225 \right) \text{ kPa} = 206.8 \text{ kPa}$$

基底压力最大值为

$$p_{max} = p_k + \frac{M_k}{W} = \left[ 206.8 + \frac{(80 + 13 \times 1.225) \times 6}{2.4^2 \times 1.6} \right] \text{ kPa} = 269.3 \text{ kPa}$$

$$1.2 f_a = 1.2 \times 240 \text{ kPa} = 288 \text{ kPa}$$

由结果可知 $p_k < f_a$,$p_{max} < 1.2 f_a$,满足要求。

（3）软弱下卧层承载力验算

由 $E_{s1}/E_{s2} = 3$,$z/b = 4/1.6 = 2.5 > 0.5$,查表可知,$\theta = 23°$,淤泥地基承载力修正系数 $\eta_b = 0$,$\eta_d = 1.0$。

软弱下卧层顶面处的附加压力为

$$p_z = \frac{lb(p_k - p_c)}{(b + 2z\tan\theta)(l + 2z\tan\theta)}$$
$$= \frac{2.4 \times 1.6 \times (206.8 - 17.5 \times 10)}{(1.6 + 2 \times 4 \times \tan 23°)(2.4 + 2 \times 4 \times \tan 23°)} \text{ kPa}$$
$$= 25.1 \text{ kPa}$$

软弱下卧层顶面处的自重压力为

$$p_{cz} = \gamma_1 d + \gamma_2 h_1 + \gamma' h_2$$
$$= [17.5 \times 1 + 18.5 \times 0.6 + (19.6 - 10) \times 3.4] \text{ kPa}$$
$$= 61.2 \text{ kPa}$$

软弱下卧层顶面处得地基承载力修正特征值为

$$f_{az} = f_{akz} + \eta_d \gamma_m (d - 0.5)$$
$$= \left[ 80 + 1.0 \times \frac{17.5 \times 1 + 18.5 \times 0.6 + 9.6 \times 3.4}{5} \times (5 - 0.5) \right] \text{ kPa}$$
$$= 135.1 \text{ kPa}$$

由计算结果可得 $p_{cz} + p_z = (61.2 + 25.1) \text{kPa} = 86.3 \text{ kPa} < f_{az}$,满足要求。

# 4.5 基础施工图识读

基础施工图是建筑物地下部分承重结构的施工图,包括基础平面图、基础详图及必要的设计说明。基础施工图是施工放线、开挖基坑(基槽)、基础施工、计算基础工程量的依据。

### 4.5.1　基础设计说明

设计说明一般是说明难以用图示表达的内容和易用文字表达的内容,如材料的质量要求、施工注意事项等,由设计人员根据具体情况编写。一般包括以下内容。

①对地基土质情况提出注意事项和有关要求,概述地基承载力、地下水位和持力层土质情况。

②地基处理措施,并说明注意事项和质量要求。

③对施工方面提出验槽、钎探等事项的设计要求。

④垫层、砌体、混凝土、钢筋等所用材料的质量要求。

⑤防潮(防水)层的位置、做法,构造柱的截面尺寸、材料、构造,混凝土保护层厚度等。

### 4.5.2　基础施工图识读方法

①看设计说明,了解基础所用材料、地基承载力以及施工要求等。

②看基础平面图与建筑平面图的定位轴线及尺寸标注是否一致,基础平面图与基础详图是否一致。

③看基础平面图要注意基础平面布置与内部尺寸关系,以及预留洞的位置及尺寸等。

④看基础详图要注意竖向尺寸关系,基础的形状、做法与详细尺寸,钢筋的直径、间距与位置,以及地圈梁、防潮层的位置和做法等。

目前基础施工图纸多采用平法标注方式。建筑结构施工图平面整体设计方法(简称平法),指的是把结构构件的尺寸和配筋等,按照平面整体表示方法制图规则,整体直接表达在各类构件的结构平面布置图上,再与标准构造详图相配合,即构成一套新型完整的结构设计。它改变了传统的那种将构件从结构平面布置图中索引出来,再逐个绘制配筋详图的烦琐方法。具体的基础平法标注要求参考设计图集国家建筑标准 16G101-3,具体工程图纸详见附图。

## 4.6　无筋扩展基础设计

无筋扩展基础(见图 4-16)的设计步骤如下。

①选择基础类型、材料。

②确定基础的埋置深度。

③确定地基承载力。

④根据上部荷载值和地基承载力特征值 $f_a$,初步计算基础底面尺寸。

⑤确定基础高度和配筋计算。

其实,无筋扩展基础的设计主要是确定基础的尺寸(即基础底面积、基础高度)。基础底面积主要通过使外荷载在基础底面产生的基底压力小于地基承载力来保证;基础高度必须由刚性角来确定,即基础的外伸宽度与基础高度的比值(称为无筋扩展基础台阶的宽高比)必须小于表 4-2 所规定的允许值,则基础高度应满足下式

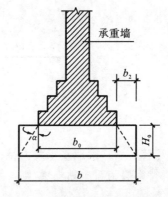

图 4-16　无筋扩展基础构造示意图

$$\frac{b-b_0}{2H_0} \leqslant \tan\alpha \qquad (4-11)$$

式中:$b$——基础底面宽度,m;

$b_0$——基础顶面的墙体宽度或柱脚宽度,m;

$H_0$——基础高度,m;

$b_2$——基础台阶宽度,m;

$\tan\alpha$——基础台阶宽高比 $b_2$:$H_0$,其允许值可按表 4-2 选用,$\alpha$ 角称为刚性角。

表 4-2　无筋扩展基础台阶宽高比的允许值

| 基础材料 | 质量要求 | 台阶宽高比的允许值 | | |
|---|---|---|---|---|
| | | $p_k \leqslant 100$ kPa | 100 kPa$< p_k$ $\leqslant$200 kPa | 200 kPa$< p_k$ $\leqslant$300 kPa |
| 混凝土基础 | C15 混凝土 | 1:1.00 | 1:1.00 | 1:1.25 |
| 毛石混凝土基础 | C15 混凝土 | 1:1.00 | 1:1.25 | 1:1.50 |
| 砖基础 | 砖不低于 MU10,砂浆不低于 M5 | 1:1.50 | 1:1.50 | 1:1.50 |
| 毛石基础 | 砂浆不低于 M5 | 1:1.25 | 1:1.50 | — |
| 灰土基础 | 体积比为 3:7 或 2:8 的灰土,其最小干密度:粉土 1.55 t/m³,粉质黏土 1.50 t/m³,黏土 1.45 t/m³ | 1:1.25 | 1:1.50 | — |
| 三合土基础 | 体积比为 1:2:4~1:3:6(石灰:砂:骨料),每层约虚铺 220 mm,夯至 150 mm | 1:1.50 | 1:2.00 | — |

注:①$p_k$ 为荷载效应标准组合时基础底面的平均压力值,kPa;

②阶梯形毛石基础的每阶伸出宽度不宜大于 200 mm;

③当基础由不同材料叠加组成时,应对接触部分进行抗压验算;

④基础底面处的平均压力值超过 300 kPa 的混凝土基础,应进行抗剪验算。

**【例 4-2】** 某厂房柱断面 $600$ mm$\times 400$ mm。基础承受竖向荷载标准值 $F_k = 780$ kN,力矩标准值 120 kN·m,水平荷载标准值 $H = 40$ kN,作用点位置在 ±0.000 处。地基土层剖面如图 4-17 所示。基础埋置深度 $\overline{d} = 1.8$ m,试设计柱下无筋扩展基础。

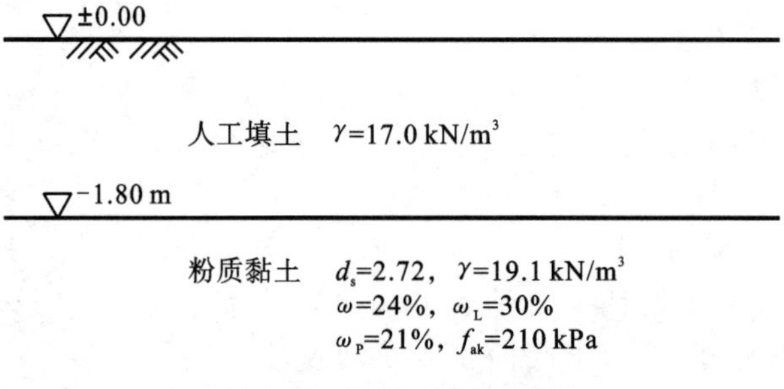

▽±0.00

人工填土　$\gamma = 17.0$ kN/m³

▽−1.80 m

粉质黏土　$d_s = 2.72$,　$\gamma = 19.1$ kN/m³
$\omega = 24\%$, $\omega_L = 30\%$
$\omega_P = 21\%$, $f_{ak} = 210$ kPa

图 4-17　地基土层剖面图

**【解】** (1)求地基承载力特征值

持力层为粉质黏土层,则

$$I_L = \frac{\omega - \omega_P}{\omega_L - \omega_P} = \frac{24\% - 21\%}{30\% - 21\%} = 0.33$$

$$e = \frac{d_s(1+\omega)\gamma_w}{\gamma} - 1 = \frac{2.72 \times (1+24\%) \times 10}{19.1} - 1 = 0.766$$

查表得 $\eta_b = 0.3$，$\eta_d = 1.6$，先考虑深度修正

$$f_a = f_{ak} + \eta_d \gamma_m (\overline{d} - 0.5)$$
$$= [210 + 1.6 \times 17 \times (1.8 - 0.5)]\ kPa$$
$$= 245.4\ kPa$$

(2)按中心荷载作用计算

$$A_0 \geqslant \frac{F_k}{f_a - \gamma_G \overline{d}} = \frac{780}{245.4 - 20 \times 1.8}\ m^2 = 3.72\ m^2$$

扩大至 $A = 1.3 A_0 \geqslant 4.84\ m^2$。

取 $l = 1.5b$，则

$$b = \sqrt{\frac{A}{1.5}} = \sqrt{\frac{4.85}{1.5}}\ m = 1.8\ m$$
$$l = 2.7\ m$$

(3)地基承载力验算

基础宽度小于 3 m，不必再进行宽度修正。

基底压力平均值为

$$p_k = \frac{F_k}{lb} + \gamma_G d = \left(\frac{780}{2.7 \times 1.8} + 20 \times 1.8\right)\ kPa = 196.5\ kPa$$

基底压力最大值为

$$p_{kmax} = p_k + \frac{M_k}{W} = \left[196.5 + \frac{(120 + 40 \times 1.8) \times 6}{2.7^2 \times 1.8}\right]\ kPa = 284.3\ kPa$$
$$1.2 f_a = 294.5\ kPa$$

由结果可知 $p_k < f_a$，$p_{kmax} < 1.2 f_a$，满足要求。

(4)基础剖面设计

基础材料选用 C15 混凝土，查表 4-2，台阶宽、高比允许值为 1∶1.0，则基础高度为

$$h = (l - l_0)/2 = (2.7 - 0.6)/2\ m = 1.05\ m = 1\ 050\ mm$$

式中：$l$——基础表面长边，m；

$l_0$——柱子长边，m。

基础剖面尺寸见图 4-18。

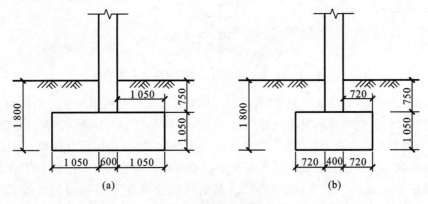

**图 4-18　基础剖面尺寸**

(a)基础长边；(b)基础短边

## 4.7 配筋扩展基础构造与设计

### 4.7.1 配筋扩展基础的构造要求

①锥形基础的边缘高度不宜小于 200 mm,阶梯形基础的每阶高度宜为 300~500 mm。

②垫层的厚度不宜小于 70 mm,垫层混凝土强度等级应为 C10。

③基础底板受力钢筋的最小直径不宜小于 10 mm,间距不宜大于 200 mm 也不宜小于 100 mm。墙下钢筋混凝土条形基础纵向分布钢筋的直径不应小于 8 mm,间距不应大于 300 mm;每延米分布钢筋的面积应不小于受力钢筋面积的 1/10。当有垫层时,钢筋保护层的厚度不宜小于 40 mm;无垫层时,钢筋保护层的厚度不宜小于 70 mm。

④混凝土强度等级不应低于 C20。

⑤柱下钢筋混凝土独立基础的边长和墙下钢筋混凝土条形基础的宽度大于等于 2.5 m 时,底板受力钢筋的长度可取边长或宽度的 9/10,并宜交错布置,如图 4-19(a)所示。

⑥钢筋混凝土条形基础底板在 T 形及十字形交接处,底板横向受力钢筋仅沿一个主要受力方向通长布置。另一方向的横向受力钢筋可布置到主要受力方向底板宽度的 1/4 处(见图 4-19(b)),在拐角处底板横向受力钢筋应沿两个方向布置(见图 4-19(c))。

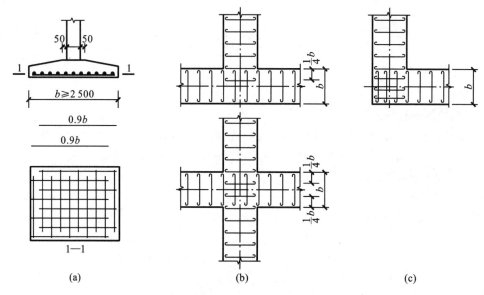

**图 4-19 扩展基础底板受力钢筋布置示意图**

⑦现浇柱的基础,其插筋的数量、直径以及钢筋种类应与柱内纵向受力钢筋相同。插筋的锚固长度应满足《建筑地基基础设计规范》(GB 50007—2011)第 8.2.2 条的规定,插筋与柱的纵向受力钢筋的连接方法,应符合现行国家标准《混凝土结构设计规范》(GB 50010—2015)的有关规定。插筋的下端宜做成直钩放在基础底板钢筋网上。当符合下列条件之一时,可仅将四角的插筋伸至底板钢筋网上,其余插筋锚固在基础顶面下 $l_a$ 或 $l_{aE}$ 处(见图 4-20)。

a.柱为轴心受压或小偏心受压,基础高度大于等于 1 200 mm;

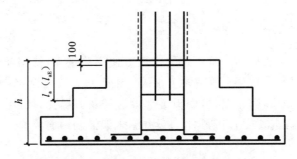

**图 4-20　现浇柱的基础中插筋构造示意**

b.柱为大偏心受压,基础高度大于等于 1 400 mm。

### 4.7.2　配筋扩展基础计算要求

①配筋扩展基础的基础底面积,应按《建筑地基基础设计规范》(GB 50007—2011)有关规定确定。条形基础相交处,不应重复计入基础面积。

②配筋扩展基础的其他计算应符合下列规定:

a.对柱下独立基础,当冲切破坏锥体落在基础底面以内时,应验算柱与基础交接处以及基础变阶处的受冲切承载力;

b.对基础底面短边尺寸小于等于柱宽加两倍基础有效高度的柱下独立基础,以及墙下条形基础,应验算柱(墙)与基础交接处的基础受剪切承载力;

c.基础底板的配筋,应按抗弯计算确定;

d.当基础的混凝土强度等级小于柱的混凝土强度等级时,尚应验算柱下基础顶面的局部受压承载力。

具体计算公式可查询《建筑地基基础设计规范》(GB 50007—2011)。

## 4.8　独立基础施工方案

### 4.8.1　工程概况

某住宅小区商业中心工程为框架结构,基础形式为独立基础,总建筑面积为 2 202.37 m²,建筑总高度为 17.650 m。

### 4.8.2　施工程序

**1.工艺流程**

工艺流程如:基底清理、打垫层→放线→支模板→绑扎钢筋→清理杂物→隐蔽验收→浇筑混凝土→砌基础墩上砖→放线定出地梁位置→支设地梁模板→浇筑地梁混凝土。

**2.操作工艺**

1)基底清理、打垫层

地基验槽完成,清除表层浮土及扰动土,不留积水,立即进行垫层混凝土施工,垫层混凝土必须振捣密实,表面平整,严禁晾晒基土(条形基础不必打垫层)。

2)放线

垫层浇灌完成,混凝土强度达到 1.2 MPa 后,放出独立基础的轴线、基础底边线、柱位线的位置和条形基础位置。

3)支模板

模板一次支到顶,留长方向一阶不加支撑以方便钢筋进入,待钢筋绑扎完毕,即可最后加支撑。模板采用木模,利用架子管或木方加固。锥形基础坡度为30°时,采用斜模板支护,利用螺栓与底板钢筋拉紧,防止上浮,模板上部设透气及振捣孔,坡度小于等于30°时,采用钢丝网(间距30 cm)防止混凝土下坠,上口设井字木架控制钢筋位置。

4)绑扎钢筋

待支完模板后进行钢筋网片的绑扎,模板全部支好后插柱筋;钢筋绑扎不允许漏扣,柱插筋弯钩部分必须与底板筋呈45°绑扎,连接点处必须全部绑扎;距底板5 cm处绑扎第一个箍筋,距基础顶5 cm处绑扎最后一道箍筋,作为标高控制筋及定位筋;柱插筋最上部再绑扎一道定位筋,上下箍筋及定位箍筋绑扎完成后,将柱插筋调整到位并用井字木架临时固定,然后绑扎剩余箍筋,保证柱插筋不变形走样(见图4-21)。

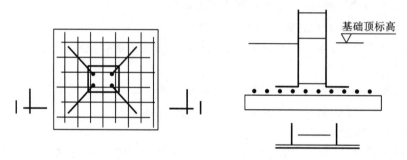

**图4-21　独立柱基钢筋绑扎示意**

钢筋绑扎好后,底面及侧面搁置保护层塑料垫块,厚度为设计保护层厚度,垫块间距不得大于1 000 mm(视设计钢筋直径确定),以防出现露筋的质量通病。

注意对钢筋的成品保护,不得任意碰撞钢筋,造成钢筋移位。

5)清理杂物及隐蔽验收

清除模板内的木屑、泥土等杂物,木模浇水湿润,堵严板缝及孔洞,并做好隐蔽验收工作。

6)浇筑混凝土

①每次浇筑混凝土前1.5 h左右,由土建工长或混凝土工长填写"混凝土浇筑申请书",一式3份,施工技术负责人签字后,土建工长留一份,交试验员一份,资料员留一份归档。

②试验员依据"混凝土浇筑申请书"填写有关资料,测砂石含水率,调整混凝土配合比中的材料用量,换算每盘的材料用量,写配合比板,经施工技术负责人校核后,挂在搅拌机旁醒目处。

③材料用量、投放:水、水泥、外加剂、掺和料的计量误差为±2%,砂石料的计量误差为±3%。

投料顺序为:石子→水泥→外加剂粉剂→掺和料→砂子→水→外加剂。

④搅拌时间(自落式搅拌机):不掺外加剂时不少于120 s,掺外加剂时不少于150 s。

⑤当一个配合比第一次使用时,应由施工技术负责人主持,做混凝土开盘鉴定。如果混凝土和易性不好,可以在维持水灰比不变的前提下,适当调整砂子、水及水泥量,调至和易性良好为止。

⑥混凝土应分层连续进行,间歇时间不超过混凝土初凝时间,一般不超过 2 h。为保证钢筋位置正确,先浇一层 5～10 cm 厚混凝土固定钢筋。台阶型基础每一台阶高度整体浇捣,每浇完一层台阶停顿 0.5 h 待其下沉,再浇上一层。分层下料,每层厚度为振动棒的有效振动长度。防止由于下料过厚、振捣不实或漏振、根部砂浆涌出等原因造成蜂窝、麻面或孔洞。

⑦浇筑条形基础时,先浇 20～30 cm 厚混凝土,将毛石以 8～10 cm 的间距摆放好,不能靠近模板;再打 20～30 cm 厚的混凝土,并用插入式振捣器振捣密实,往上浇筑。以此类推,在施工缝位置,毛石留一半露出表面。

⑧混凝土浇筑后,表面比较大的混凝土,使用平板振捣器振捣一遍,然后用杆刮平,再用木抹子搓平。收面前必须校核混凝土表面标高,不符合要求处立即整改。

⑨浇筑混凝土时,经常观察模板、支架、钢筋、螺栓、预留孔洞和管有无走动情况,一经发现有变形、走动或位移时,立即停止浇筑,并及时修整和加固模板,然后再继续浇筑。

⑩已浇筑完的混凝土,应在 12 h 左右覆盖和浇水。一般常温养护不得少于 7 d,特种混凝土养护不得少于 14 d。养护设专人检查落实,防止由于养护不及时,造成混凝土表面裂缝。

7)砌基础墩上砖

在条形基础与独立基础相交位置砌砖于独立基础墩上,砌至地梁顶标高为止。

8)放线定出地梁位置、支设地梁模板

(1)实际土方标高低于地梁底标高

实际土方标高低于地梁底标高时,将地梁位置土方回填至距地梁底标高 2 cm 位置处,回填方式为松填,并用水泥砂浆找平至地梁底。

(2)实际土方标高高于地梁底标高

实际土方标高高于地梁底标高时,将地梁位置土方挖至距地梁底标高 5 cm 处,并用砂子铺撒 2～3 cm,然后用水泥砂浆找平至地梁底标高位置。

9)浇筑地梁混凝土

先浇筑地梁与柱交叉位置,强度等级以柱为准,尺寸为从柱边向外延伸 $h/2$($h$ 为地梁高度),然后进行地梁浇筑。

注:根据工程进度要求,土方回填只能在完成主体一层并拆除内架后进行。

## 4.8.3　主要施工方法

### 1.施工准备

1)作业条件

①办完验槽记录及地基验槽隐检手续。

②办完基槽验线预检手续。

③有混凝土配合比通知单,准备好试验用工器具。

④做完技术交底。

2)材质要求

①水泥:水泥品种、强度等级应根据设计要求确定,质量符合现行水泥标准。工期紧时可采取水泥快测。必要时要求厂家提供水泥含碱量的报告。

②砂、石子:根据结构尺寸、钢筋密度、混凝土施工工艺、混凝土强度等级的要求确定石

子粒径和砂子细度。砂、石质量符合现行标准。必要时做骨料碱活性试验。

③水:自来水或不含有害物质的洁净水。

④外加剂:根据施工组织设计要求,确定是否采用外加剂。外加剂必须经试验合格后,方可在工程上使用。

⑤掺和料:根据施工组织设计要求,确定是否采用掺和料。掺和料质量应符合现行标准。

⑥钢筋:钢筋的级别、规格必须符合设计要求,质量符合现行标准要求。表面无老锈和油污。必要时做化学分析。

⑦脱模剂:水质隔模剂。

3)工器具

备有塔吊、搅拌机、磅秤、手推车或翻斗车、铁锹、振捣棒、刮杆、木抹子、胶皮手套、串桶或溜槽、钢筋加工机械等。

**2. 质量标准**

质量标准详见相关规范。

其他略。

**【练习题】**

4.1 刚性基础和配筋扩展基础的设计步骤及方法有何区别?

4.2 独立基础施工方案包括哪几个部分?

4.3 某承重墙下条形基础及地基情况如图 4-22 所示,上部结构传来荷载 $F=250\ \text{kN/m}$,试确定该基础的底面积。

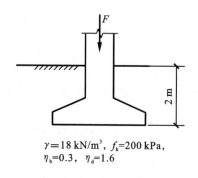

$\gamma=18\ \text{kN/m}^3$, $f_k=200\ \text{kPa}$,
$\eta_b=0.3$, $\eta_d=1.6$

**图 4-22 练习题 4.3**

4.4 根据国家建筑标准设计图集 16G101-3,绘制设置了基础梁的双柱普通独立基础配筋构造图。

4.5 根据国家建筑标准设计图集 16G101-3,绘制设置了条形基础的底板配筋构造图。

# 项目 5　桩基础的设计、施工及施工图识读

>>>→ ▌学习要求▌ ......

◇ 熟悉桩基础的细部构造;
◇ 能熟练识读桩基础的工程施工图;
◇ 能熟练识读桩基础的施工方案;
◇ 能进行桩基础的简单计算与设计。

## 5.1　桩基础

一般多层建筑物的地基较好时,多采用天然浅基础或人工地基。但是,当深部土层较弱,或者上部荷载比较大,而且对沉降有严格要求时,需要使用深基础。其中桩基础应用比较多。

桩基础简称桩基,由垫层、基桩和连接于桩顶的承台共同组成,如图 5-1 所示。

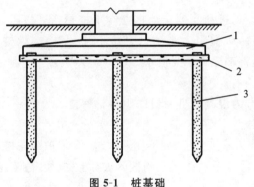

图 5-1　桩基础

1—承台;2—垫层;3—基桩

实际工程中的承台和基桩如图 5-2、图 5-3 所示。

图 5-2　承台

图 5-3　基桩

　　桩的作用在于将上部建筑物的荷载传递到深处承载力较大的土层上,或使软弱土层受挤压,提高土壤的承载力和密实度,并能通过桩身与土壤之间的摩擦力来承受上部荷载,从而保证建筑物的稳定性和减少地基沉降。

　　桩基础的类型多种多样,主要有如下几种分类方式。

**1. 按承载性质**

　　桩基础按承载性质分为摩擦型桩(见图 5-4)和端承型桩(见图 5-5)。

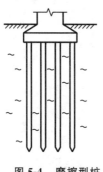

图 5-4　摩擦型桩

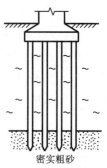

密实粗砂

图 5-5　端承型桩

　　1)摩擦型桩

　　摩擦型桩又可分为摩擦桩和端承摩擦桩。摩擦桩是指在极限承载力状态下,桩顶竖向荷载由桩侧阻力承受的桩,桩端阻力小到可忽略不计;端承摩擦桩是指在极限承载力状态下,桩顶竖向荷载主要由桩侧阻力承受的桩。

　　2)端承型桩

　　端承型桩又可分为端承桩和摩擦端承桩。端承桩是指在极限承载力状态下,桩顶竖向荷载由桩端阻力承受的桩,桩侧阻力小到可忽略不计;摩擦端承桩是指在极限承载力状态下,桩顶竖向荷载主要由桩端阻力承受的桩。

**2. 按桩身材料**

　　桩基础按桩身材料分为混凝土桩、钢桩、组合材料桩。

**3. 按成桩方法**

　　桩基础按成桩方法分为非挤土桩(如干作业法桩、泥浆护壁法桩、套筒护壁法桩)、部分挤土桩(如部分挤土灌注桩、预钻孔打入式预制桩等)、挤土桩(如挤土灌注桩、挤土预制桩等)。

**4. 按桩制作工艺**

　　桩基础按桩制作工艺分为预制桩(如锤击桩、静力压桩,见图 5-6)和现场灌注桩(如人工挖孔桩、机械钻孔灌注桩),现在使用较多的是现场灌注桩(见图 5-7)。

图 5-6　预制桩

图 5-7　现场灌注桩

## 5.2　桩的承载力

桩的承载力是桩与土共同作用的结果,既与桩自身强度有关,也与土的性质有关(如土的密实度、摩擦系数等)。

### 5.2.1　竖向荷载下单桩的工作性能

在轴向压力荷载作用下,桩顶将发生轴向位移(轴向位移＝桩身弹性压缩量＋桩底土层压缩量)。置于土中的桩与其侧面土是紧密接触的,当桩相对于土向下位移时就产生土对桩向上作用的桩侧摩阻力(见图 5-8(a))。桩顶荷载沿桩身向下传递的过程中,必须不断地克服这种摩阻力,桩身轴向力(见图 5-8(b))就随深度逐渐减小,传至桩底的轴向力也即桩底支承反力(桩底支承反力＝桩顶荷载－全部桩侧摩阻力)。

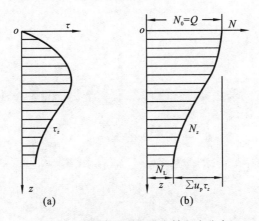

**图 5-8　桩侧摩阻力和桩身轴向力分布**
(a)桩侧摩阻力分布;(b)桩身轴向力分布

桩顶荷载是桩通过桩侧摩阻力和桩底阻力传递给土体的。

土对桩的支承力等于桩侧摩阻力与桩底阻力之和。

桩的极限荷载(或称极限承载力)等于桩侧极限摩阻力与桩底极限阻力之和。

### 5.2.2　单桩竖向极限承载力

单桩竖向极限承载力是指单桩在竖向荷载作用下,达到破坏状态前或出现不适于继续承载的变形时所对应的最大荷载。单桩竖向极限承载力取决于土对桩的支承阻力和桩身的材料强度。在工程实践中,单桩竖向极限承载力一般由土对桩的支承阻力所控制,对于端承桩、超长桩以及桩身质量有缺陷的桩,也可能由桩身材料强度控制。

确定单桩竖向极限承载力的方法有很多,工程中常用的有单桩竖向静载荷试验法、静力触探法、标准贯入试验法等。实践表明,单桩竖向极限承载力的确定就其可靠性而言,仍以传统的静载荷试验为最高。

单桩竖向静载荷试验是在建筑场地沉入试桩,通过在桩顶逐级加荷并观测和记录其沉降量,直到破坏为止,绘制荷载-沉降曲线,然后对该曲线进行分析,确定出各试桩的竖向承载力极限值(见图 5-9、图 5-10)。

开始试验的时间:预制桩在砂土中入土 7 d 后开始,在黏性土入土不得少于 15 d,在饱

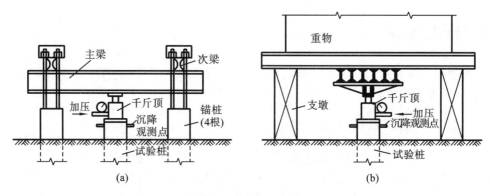

**图 5-9　单桩竖向静载荷试验加载装置示意图**

(a)锚桩横梁反力装置；(b)压重平台反力装置

**图 5-10　静载荷试验**

和软黏土入土不得少于 25 d；灌注桩应在桩身混凝土达到设计强度后，才能进行。加荷方式：采用慢速维持荷载法。加荷分级不应小于 8 级，每级荷载宜为预估极限荷载的 1/10～1/8。每级加荷后，1 h 内第 5 min、10 min、15 min 各读一次，以后间隔 15 min 各测读一次。1 h 后，每隔 30 min 读一次。在每级荷载作用下，桩顶沉降连续两次每 1 h 不超过 0.1 mm，即认为已达到相对稳定，可施加下一级荷载。

### 5.2.3　单桩竖向承载力特征值

作用于桩顶的竖向荷载主要由桩侧和桩端土体承担，而地基土体为大变形材料，当桩顶荷载增加时，随着桩顶变形的相应增长，单桩承载力也逐渐增大，很难定出一个真正的极限值；此外，建筑物的使用也存在功能上的要求，基桩承载力往往尚未充分发挥，桩顶变形已超出正常使用的限值。因此，规范推荐采用单桩承载力值，表示当桩的变形较大但未超出规定范围时所对应的单桩竖向承载力，这样对设计而言是较为安全保守的。

单桩竖向承载力特征值应按下列规定确定。

①单桩竖向承载力特征值应通过单桩竖向静载荷试验确定。在同一条件下的试桩数量不宜少于总桩数的 1%，且不应少于 3 根。

单桩竖向承载力特征值 $R_a$ 按下式确定

$$R_a = \frac{R_u}{K} \tag{5-1}$$

式中：$R_u$——单桩竖向极限承载力；

$K$——安全系数，取 $K=2$。

②地基基础设计等级为丙级的建筑物，可采用静力触探及标准贯入试验参数确定承载力特征值。

③初步设计时，单桩竖向承载力特征值 $R_a$ 可按土的物理指标与承载力参数之间的经验关系确定，即

$$R_a = q_{pa}A_p + u_p \sum q_{sia} l_i \tag{5-2}$$

式中：$q_{pa}$、$q_{sia}$——桩端阻力特征值、桩侧阻力特征值，由当地静载荷试验结果统计分析算得；

$A_p$——桩底端横截面面积；

$u_p$——桩身周边长度；

$l_i$——第 $i$ 层岩土的厚度。

当桩端嵌入完整及较完整的硬质岩中时，可按下式估算单桩竖向承载力特征值

$$R_a = q_{pa}A_p \tag{5-3}$$

式中：$q_{pa}$——桩端岩石承载力特征值。

# 5.3　桩基础设计

## 5.3.1　桩基础的设计步骤与设计要求

### 1. 桩基础的设计步骤

桩基础设计一般按下列步骤进行。

①选定桩型，确定桩长和桩的截面尺寸。

②确定单桩竖向承载力特征值。

③确定桩的数量和平面布置。

④桩基础验算，桩身、承台结构设计，等等。

### 2. 桩基础的设计要求

①所有桩基础均应进行承载力和桩身强度计算。对预制桩，尚应进行运输、吊装和锤击等过程中的强度和抗裂验算。

②桩基础沉降验算应符合《建筑地基基础设计规范》(GB 50007—2011)的规定。

③桩基础的抗震承载力验算应符合现行国家标准《建筑抗震设计规范》(GB 50011—2010)的有关规定。

④桩基础宜选用中、低压缩性土层作为桩端持力层。

⑤同一结构单元内的桩基础，不宜选用压缩性差异较大的土层作为桩端持力层，不宜采用部分摩擦桩和部分端承桩。

⑥由于欠固结软土、湿陷性土和场地填土的固结，场地大面积堆载、降低地下水位等原

因,引起桩周土的沉降大于桩的沉降时,应考虑桩侧负摩擦力对桩基承载力和沉降的影响。

⑦在承台及地下室周围的回填中,应满足填土密实度要求。

其他注意事项应按照规范要求设计。

### 5.3.2 桩基础的构造要求

①摩擦型桩的中心距不宜小于桩身直径的 3 倍;扩底灌注桩的中心距不宜小于扩底直径的 1.5 倍,当扩底直径大于 2 m 时,桩端净距不宜小于 1 m。在确定桩距时,尚应考虑施工工艺中挤土等效应对邻近桩的影响。

②扩底灌注桩的扩底直径,不应大于桩身直径的 3 倍。

③桩底进入持力层的深度,根据地质条件、荷载及施工工艺确定,宜为桩身直径的 1~3 倍。在确定桩底进入持力层深度时,尚应考虑特殊土、岩溶以及震陷液化等影响。嵌岩灌注桩周边嵌入完整和较完整的未风化、微风化、中风化硬质岩体的最小深度,不宜小于 0.5 m。

④设计使用年限不少于 50 年时,非腐蚀环境中预制桩的混凝土强度等级不应低于C30,预应力桩的混凝土强度等级不应低于C40,灌注桩的混凝土强度等级不应低于C25。

⑤桩的主筋配置应经计算确定。预制桩的最小配筋率不宜小于 0.8%(锤击沉桩)、0.6%(静压沉桩),预应力桩不宜小于 0.5%;灌注桩最小配筋率不宜小于 0.65%(小直径桩取大值)。桩顶以下 3~5 倍桩身直径范围内,箍筋宜适当加强加密。

⑥桩身纵向钢筋配筋长度应符合下列规定:

a. 受水平荷载和弯矩较大的桩,配筋长度应通过计算确定;

b. 桩基承台下存在淤泥、淤泥质土或液化土层时,配筋长度应穿过淤泥、淤泥质土或液化土层;

c. 坡地岸边的桩、8 度及 8 度以上地震区的桩、抗拔桩、嵌岩端承桩应通长配筋;

d. 钻孔灌注桩构造钢筋的长度不宜小于桩长的 2/3,桩施工在基坑开挖前完成时,其钢筋长度不宜小于基坑深度的 1.5 倍。

⑦桩身配筋可根据计算结果及施工工艺要求,沿桩身纵向不均匀配筋。腐蚀环境中的灌注桩主筋直径不宜小于 16 mm,非腐蚀性环境中灌注桩主筋直径不应小于 12 mm。

⑧桩顶嵌入承台内的长度不应小于 50 mm。主筋伸入承台内的锚固长度不应小于钢筋直径(HPB235)的 30 倍和钢筋直径(HRB335 和 HRB400)的 35 倍。对于大直径灌注桩,当采用一柱一桩时,可设置承台或将桩和柱直接连接。桩和柱的连接可按《建筑地基基础设计规范》(GB 50007—2011)第 8.2.5 条高杯口基础的要求选择截面尺寸和配筋,柱纵筋插入桩身的长度应满足锚固长度的要求。

⑨灌注桩主筋混凝土保护层厚度不应小于 50 mm;预制桩主筋混凝土保护层厚度不应小于 45 mm,预应力管桩主筋混凝土保护层厚度不应小于 35 mm;腐蚀环境中的灌注桩主筋混凝土保护层厚度不应小于 55 mm。

其他注意事项详见《建筑地基基础设计规范》(GB 50007—2011)。

### 5.3.3 桩的规格与承载力确定

#### 1. 确定桩长

桩长指的是自承台底至桩端的长度尺寸。在承台底面标高确定之后,确定桩长即是选择持力层和确定桩底(端)进入持力层深度的问题。

一般应选择较硬土层作为桩端持力层,桩底进入持力层的深度,因地质条件、荷载及施工工艺而异,一般宜为桩径 $d$ 的 $1\sim3$ 倍。

上述桩长是设计中预估的桩长。

**2. 断面尺寸**

如采用混凝土灌注桩、断面尺寸均为圆形,其直径一般随成桩工艺有较大变化。对于沉管灌注桩,直径一般为 $300\sim500$ mm;对于钻孔灌注桩,直径多为 $500\sim1\,200$ mm;对于扩底钻孔灌注桩,扩底直径一般为桩身直径的 $1.5\sim2$ 倍。

混凝土预制桩断面常用方形,边长一般不超过 550 mm。

**3. 确定单桩承载力特征值**

初步设计时,单桩竖向承载力特征值 $R_a$ 可按土的物理指标与承载力参数之间的经验关系确定。

## 5.3.4　桩的数量与平面布置

**1. 桩的根数**

桩基中所需桩的根数可按承台荷载和单桩承载力确定。当轴心受压时,桩数 $n$ 应满足下式要求

$$n \geqslant \frac{F_k + G_k}{R_a} \tag{5-4}$$

式中:$n$——桩的根数;

$F_k$——荷载效应标准组合时上部结构传至桩基承台顶面的竖向力,kN;

$G_k$——承台与承台上方填土重力标准值,kN,$G_k$ 与桩数 $n$ 有关,因而需通过试算确定。

对于偏心受压情况,亦可按上式进行估算,只是要注意是否应将估算 $n$ 值适当放大,一般放大系数为 $1.1\sim1.2$。

**2. 平面布置**

1)桩的间距

桩的间距一般指桩与桩之间的最小中心距。对于不同的桩型有不同的要求。如挤土桩由于存在挤土效应,要求桩距较大。通常桩的中心距宜取 $3\sim4$ 倍桩径 $d$,且不小于表 5-1 的有关要求。中心距过小,桩施工时互相影响大;中心距过大,则桩承台尺寸太大,不经济。

表 5-1　桩的最小中心距

| 土类和成桩工艺 | | 一般情况 | 排数不少于 3 排,桩数不少于 9 根,摩阻支承为主桩基 |
|---|---|---|---|
| 非挤土和部分挤土灌注桩 | | $2.5d$ | $3.0d$ |
| 挤土灌注桩 | 穿越非饱和土 | $3.0d$ | $3.5d$ |
| | 穿越饱和软土 | $3.5d$ | $4.0d$ |
| 挤土预制桩 | | $3.0d$ | $3.5d$ |
| 打入式敞口管桩和 H 型钢桩 | | $3.0d$ | $3.5d$ |

2)桩的平面布置

根据桩基的受力情况,桩可采用多种形式的平面布置(见图 5-11),如等间距布置、不等

间距布置,以及正方形、矩形网格、三角形、梅花形等布置形式。

桩离桩承台边缘的净距应不小于 $d/2$。

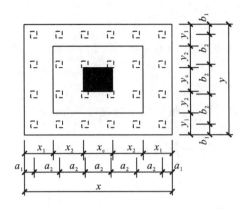

图 5-11  桩的平面布置示意图

### 5.3.5  桩基础的设计计算

**1. 群桩中单桩承载力验算**

当轴心受压时

$$Q_k = \frac{F_k + G_k}{n} \leqslant R_a \tag{5-5}$$

当偏心受压时

$$Q_{k\,max} = \frac{F_k + G_k}{n} + \frac{M_{xk} Y_{max}}{\sum Y_i^2} + \frac{M_{yk} Y_{max}}{\sum X_i^2} \leqslant 1.2 R_a \tag{5-6}$$

式中:$F_k$——相应于荷载效应标准组合时作用于桩基承台顶面的竖向力,kN;

$G_k$——桩基承台及承台上填土自重标准值,kN;

$Q_k$——相应于荷载效应标准组合时轴心竖向力作用下单桩的平均竖向力,kN;

$n$——桩基中的桩数;

$Q_{k\,max}$——相应于荷载效应标准组合时偏心竖向力作用下受荷最大的单桩的竖向力,kN;

$M_{xk}$、$M_{yk}$——相应于荷载效应标准组合时作用于承台底面的偏心竖向力通过桩群形心的 $x$、$y$ 轴的力矩(绝对值),kN·m;

$X_i$、$Y_i$——桩 $i$ 至桩群形心的 $y$、$x$ 轴的距离(绝对值),m;

$X_{max}$、$Y_{max}$——群桩中受力最大的桩到 $x$、$y$ 轴的距离(绝对值),m。

当水平荷载作用时

$$H_{ik} \leqslant R_{Ha} \tag{5-7}$$

式中:$R_{Ha}$——单桩水平承载力特征值,kN。

**2. 桩基沉降计算**

桩基沉降计算略。

## 5.4  桩承台设计

承台有多种形式,如柱下独立桩基承台、箱形承台、筏形承台、柱下梁式承台、墙下条形承台等。其中柱下独立桩基承台有板式、锥式和阶形三类。

所有承台均应进行抗冲切、抗剪及抗弯计算,并应符合构造要求。当承台的混凝土强度等级低于柱或桩的混凝土强度等级时,尚应验算柱下或桩上承台的局部受压承载力。

下面主要介绍柱下独立桩基板式承台的设计计算。

①桩基承台的宽度不应小于 500 mm,承台边缘至边桩中心的距离不宜小于桩的直径或边长,且桩的外边缘至承台边缘的距离不小于 150 mm。对条形承台梁,桩的外边缘至承台边缘的距离不小于 75 mm。

②承台厚度不应小于 300 mm。

③承台混凝土的强度等级不宜低于 C20。承台底面的混凝土垫层厚度不宜小于 70 mm,强度等级宜为 C10。当设素混凝土垫层时,保护层厚度不应小于 40 mm。

④矩形承台板配筋应按双向均匀通长布置,钢筋直径不宜小于 10 mm,间距不宜大于 200 mm。

⑤承台梁的主筋除满足计算要求外,尚应符合现行《混凝土结构设计规范(2015 年版)》(GB 50010—2010)中关于最小配筋率的规定。主筋直径不宜小于 12 mm,架立筋直径不宜小于 10 mm,箍筋直径不宜小于 6 mm(见图 5-12)。

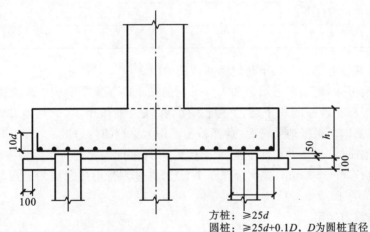

方桩: ≥25$d$
圆桩: ≥25$d$+0.1$D$, $D$为圆桩直径
(当伸至端部直段长度方桩大于等于35$d$或圆桩大于等于35$d$+0.1$D$时可不弯折)

**图 5-12  三桩承台配筋构造图**

## 5.5  桩身结构设计

桩身结构设计包括桩身构造要求、配筋计算等。详见《建筑地基基础设计规范》(GB 50007—2011)。

## 5.6  桩基础施工图识读

桩基础施工图识读详见附图。

## 5.7 桩基础设计实例

【例5-1】 某多层建筑一框架柱截面为400 mm×800 mm,承担上部结构传来的荷载设计值:轴力$F=2\,800$ kN,弯矩$M=420$ kN·m,剪力$H=50$ kN。经勘察,地基土依次为:0.8 m厚人工填土,1.5 m厚黏土,9.0 m厚淤泥质黏土,6.0 m厚粉土,12.0 m厚淤泥质黏土,5.0 m厚风化砾石。各层物理力学性质指标如表5-2所示,地下水位离地表1.5 m,试设计桩基础。

表5-2 各土层物理力学指标

| 土层号 | 土层名称 | 土层厚度/m | 含水量/(%) | 重度/(kN/m³) | 孔隙比 | 液性指数 | 压缩模量/MPa | 内摩擦角/(°) | 黏聚力/kPa |
|---|---|---|---|---|---|---|---|---|---|
| ① | 人工填土 | 0.8 | | 18 | | | | | |
| ② | 黏土 | 1.5 | 32 | 19 | 0.864 | 0.363 | 5.2 | 13 | 12 |
| ③ | 淤泥质黏土 | 9.0 | 49 | 17.5 | 1.34 | 1.613 | 2.8 | 11 | 16 |
| ④ | 粉土 | 6.0 | 32.8 | 18.9 | 0.80 | 0.527 | 11.07 | 18 | 3 |
| ⑤ | 淤泥质黏土 | 12.0 | 43 | 17.6 | 1.20 | 1.349 | 3.1 | 12 | 17 |
| ⑥ | 风化砾石 | 5.0 | | | | | | | |

【解】(1)桩基持力层、桩型、承台埋深和桩长的确定

由勘察资料可知,地基表层填土和1.5 m厚的黏土以下为厚度达9 m的淤泥质黏土,而不太深处有一层形状较好的粉土层。分析表明,在柱荷载作用下,天然地基难以满足要求时,考虑采用桩基础。根据地质情况,选择粉土层作为桩端的持力层。

根据工程地质情况,在勘察深度范围内无较好的持力层,故桩为摩擦型桩。选择钢筋混凝土预制桩,边长$d=350$ mm,桩承台埋深1.2 m,桩进入持力层④层粉土层2$d$,伸入承台100 mm,则桩长为10.9 m。

(2)单桩承载力确定

①单桩竖向极限承载力标准值$Q_{uk}$的确定,查相关表格:

第②黏土层$q_{s2k}=75$ kPa,$l_2=(0.8+1.5-1.2)$ m$=1.1$ m

第③黏土层$q_{s3k}=23$ kPa,$l_3=9$ m

第④粉土层$q_{s4k}=55$ kPa,$l_4=2d=2×0.35$ m$=0.7$ m

$q_{pk}=1\,800$ kPa

$Q_{uk}=u_p\sum q_{sik}l_i+A_pq_{pk}=[(0.35×4)×(75×1.1+23×9+55×0.7)+0.35×0.35×1\,800]$ kN$=680$ kN

②桩基竖向承载力设计值$R_a$。桩数超过3根的非端承桩复合桩基,应考虑桩群、土、承台的相互作用效应,经计算,得

$$R_a=\frac{Q_{uk}}{2}=\frac{680}{2}\text{ kN}=340\text{ kN}$$

因承台下有淤泥质黏土,不考虑承台效应。查表时取$B_c/l\leqslant0.2$一栏的对应值。因桩数、位置、桩距$s_a$也未知,先按$s_a/l=3$查表,待桩数及桩距确定后,再按式($R_a=\dfrac{Q_{uk}}{2}+$

$\eta_c f_{ak} A_c$）验算桩基的承载力设计值是否满足要求。具体参数参考《建筑地基基础设计规范》（GB 50007—2011）要求。

（3）桩数、布桩及承台尺寸

①桩数，由于桩数未知，承台尺寸未知，先不考虑承台质量，初步确定桩数，待布置完桩后，再计算承台质量，验算桩数是否满足要求。

$$n = (1.1 \sim 1.2) \frac{F+G}{R} = 7.87 \sim 8.59,\ \text{取}\ n = 8$$

②桩距 $s_a$，根据规范规定，摩擦型桩的中心矩不宜小于桩身直径的 3 倍，又考虑到穿越饱和软土，相应的最小中心矩为 $4d$，故取 $s_a = 4d = 4 \times 350\ \text{mm} = 1\ 400\ \text{mm}$，边距取 350 mm。

③桩采用长方形布置，承台尺寸如图 5-13 所示。

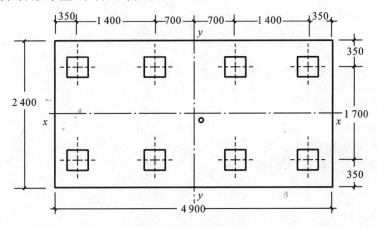

**图 5-13　承台平面图**

（4）计算单桩承受的外力

①桩数验算。

承台及上覆土重：

$$G = \gamma_G A d = 20 \times 2.4 \times 4.9 \times 1.2\ \text{kN} = 282.2\ \text{kN}$$

$$\frac{F+G}{R} = \frac{2\ 800 + 282.2}{480.4} = 6.42 < 8,\ \text{满足要求}。$$

②基桩竖向承载力验算。

基桩平均竖向荷载设计值：

$$N = \frac{F+G}{n} = \frac{2\ 800 + 282.2}{8}\ \text{kN} = 385.3\ \text{kN} < R = 391.0\ \text{kN}$$

桩基最大竖向荷载设计值：

作用在承台底的弯矩 $M_x = M + Hd = (420 + 50 \times 1.2)\ \text{kN} \cdot \text{m} = 480\ \text{kN} \cdot \text{m}$

$$\left.\begin{array}{c} N_{\max} \\ N_{\min} \end{array}\right\} = \frac{F+G}{n} \pm \frac{M_x y_{\max}}{\sum y_i^2} = \begin{cases} 436.7\ \text{kN} \\ 333.9\ \text{kN} \end{cases}$$

$$N_{\max} = 436.7\ \text{kN} < 1.2R = 1.2 \times 391.0\ \text{kN} = 469.2\ \text{kN}$$

均满足要求。

（5）软弱下卧层承载力验算（略）

（6）承台设计

承台的平面尺寸为 4 900 mm×2 400 mm，厚度由冲切、弯曲、局部承压等因素综合确定,初步拟定承台厚度 800 mm,其中边缘厚度 600 mm,其承台顶平台边缘离柱边距离 300 mm,混凝土采用 C30,保护层取 100 mm,钢筋采用 HRB335 级钢筋。其下做 100 mm 厚 C7.5 素混凝土垫层。

①抗弯验算(略)。

②冲切验算(略)。

③承台斜截面抗剪强度验算(略)。

④承台的局部承压验算(略)。

(7)沉降验算(略)

(8)施工图绘制(略)

# 5.8　人工挖孔桩基础施工方案

## 5.8.1　人工挖孔桩基础施工方案目录

(1)编制说明及依据

(2)工程概况

(3)施工部署及准备

(4)施工进度计划及保证措施

(5)施工要点

(6)操作工艺

(7)施工方案

(8)施工过程的控制

(9)施工质量保证措施

(10)施工现场安全保证措施

## 5.8.2　人工挖孔桩基础施工方案正文

### 1.编制说明及依据

1)编制内容及范围

本专项施工方案包括组织管理、机构设置、施工平面动态布置、施工进度计划、施工目标、人力、机械设备、材料配置、施工方法的选择、工程质量、安全生产、文明施工等内容。施工范围包括本栋建筑物的施工放线,桩孔开挖,组织验收,钢筋笼的制作安装、验收,混凝土桩芯浇筑、动测,锚杆钻孔、钢筋安装、灌浆、抗拔试验(费用由业主负责),基础验收等。

2)编制原则

本施工方案严格按照国家现行的《建筑地基基础工程施工质量验收标准》(GB 50202—2018)、《建筑桩基技术规范》(JGJ 94—2008)、《混凝土结构工程施工质量验收规范》(GB 50204—2015)、《建筑施工安全检查标准》(JGJ 59—2011),以及工程建设标准强制性条文进行编制。

3)编制依据

编制依据主要是业主提供的施工图、招标文书、施工合同、图纸会审纪要、岩土工程勘察报告。

**2. 工程概况**

1)设计结构特征及工程概况

根据设计图、地质勘察资料,办公楼人工挖孔桩施工难度大、工期长。人工挖孔桩桩身基本处于中风化砂岩层中,开挖深度根据设计要求和开挖地质而定。人工挖孔桩共计 104 根,土石方开挖半径 $R=0.55$ m,开挖深度根据设计要求和现场实际情况而定。采用 C25 钢筋混凝土护壁。

2)施工工艺

放线定位→人工挖孔桩土石方开挖→绑扎护壁钢筋→模板支撑→护壁混凝土浇筑→桩圈轴线校核→下一循环→取岩芯试压→人工挖孔桩钢筋绑扎→浇筑桩混凝土→桩外土石方基槽开挖。

(1)放线定位

根据 GS-03 桩布置平面图,将 A-V 轴人工挖孔桩 18 根放线定位,做好桩圈,将纵横轴线固定在桩圈上。

(2)人工挖孔桩土石方开挖

组织技工、普工按 1.3 m×1.8 m 尺寸开挖土石方(见图 5-14),对架子、吊篮、绳索进行严格检查,弃土离桩 2 m 外,确保安全。

(3)绑扎护壁钢筋

按圆桩配筋护壁大样图,纵筋 $\phi 8@200$,横筋 $\phi 8@200$。

(4)模板支撑

制作定型模板(见图 5-15),待护壁钢筋绑扎好后支撑,按施工图校核验收。

图 5-14  土石方开挖

图 5-15  模板支撑

(5)护壁混凝土浇筑

采用 0-1 石子,按 C25 强度等级拌制混凝土浇筑,用 $\phi 20$ 钢筋依序捣插,再用锤轻击模板,确保混凝土密实。

(6)桩圈轴线校核

按桩圈轴线校核桩开挖尺寸是否正确,有误差及时修改。

(7)下一循环

以上(2)~(7)项反复进行,直至设计位置。

(8)取岩芯试压

按设计要求,挖至中风化层取岩芯试压,试压达到设计要求后,再嵌入中风化岩层 4 m 以下,检查合格后再进行基础验槽。

(9)人工挖孔桩钢筋绑扎

按人工挖孔桩大样图绑扎钢筋、箍筋(见图5-16)。

(10)浇筑桩混凝土

按设计要求,采用C25混凝土浇筑(见图5-17)。

图 5-16 人工挖孔桩钢筋绑扎

图 5-17 浇筑桩混凝土

(11)桩外土石方基槽开挖

人工在A-V轴人工挖孔桩外挖基槽,宽度0.8 m,挖至设计标高,抗滑桩混凝土护壁尽量不破坏。

本方案中人工挖孔桩分布情况如表5-3所示。

表 5-3 人工挖孔桩分布情况

| 轴号桩基编号 | 龙桥工业园区服务综合楼人工挖孔桩分布 | | | | | | |
|---|---|---|---|---|---|---|---|
| | ZH-1 | ZH-2 | ZH-3 | ZH-4 | ZH-5 | ZH-6 | ZH-7 |
| A | | 7 | | | | | |
| B | | 9 | | | | | |
| C | | 2 | 7 | | | | |
| D | | | | | 2 | | |
| E | | | | | | | |
| F | | | | | | | |
| G | 3 | 4 | 2 | 6 | | | |
| H | 1 | 5 | 4 | 4 | | | |
| J | 1 | 4 | 4 | 4 | | | |
| K | 1 | 3 | 6 | 1 | | | |
| L | 2 | | | | | | 2 |
| M | | | | | | | |
| N | | 4 | | | | | |
| P | | | | | | | |
| Q | | 4 | | | | | |

续表

| 轴号桩基编号 | 龙桥工业园区服务综合楼人工挖孔桩分布 | | | | | | |
|---|---|---|---|---|---|---|---|
| | ZH-1 | ZH-2 | ZH-3 | ZH-4 | ZH-5 | ZH-6 | ZH-7 |
| R | | | | | | | |
| S | | 4 | | | | | |
| T | | | | | | | |
| U | 2 | 2 | | | | | |
| V | 4 | | | | | | |
| 合计 | 14 | 48 | 23 | 15 | 2 | | 2 |

注：人工挖孔桩总计 104 根。

本工程水文地质条件较复杂，地下水丰富且对混凝土无腐蚀性，场地地基稳定。结构体系为框架结构，柱下基础采用人工挖孔大直径灌注桩，桩孔开挖要求做混凝土护壁（如地质情况较好，岩质稳定，可不做混凝土护壁）；桩身钢筋笼采用焊接制作；桩身持力层选择在中风化泥岩层，持力层的单轴天然抗压强度标准值大于 5 MPa。人工挖孔桩护壁采用 C25 混凝土，桩芯也采用 C25 混凝土，钢筋笼 HPB235 级纵向受拉钢筋最小锚固长度为 $35d$，HRB335 级纵向受拉钢筋最小锚固长度为 $40d$。墙下基础为大直径人工挖孔桩，全现浇整体结构。

**3. 施工部署及准备**

根据本工程施工特点，为了保证该工程工期、施工质量及安全，项目部派遣一名施工员和一名安全员专职负责该工程质量与安全工作。组织两个挖孔班组、一个混凝土浇筑班组和一个钢筋工班组进行流水作业施工。

**4. 施工进度计划及保证措施**

本工程计划工期为七个月，为了保证该进度计划圆满完成，该工程分两个施工段进行流水施工，桩芯混凝土采用塔吊吊装运输，确保本工程工期。

**5. 施工要点**

①轴线控制，通过引测，在基坑内建立 6 个永久性控制点，呈工字形布置，以此正交轴线控制网来确定、控制和校核各桩的轴线位置。

②砌筑的井圈要高于开挖地面的标高 150 mm，以防地表水流入桩孔内，或碎石、土块滚入施工孔内伤人。

③开挖时，临时堆放的孔桩土体要运至离桩壁 2 m 以外，并且必须将每工作台班的弃土全部运走，防止堆积荷载过大，使护壁被挤压偏位。

④进入孔内工作前，必须提前启动鼓风机，向孔内输送新鲜空气，严格把关，杜绝毒气伤人事故。

**6. 操作工艺**

1）挖孔

采用人工挖掘、手扳辘轳铲出土的方法挖孔。

①第一节孔圈护壁应比下面厚 100～150 mm，并高出现场地面 200～250 mm，上下护壁间的搭接长度不小于 50 mm。

②护壁混凝土浇筑，采用插筋或锤击进行，确保混凝土的密实度。

③护壁混凝土的内模拆除一般在 24 h 后进行,使混凝土有一定强度,以能挡土。

④当第一节护壁混凝土拆模后,即把轴线位置定在护壁上,并用水准仪把相对水平标高记在第一圈护壁内,作为控制桩孔位置和垂直度及确定桩的深度和桩顶标高的依据。

2)钢筋笼的制作与安装

①在人工挖孔抗滑桩钢筋笼的制作和安装过程中,应采取措施防止变形。

②钢筋笼主筋混凝土保护层厚度不宜小于 50 mm。保护层厚度可采用预制混凝土垫块或铁垫块,绑扎或焊接在钢筋笼外侧的设计位置上。

③吊放钢筋笼入孔时,不得碰撞孔壁。灌注混凝土时,应采取措施,校正设计标高固定钢筋笼位置。

④钢筋笼制作的允许偏差应在施工允许偏差之内。

3)浇灌混凝土

①桩体混凝土浇筑分两次完成。

②混凝土浇筑采用插入式振捣器进行,确保混凝土的密实度。

③在灌注桩身混凝土时,应停止相邻 10 m 范围内的挖孔作业,并不得在孔底留人。

④灌注桩身混凝土时应留置试块,每桩不少于一组(三个试块),及时提交试验报告。

⑤当混凝土浇筑高度超过 3 m 时,应将混凝土通过制作好的串筒投入。不得随意投入而造成混凝土离析。

**7. 施工方案**

①本工程采用人工挖孔钢筋混凝土灌注桩基础,首先根据建设单位确定的轴线位置和提供的总平面图、基础平面图、底层平面图相对照,使用已校验合格的 J2 经纬仪、水准仪和钢尺,采用直角坐标法定出主控轴线(四大角)及其他轴线。轴线投设采用外控法。测设完成后,必须先做检查,确认无误后,再进行下道工序施工。对主控轴线桩位浇混凝土墩或投测到固定的建筑物上做好永久性标志。清除场地障碍物,架设好临时施工用电线路,为基础开挖创造条件。

②按图放出人工挖孔桩中心线,并根据桩径的大小,放出桩孔开挖线,经监理和设计校核确定无误后,再进行桩孔开挖。为了确保施工操作安全进行,根据现场土质情况,局部土质软弱处桩孔护壁采用 C25 加筋混凝土浇筑,壁厚度 150 mm。第一节护壁应高出现场地面 300 mm。护壁间的搭接长度为 50 mm,每挖一节应对桩的几何尺寸及垂直度进行校核。浇筑混凝土护壁时敲击模板并用 φ16 钢筋插钎捣实,不得在桩孔水淹没护壁模板的情况下灌注混凝土。若桩孔内有积水,应将桩孔内的积水抽干后方可进行下道工序施工。根据土质情况使用速凝剂,尽快达到设计强度要求。发现护壁有蜂窝、漏水现象,应及时加以堵塞或导流,防止外面的水通过护壁流入孔内,确保桩孔安全。

③混凝土护壁的内模,应在混凝土达到规定拆模强度后才能拆除,以确保混凝土护壁能够挡土。第一节护壁拆模后即可把轴线位置标定在护壁内,作为控制桩孔位置和确定桩的深度和桩顶标高的依据。施工中若遇大量地下水等影响挖土安全时,减少每节护壁高度,高度以 30～50 cm 为宜。混凝土中加速凝剂,加速凝固速度,对地下水位较高的桩位采用潜水泵边排水边施工,以降低地下水位,使井底部位处于无水淹状态下施工,护壁设置到中风化层。

④挖孔从上到下逐段开挖、逐段支护壁,垂直运输采用钢管脚手架、木辘及绳、小箩筐、吊桶进行,吊出井口的弃土及时运至建设单位指定的地点倾倒,确保场地通畅、平整。

⑤桩孔挖至设计标高或持力层时,通知建设单位、监理单位会同勘察单位、设计单位、质监部门及有关人员共同验槽,符合设计要求后,迅速清理孔底,及时验收,浇筑封底混凝土,并安装钢筋笼,做好隐蔽工程记录签证,及时浇筑桩芯混凝土,以免浸泡使土层软化。钢筋笼制作安装严格按设计及规范要求执行。

1)钢筋笼制作与安装

钢筋制作、运输和安装过程中,每隔 6 m 在钢筋笼内侧焊井字架以防止钢筋笼变形,并在钢筋笼的四周加设保护层垫层,确保钢筋的保护层厚度,吊放钢筋笼时,不得碰撞孔壁,并校正设计标高和固定钢筋笼的位置。

2)浇筑混凝土

桩体混凝土要从桩底到桩顶标高两次完成,如遇停电等特殊原因,必须留设施工缝时,可在混凝土四周加插适量的短钢筋,在浇筑新的混凝土前,缝面必须清理干净,不得有积水和隔离物质。混凝土边浇边捣实,采用插入式振捣器和人工捣实相结合的方法,以保证混凝土的密实度。浇筑混凝土时,应停止相邻 10 m 范围内挖孔作业,并不得在孔底留人。

**8. 施工过程的控制**

1)确定施工过程

根据工程基础形式,(人工挖孔桩)确定柱轴为关键施工过程。

2)施工过程的控制

①根据施工组织设计、施工图及有关规范、标准、项目计划,按照"技术负责人→施工员→作业班组"的顺序逐级进行技术、质量交底,形成资料,并由施工员组织实施。

②对于关键过程作业人员的技能资格、施工机具、设备、施工工艺方法,由技术负责人组织有关人员进行预先审核。

③对于施工过程中使用的机具设备、计量器具、检测设备的校正,检定进行标识和记录。不合格不能使用。

④对施工工序使用的物资进行检验,符合质量要求才能使用,对其合格证进行检查。

⑤立"五不施工、三不交接"制。

五不施工:a. 未进行技术交底不施工;b. 图纸和技术要求不清楚不施工;c. 测量计算资料未经换手复检不施工;d. 材料无合格证或试验不合格不施工;e. 工程未经检查签证不施工。

三不交接:a. 上道工序不合格,下道工序不办交接;b. 施工现场不整理好不交接;c. 出现问题不查明原因和不采取整改措施不交接。

⑥建立严格的隐蔽工程检查记录签证制度。

工程的各个分项应自检后再会同监理、建设单位复检,结果填入资料,双方签字。

⑦对工序进行严格的"三检"制度,即自检、互检、交接检。

⑧建立原始资料的累积和保存。

**9. 施工质量保证措施**

1)施工现场监督检查

在项目负责人的领导下,负责检查监督施工组织设计质量保证措施的实施,组织建立各级质量监督体系。严格监督进场材料质量、型号和规格及监督班组操作是否符合规范标准。

2)施工质量控制

严格按照 ISO9002 国际标准管理体系的要求组织施工,把"质量第一"的方针落实到一系列经营管理和生产经营活动之中。认真贯彻"谁施工,谁负责工程质量"的原则,切实做好"自检、互检、交接检"工作,确保各分部分项工程均达到质量标准。严格执行建设部施工规范和质量验评标准、规范,确保优质结构工程的实施。同时,严抓质量,每周召开一次施工技术会议,提高管理水平,增强工作责任心,严格按图施工,不准违反操作规程。按不同工种作业分组,责任落实到人,严管重罚,杜绝违章操作,禁止偷工减料现象的发生,达到工完场清。

3)建筑材料质量控制措施

严格贯彻执行材料管理规章制度。所有进入现场的原材料、成品、半成品,必须是建设部核定的合格产品,必须有产品出厂合格证,并经建设、监理单位同意之后,现场的质量检查员、材料员签字方可入库和进入现场堆放。水泥必须分期、分批做安定性试验;钢材必须做机械性能试验;现场使用的砂、石子过筛,砖必须浇水湿润,不合格的材料禁止使用。工程使用的设备、器具等,品种、规格、技术性能均应符合国家现行标准与工程的设计要求。

4)组织定期安全检查

组织定期安全检查,查出的问题在限期内整改完毕,发现危及职工生命安全的重大安全隐患,有权制止作业,组织撤离危险区域。建立防火措施、督促有关人员做好施工安全技术管理。

**10. 施工现场安全保证措施**

该工程地质条件较为复杂,为保证建筑的正常使用,根据该工程的特点和工程要求,因地制宜,采取综合措施,做到技术先进、经济合理,特制定以下措施。

①严格执行国家有关标准、建筑施工规范。

②及时了解现场情况,以及地下墓、坑、管道等情况,采取针对措施和加快清理工作,确保基础工程按期施工。

③在基础工程施工过程中,为了确保工程正常进行,采取有效措施防止雨水浸泡基础。现场布置的临时给水管道埋地暗敷,所有给水管道、蓄水箱、排污水沟等远离建筑物。给水管道埋置前,先进行水压试验,当确定不漏水时方可使用。

④主要施工机械设置防雨篷,确保机器正常运转,雨天不影响正常施工。

⑤混凝土浇筑时,设置宽幅面防水塑料雨布,雨天边浇筑、边覆盖。

⑥为保证雨季施工期间,场地内排水畅通无阻,电气设备必须有防雨、防雷、避雷措施。机座要保持一定的高度,配电箱、电机、电焊机等要有防雨罩,各类施工机械设备应在雨季之前检查一遍,做到安全可靠。

⑦现场各级管理人员认真贯彻"预防为主,安全第一"的方针,严格遵守各项安全技术制度,对进入施工现场的工作人员进行安全教育,树立安全第一的思想。

⑧各项施工班组应做好班前、班后的安全教育检查工作,进行安全文明交底,并实行安全值班制度,做好安全记录,施工现场设专职安全员。

⑨进入施工现场的施工人员注意使用"三宝"。不戴安全帽,不准进入施工现场。

**【练习题】**

5.1  人工挖孔桩的施工方案包括哪几个部分? 具体的施工要点有哪些?

5.2  有一柱下桩基础,采用 6 根直径为 400 mm 的灌注桩,桩的布置及承台尺寸如图 5-18 所示(平面图中尺寸单位为 mm),承台埋深取 1.6 m,桩长为 9.8 m,穿过粉质黏土进入中砂层 2.6 m,粉质黏土的桩侧阻力特征值 $q_{s1a} = 25$ kPa,中砂的桩侧阻力特征值 $q_{s2a} = 45$ kPa,桩端阻力特征值 $q_{pa} = 3\,400$ kPa。按经验公式计算单桩竖向承载力特征值 $R_a$,不考虑桩群、土、承台的相互作用效应。

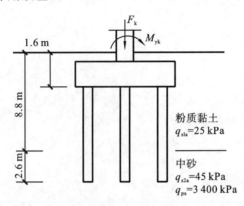

图 5-18　练习题 5.2

5.3　简述桩基础的设计步骤。

5.4　根据国家建筑标准设计图集 16G101-3,绘制桩基础矩形承台 CT_P 的配筋构造图。

5.5　根据国家建筑标准设计图集 16G101-3,绘制灌注桩通长等截面配筋构造图。

# 项目6 地基处理

>>──▶ ▌学习要求▌ ……

◇ 能对各种地基的处理方案进行分析;
◇ 熟悉各种地基处理的施工方法。

## 6.1 地基处理的概念

地基处理是指对建筑物和设备基础下的受力层进行处理以提高其强度和稳定性的强化处理。地基处理的目的是增加地基土的强度、提高稳定性和减小变形等。

建筑物的地基问题,一般包含以下四个方面。

(1)强度及稳定性

当地基的强度不足以支承上部结构的荷载时,地基就会产生破坏(见图 6-1)。

**图 6-1　地基强度破坏**

(2)变形

当地基在外荷载作用下产生太大的变形时,就会影响建(构)筑物的正常使用。

(3)渗漏

渗漏是指由于地基中地下水的流动而引起的有关问题。

(4)液化

地震时饱和砂土地基会发生液化现象,造成建筑物的地基失效,发生建筑物下沉、倾斜甚或倒塌等现象(见图 6-2)。

图 6-2　地基液化现象

# 6.2　地基处理的分类

　　根据地基处理的原理的不同,地基处理方法大致可以分为机械碾压法、换土垫层法、强夯法、预压排水固结法、挤密法和振冲法、化学加固法等。

## 6.2.1　机械碾压法

　　机械碾压法是一种采用机械压实松软土的方法(见图 6-3),常用的机械有平碾、羊足碾等。这种方法常用于大面积填土和杂填土地基的压实,分层压实厚度为 20～30 cm。

图 6-3　机械碾压法

## 6.2.2　换土垫层法

　　将基础底面下的软弱土层挖去,然后换填强度较高的好土(砂、碎石、灰土等),并分层夯实,这种地基处理方法称为换土垫层法(见图 6-4)。

　　换土垫层法适用于淤泥、淤泥质土、湿陷性黄土、素填土、杂填土地基及暗沟、暗塘等地基土的浅层处理。

垫层设计内容主要是确定断面的合理厚度 $z$ 和宽度 $b'$。一般情况下,换土垫层的厚度不宜小于 0.5 m,也不宜大于 3 m。垫层过薄,作用不明显;垫层过厚,需挖深坑,费工耗料,经济、技术上往往不合理。

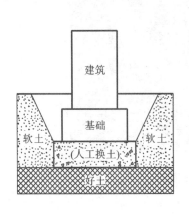

图 6-4 换土垫层法

### 6.2.3 强夯法

强夯法是法国 Menard 技术公司在 1969 年首创的,通过 8～30 t 的重锤和 8～20 m 的落距,对地基土施加很大的冲击能,从而夯实土层(见图 6-5)。

强夯产生的冲击波可以提高地基土的强度、降低土的压缩性、改善砂土的抗液化条件、消除湿陷性黄土的湿陷性等。

强夯法适用于碎石土、砂土、杂填土、低饱和粉土与黏性土、湿陷性黄土和人工填土等地基的加固处理。

强夯法的设计包括强夯的有效加固深度、夯点的夯击次数、夯击遍数、两遍夯击之间的间隔时间、夯击点平面布置等强夯参数的确定。

图 6-5 强夯法

### 6.2.4　预压排水固结法

排水固结法是对天然地基加载预压,或先在天然地基中设置砂井(袋装砂井或塑料排水板)等竖向排水体,然后利用建筑物本身重量分级逐渐加荷,或在建筑物建造前在场地先行加载预压,使土体中的孔隙水排出,土体逐渐固结,地基发生沉降,同时提高强度的一种方法。排水系统可由在天然地基中设置竖向排水体并在地面连以水平排水的砂垫层而构成(见图 6-6)。

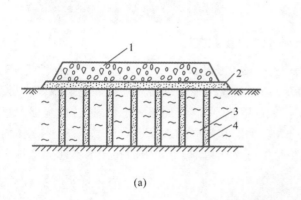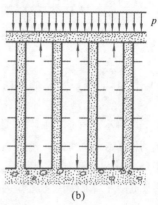

(a)　　　　　　　　　　　　(b)

**图 6-6　预压固结排水法**
(a)砂井堆载预压;(b)砂井地基排水情况
1—堆料;2—砂垫层;3—淤泥;4—砂井

排水固结法由排水系统和加压系统两部分共同组成(见图 6-7)。

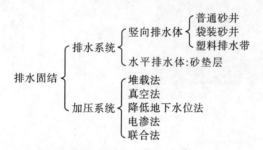

**图 6-7　排水固结法的组成**

排水固结法的原理:在饱和软土地基上施加荷载后,土中孔隙水慢慢排出,孔隙体积不断减小,地基发生固结变形;同时,随着超静孔隙水压力的逐渐消散,有效应力逐渐提高,地基土强度逐渐增长。

排水固结法适用于处理各类淤泥、淤泥质土及冲填土等饱和黏性土地基。堆载预压法特别适用于存在连续薄砂层的地基。真空预压法适用于能在加固区形成(包括采取措施后形成)稳定负压边界条件的软土地基。

①堆载预压法。在地基土中打入砂井,利用其作为排水通道,缩短孔隙水排出的途径,而且在砂井顶部铺设砂垫层,砂垫层上部加载以增加土中附加应力。地基土在附加应力作用下产生超静水压力,并将水排出土体,使地基土提前固结,以增加地基土的强度,这种方法就是砂井堆载预压法(简称砂井法,见图 6-8)。砂井法主要适用于承担大面积分布荷载的工

图 6-8　堆载预压法

程,如水库土坝、油罐、仓库、铁路路堤、贮矿场以及港口的水工建筑物(码头、防浪堤)等。

②真空预压法。真空预压是在需要加固的软土地基表面先铺设砂垫层,然后埋设垂直排水通道,再用不透气的封闭膜使其与大气隔绝,薄膜四周埋入土中,通过砂垫层内埋设的吸水管道,用真空装置抽气,先后在地表砂垫层和竖向排水通道内形成负压,使土体内部与排水通道、砂垫层之间形成压力差,在此压力差作用下,土体中的孔隙水不断地从排水通道中排出,从而使土体固结(见图 6-9)。

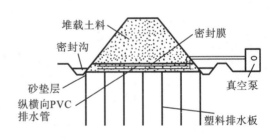

(a)

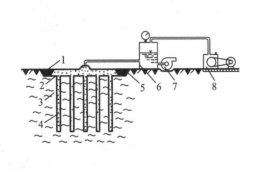

(b)

图 6-9　真空预压法

(a)真空堆载联合预压法加固软基示意图;(b)真空预压

1—橡皮布;2—砂垫层;3—淤泥;4—砂井;5—黏土;6—集水槽;7—抽水泵;8—真空泵

### 6.2.5  挤密法和振冲法

**1. 挤密法**

挤密法是指在软弱土层中挤土成孔,从侧向将土挤密,然后再将碎石、砂、灰土等填料充填密实成的桩体与原地基组合形成一种复合型地基,从而改善地基的工程性能。挤密法可分为沉管挤密砂(或碎石)桩、石灰桩、灰土桩、渣土桩、爆扩桩等。常用的挤密法是土桩挤密法。

土桩挤密法采用沉管、冲击或爆破等方法成孔,然后在孔中填以素土(黏性土)或灰土,分层捣实,形成土桩。土桩与挤密后的桩间土组成复合地基,共同承受基础传递的荷载(见图 6-10)。

**图 6-10  土桩挤密法**

**2. 振冲法**

振冲法利用振冲器在高压水流的振冲作用下,使地基孔中的填料形成桩体,置换软弱土体,并与桩间土形成复合地基(见图 6-11)。常用的振冲法是振冲碎石桩法。

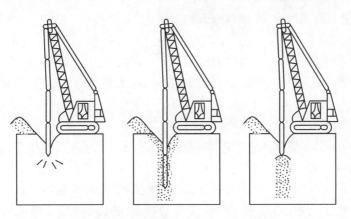

**图 6-11  振冲碎石桩法施工顺序示意图**

振冲碎石桩法是指用振动或冲击荷载将底部装有活瓣式桩靴的桩管挤入地层,在软弱地基中成孔后,再将碎石从桩管投料口处投入桩管内,然后边击实、边上拔桩管,形成密实碎石桩,并与桩周土体一起形成复合地基(见图 6-12)。

图 6-12　振冲碎石桩法

### 6.2.6　化学加固法

在地基加固中,除了用挤密、置换等物理方法来改善土的性质和土中的应力状态外,还可以使用化学方法。化学加固法即是指利用水泥浆液、黏土浆液或其他化学浆液,通过灌注压入、机械搅拌或高压喷射,使浆液与土颗粒胶结,以改善地基土的物理和力学性质的地基处理方法。

常用的化学加固法有水泥土搅拌法和高压喷射注浆法两种方法。

**1. 水泥土搅拌法**

1)概述

水泥土搅拌法(见图 6-13)根据施工工艺的不同,分为深层搅拌法(简称湿法)和粉体喷搅法(简称干法)两种具体方法。两者同适用于处理正常固结的淤泥与淤泥质土、粉土、饱和黄土、素填土、黏性土以及无流动地下水的饱和松散砂土等地基,常用于公路、铁路的厚层软土地基加固,也用于深基坑支撑、港口码头护岸等。

2)加固机理

水泥土搅拌法加固软黏土的机理由以下三个方面构成。

①水泥颗粒表面的矿物质很快与软土中的水发生水解和水化反应,生成化合物。

②水泥水化生成的钙离子与土粒中的钠离子逐渐生成不溶于水的稳定结晶化合物。

③碳酸化作用生成的不溶于水的碳酸钙。

随着时间的推移,固化物逐渐增多,连成网络,软土强度逐渐得到提高。

**2. 高压喷射注浆法**

高压喷射注浆法一般是利用钻机钻至设计处理深度形成导孔,再将带有特殊喷嘴的喷射管插入至设计的土层深度,以高压设备使浆液以高压流从喷嘴中喷射出来,冲击破坏土体,使浆液与土粒强制搅拌混合,经过凝结固化,便在土中形成固结体。

固结体的形状和喷射流移动的方向有关,一般分为旋转喷射(简称旋喷)、定向喷射(简称定喷)和摆动喷射(简称摆喷)三种注浆形式(见图 6-14)。

高压喷射注浆材料主要为水泥,也可加入外加剂(早强剂、抗冻剂等),使浆液具有速凝、早强、抗冻等性能。

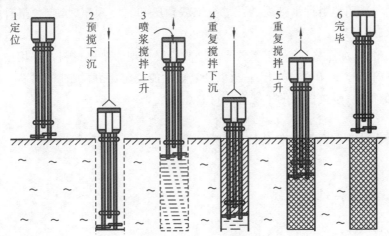

图 6-13　水泥土搅拌法

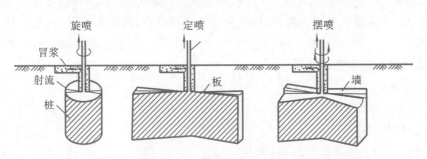

图 6-14　高压喷射注浆法

## 6.3 软弱地基利用与处理

利用软弱土层作为持力层时,应符合下列规定:

①淤泥和淤泥质土,宜利用其上覆较好土层作为持力层,当上覆土层较薄,应采取避免施工时对淤泥和淤泥质土扰动的措施;

②冲填土、建筑垃圾和性能稳定的工业废料,当均匀性和密实度较好时,可利用作为轻型建筑物地基的持力层。

局部软弱土层以及暗塘、暗沟等,可采用基础梁、换土、桩基或其他方法处理。

当地基承载力或变形不能满足设计要求时,地基处理可选用机械压实、堆载预压、真空预压、换填垫层或复合地基等方法。处理后的地基承载力应通过试验确定。

机械压实包括重锤夯实、强夯、振动压实等方法,可用于处理由建筑垃圾或工业废料组成的杂填土地基,处理有效深度应通过试验确定。

堆载预压可用于处理较厚淤泥和淤泥质土地基。预压荷载宜大于设计荷载,预压时间应根据建筑物的要求以及地基固结情况决定,并应考虑堆载大小和速率对堆载效果和周围建筑物的影响。采用塑料排水带或砂井进行堆载预压和真空预压时,应在塑料排水带或砂井顶部做排水砂垫层。

换填垫层(包括加筋垫层)可用于软弱地基的浅层处理。垫层材料可采用中砂、粗砂、砾砂、角(圆)砾、碎(卵)石、矿渣、灰土、黏土以及其他性能稳定、无腐蚀性的材料。加筋材料可采用高强度、低徐变、耐久性好的土工合成材料。

## 6.4 地基处理方案实例

### 6.4.1 CFG 桩复合地基实例

**1. 拟建工程概况**

本工程 1♯楼为砖混结构,楼高 6 层,无地下室,建筑物总高度为 15.8 m;基础均为条形基础,埋深−2.8 m。

建筑物地基持力层为②层砂质粉土、粉质黏土②1。由于建筑物持力层范围内土质变化较大,地基承载力特征值综合取值为 100 kPa。由于承载力均达不到设计要求的地基承载力特征值,不能作为天然地基持力层,因而要对地基进行处理,拟采用 CFG 桩复合地基方案进行加固处理(见图 6-15)。采用 CFG 桩复合地基处理完后,地基承载力特征值为 200 kPa。

**2. 复合地基设计参数**

1)复合地基设计要求

1♯复合地基承载力标准值为 $f_{sp} \geqslant 200$ kPa。

2)土层参数选取

设计所涉及的土层参数如表 6-1 所示。

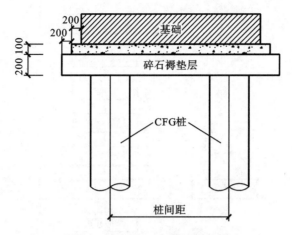

**图 6-15**　CFG 桩复合地基示意图

**表 6-1**　土层参数

| 层号及岩土名称 | 承载力标准值/kPa | 压缩模量/MPa | 极限侧阻力标准值/kPa | 极限端阻力标准值/kPa |
|---|---|---|---|---|
| 砂质粉土②层 | 100 | 8.07 | 40 | |
| 粉质黏土②1层 | 100 | 7.15 | 40 | |
| 黏土③层 | 80 | 6.17 | 40 | |
| 黏质粉土③1层 | 80 | 3.12 | 40 | |
| 砂质粉土④层 | 160 | 10.62 | 50 | 600 |
| 粉质粉土④2层 | 130 | 6.04 | 50 | |
| 粉质黏土⑤层 | 160 | 5.77 | 60 | |
| 黏质粉土⑤1层 | 180 | 19.12 | 60 | |
| 细砂⑥层 | 200 | 31.1 | 80 | |

3)桩径选择

桩径为 φ400 mm。

4)桩端持力层选择

拟建物 1♯ 楼部分的 ±0.000＝30.900 m,基础垫层底标高为 −2.80 m,基底持力层为②层砂质粉土、粉质黏土②1,地基承载力标准值综合取值 100 kPa,根据该工程《岩土工程勘察报告》中地基土的埋藏分布特点及物理力学性质,选择砂质粉土④层作为桩端持力层,桩长 9.0 m。经计算:单桩承载力 $R_k$＝273.00 kN,取 $R_k$＝270 kN。桩间距确定为 s＝1.50 m,复合地基承载力标准值 $f_{sp}$＝204.0 kPa≥200 kPa,满足复合地基承载力标准值的要求。

**3.CFG 桩施工工艺**

本工程采用 2 台长螺旋钻机成孔、管内泵送混合料(商品混凝土)成桩工艺,其优点是施工设备简单、施工方便、振动小、噪声低、无环境污染、施工工期短、效率高,施工时应保证每台配套设备 90 kW 的电力供应。具体参见 CFG 桩施工工艺流程图(见图 6-16),计划成桩工期 17 d。可根据甲方的工期要求适当增加 CFG 打桩设备,缩短工期。

**4.CFG 桩施工准备**

①熟悉建筑场地的资料,包括地质勘察报告书、CFG 桩布桩图、临近的高压电缆和管线

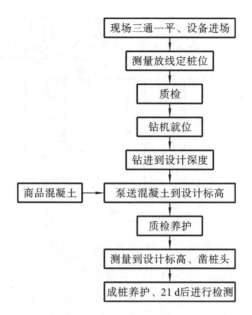

**图 6-16  CFG 桩施工工艺流程图**

等分布情况、建筑物场地的水准控制点和建筑物位置控制坐标等资料。

②场地平整,施工用水、电接至基槽边。根据施工的要求接好电源及水源,要求甲方提供施工用电每套设备不少于 120 kW,提供不少于 30 t/h 的水源。

③提供施工车辆进出厂道路畅通。

④总包单位提供基础轴线及高程控制点,为我方地基处理进行桩位放线复合及测定桩顶标高提供依据。

**5. CFG 桩施工技术方法**

1)桩位布设及质量要求

根据《CFG 桩施工桩位图》及建设方提供的轴线为基准线进行桩位布设,经监理验收合格后,用钢钎打入地下 300~500 mm 后注入石灰粉以做标记。

2)成桩工序的质量要求

桩长允许偏差+100 mm,桩径允许偏差-20 mm,垂直度允许偏差不超过 1.5%,桩位允许偏差不大于 0.30D。

3)CFG 桩施工工艺要求

①严格按照本工程地基处理的设计方案要求,保证桩长达到设计要求;每一次正式钻孔前,应用水平仪或采用吊线锤的方法确保钻杆的垂直度,并保证钻杆的垂直度满足设计要求。

②混凝土采用商品混凝土,商品混凝土应具备出厂合格证,并随时检测混凝土的质量,然后使用 1 台 HBT60 型泵将混凝土压灌入土中。使用时,泵工应密切注意各个仪表,确保泵压达到正常。

③混合料下到孔底后,每打一次泵,钻具提升 200~250 mm,并始终使钻头在混合料下面 500 mm 左右,以防断桩。

④要求混凝土应在有效时间内压灌入孔中,现场都应有明确记录。

⑤提钻与泵送配合,每次钻进至标高后,司钻应先将钻具提升 200~300 mm,以利于活

门打开,同时通知泵工打泵。现场设有专职人员负责司钻与泵工之间的联系。

⑥首盘料灌注前,因管道比较干燥,混合料容易失水,堵塞管道,因此灌注前应先使用砂浆润滑管道,然后再泵入混合料。

⑦灌浆过程中若达不到设计标高时,应及时处理,若混合料超出地下水位,则采取从孔口补灌的方法,若混合料低于地下水位,补灌时泵送管应插入混合料液面下 500 mm,确保不断桩。

⑧桩头处理

CFG 桩施工完毕,待桩体达到一定强度(一般 3~7 d),方可进行开槽,槽底余土清理时(采用小型机械或人工清除桩间土及钻渣)确保不碰断桩体及不扰动桩间土。剔除桩头用人工完成,桩顶应修平,严禁出现斜面、裂缝;如因剔桩导致桩头混凝土出现裂缝、缺口,应严格按照混凝土补缺规范进行修补,断面凿毛,刷素水泥浆后用比桩体混凝土高一标号的混凝土填补并振捣密实,桩顶标高允许误差为±50 mm。

4)工程质量控制

①混凝土浇筑期间,单栋楼每天制作混凝土试块(150 mm×150 mm×150 mm)两组,经过标准养护后进行 28 d 强度试验。

②成桩 21 d 后按照国家标准《建筑地基基础设计规范》(GB 50007—2011)进行桩基检测和静载试验,静载试验数量宜为总桩数的 0.5%~1%,且单栋楼单桩静载荷试验点不少于 3 个。低应变动力试验应抽取不少于总桩数 10% 的单桩进行检测。

③商品混凝土应符合设计要求。

④施工中应检查桩身混凝土的标号、坍落度、成孔深度及混合料灌入量等。

⑤施工结束后,应对桩顶标高、桩位、桩体质量、地基承载力以及褥垫层的质量进行检查。

其他略。

## 6.4.2  强夯法地基处理实例

### 1. 工程概况

为了确保地基承载力能满足设计要求,需对某车间近 9 000 m² 地基进行地基处理。本工程采用真空降排水低能量强夯法,以避免对相邻建筑产生不利影响。

强夯处理后,场区地基强度和沉降应满足如下设计要求:

①加固的有效深度不小于 4 m;

②地基承载力标准值 $f \geqslant 100$ kPa;

③压缩模量 $E_0 \geqslant 8$ MPa。

### 2. 施工部署

根据本工程的施工特点,计划安排带自动脱钩落锤装置的 25 t 履带式强夯机一辆从一侧向另一侧进行施工。施工前利用 TD140 推土机将场区平整;距新建临时围墙边线开挖明沟、集水井;同时布置控制基线、基准点,形成十字形测量控制网,将施工区域南北向分成三大长条施工分区。

小螺钻探摸取样,分析土质特性,根据土质分布情况合理布置高真空排水井点管;预埋水位观测管,埋深 4.0 m,滤头长 1.5 m,并要求水位测管周围灌粗砂,正确掌握真空降水对地下水位的变化情况,编制水位孔的编号,并进行定时测量和记录。根据现场情况采用方格网测量地面沉降初始值;强夯施工按三遍进行,第一、二遍强夯根据现场柱距来计划设置夯点间距 4 m×6 m,呈梅花形布置,第三遍强夯为搭接满夯。每遍强夯时必须保留外围封闭管,并继续抽水,确保场地内的地下水位不急剧上升,直至三遍强夯结束。第一遍强夯后考虑到不能对土体重复扰动,可在第二遍强夯前对场地进行推平,第二、三遍强夯后,将场地用推土机推平,并进行地面沉降、地下水位观测,满足设计规定的间隙期后再进行下一遍的夯击。

地基强夯处理后,委托有资质的第三方进行检测,合格后方可进行下道工序施工。

**3. 施工工艺流程**

施工工艺流程见图 6-17。

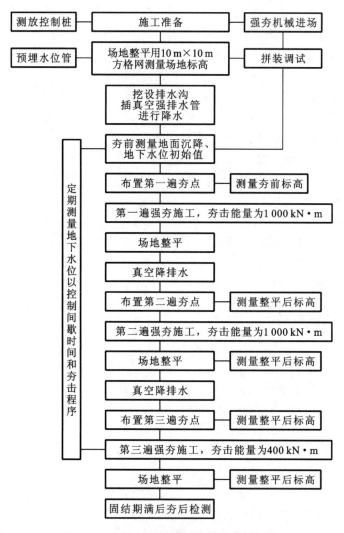

**图 6-17 强夯法地基处理施工工艺流程图**

**4. 施工方法**

1)高真空排水施工

(1)高真空降水施工流程

准备工作→铺放总管→埋设支管→支管总管连接→真空泵安装→调试→抽水→水位观

测→拆除→强夯。

（2）施工工艺

①井位布置：按井位设计平面图（见图 6-18）安置抽水机组、总管。

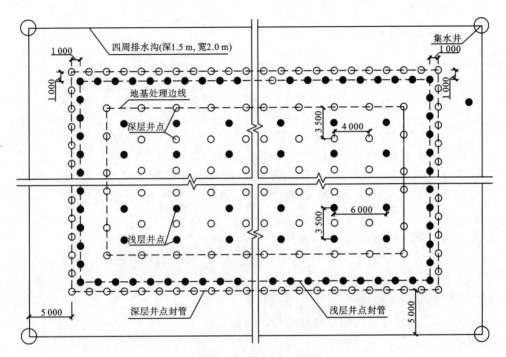

**图 6-18　井位设计平面图**

在降水明沟内侧布置外围封闭管，外围封闭管与明沟一样要求相互贯通，外围封闭管井点管间距为 2 m，距围墙边线距离为 2 m。

采用一长一短相间的井点管布置方式，短井点管管长 3 m，长井点管管长 6 m，井点间距为 4 m，卧管间距为 4 m，要求 3 m 深井点管周围灌粗砂从孔底至地面下 50 mm，孔口地面以下 50 cm 内用黏土或淤泥质土封死。第一遍强夯后立即插管降水，水位降至 2.5 m 以下，连续 72 h 不间断降水，并将夯坑及地表的明水及时排出。第二遍降水要求降至地面 3 m 以下，连续降水 7 d，并将夯坑及地表的明水及时排出。第三遍降水要求降至地面 3 m 以下，连续降水 7 d。

②成孔：水冲法成孔，外径约 15 cm。

③下井管：孔深度达到设计要求才能下管，管顶外露约 20 cm。

④填滤砂：采取动水投砂，当成孔水逐步澄清，即投砂（长管 6 m 可采用粉细砂，短管 3 m 采用粗砂）。在管井周围均匀回填，孔口 50 cm 处用淤泥或黏土封死。

⑤设备安装：井点管与总管、真空泵机组连接后，进行运行调试，检查是否有漏气及死管的情况，发现问题应及时采取措施进行补救。

⑥抽水运行：真空泵机组安装真空表，注意真空度情况的变化，出水应先浊后清。

⑦进行 24 h 水位跟踪观测，水位下降达到设计要求和抽水时间满足设计要求后，方可拆除施工区域内井点管和卧管，进行强夯。

由于土层中有淤泥质黏土存在，该类土质渗透系数很小，可能导致井点降水难以达到预期效果,发生这种情况时应根据具体情况采取相应措施(如增设井点管、延长抽水时间等)。

2)低能量强夯施工

(1)强夯施工准备

①低能量强夯施工参数汇总如表 6-2 所示。

表 6-2 低能量强夯施工参数

| 夯点布置 | | | 夯击击数 | | | 夯击能/(kN·m) | | |
|---|---|---|---|---|---|---|---|---|
| 第 1 遍 | 第 2 遍 | 第 3 遍 | 第 1 遍 | 第 2 遍 | 第 3 遍 | 第 1 遍 | 第 2 遍 | 第 3 遍 |
| 4 m×6 m | 4 m×6 m | | 6 | 6 | 2 | 1 000 | 1 000 | 400 |

夯击能量及遍数可根据现场土质情况,通过现场监理认可,做适当调整。

②在强夯区进行测量定位、测量控制桩、埋设轴线桩和水准点桩。

③夯锤要求重 10~10.5 t,锤底面直径 2.5 m,要求有出气孔。

(2)强夯施工

①平整场地,按设计图测放第一遍夯点。

②测量地面沉降、地下水位初始值,经真空排水后地下水位降至地面以下 2.5 m。

③夯机就位,夯锤中心对准夯点。

④测量夯点标高并做记录。

⑤标定落距,固定控制落距的脱钩器钢丝绳长度。

⑥测量夯前锤顶标高,做记录。

⑦将夯锤起到规定高度,待夯锤脱钩自由落下后放下吊钩,测量锤顶高程,并做记录。

⑧夯完及时用推土机整平场地。

⑨采用 15 m×12 m 方格网测量第一遍夯后地面沉降,并立即插管进行真空降水。连续降水 7 d,观测地下水位的变化情况,地下水位到地面以下 3 m 后,即拆管进行第二遍强夯。

⑩测放第二遍夯点,第二遍夯点为第一遍夯点的中心位置。第一、二夯击能量均为 1 000 kN·m,夯击数为 6 击。

⑪第一遍强夯根据现场情况考虑采用路基箱进行操作,第一、二遍强夯采用 25 t 履带吊 10 t 夯锤进行夯击。

⑫夯完及时用推土机整平场地。

⑬采用 12 m×24 m 方格网测量第二遍夯后地面沉降,并立即插管进行真空降水。连续降水 7 d,观测地下水位的变化情况,地下水位到地面以下 3 m 后,即进行第三遍强夯。

⑭第三遍强夯为满夯,需把施工的外边线用灰线测放出来,并做好夯前场地标高和夯后推平之后场地标高的测放和记录。

⑮第三遍强夯为搭接满夯,搭接为不小于 1/4 夯锤直径。

⑯按照施工工艺要求,全部施工完毕后,拆除外围封闭管,整平场地。

(3)施工质量技术措施

①施工过程中定期对控制桩、水准点控制桩进行复测并填写复测资料。

②机组进场就位强夯之前,标定夯锤质量,丈量夯锤落距,使之保证满足规定的夯能要求。

③认真做好强夯施工记录,如实记录各夯点锤击数、每击下沉量、夯坑深度及最后两击

贯入度差值。

④强夯施工中,密切注意异常现象,对夯沉量异常、夯锤反弹、偏锤、地表隆起等要加强检测,如实记录,并及时采取相应措施。

⑤夯锤气孔应保持畅通,防止堵塞,应随时将气孔余土清除。

⑥及时排除夯坑及场地积水。

⑦强夯应严格控制:a.周围出现明显隆起,如一击时就出现明显隆起,则要适当降低夯击能量,相邻夯坑内隆起量小于 5 cm;b.第二击夯沉量小于第一击夯沉量;c.两击夯沉量不大于 50 cm;d.有明显侧移。

## 6.5　某建筑地基处理方案的实例对比

### 6.5.1　概况

某公园位于某市天花西路东侧,拟建建筑物高 4 层,建筑物长 50 m,宽 15 m。根据地质勘察报告,场地的地质情况自上而下为:素填土 1 层,厚度 4~5 m,全场地都有分布;杂填土 2 层,厚度 2 m 左右,局部地段分布;粉土 3 层,局部分布;粉质黏土 4 层,局部分布;粉砂层 5 层。土质极不均匀。

建筑物的总荷载 $F=50\times15\times4\times25$ kN$=75\,000$ kN。

按照复合地基承载力 220 kPa 计算,处理的基础面积 $A=75\,000\div220$ m$^2=341$ m$^2$。

根据地质情况,本场地可以采用的地基处理方式有三种,即搅拌桩、粉煤灰水泥碎石桩、换土垫层。下面分别介绍。

### 6.5.2　深层搅拌桩

1)处理范围

只处理基础面积以内,要求处理后复合地基承载力达到 220 kPa。根据基础平面图统计,处理的基础面积约为 341 m$^2$。

2)处理目的

处理要求复合地基承载力 $f_{sp}$ 达到 220 kPa。

3)处理设计计算

采用深层搅拌桩地基处理,处理设计计算结果如下。

①搅拌桩桩径为 600 mm;28 d 龄期水泥土试块无侧限抗压强度 $q_u$ 达到 1.3 MPa。搅拌桩要求进入原状土层 3 m,从地面算起,搅拌桩桩长平均 8.8 m,开挖基础后实际桩长 7.8 m。

②单桩承载力 $N_d$ 的确定。

根据地质条件:$N_{d1}=[0.5\times0.283\times140+3.14\times0.6\times(8\times4+13\times3.8)]$ kN$=173$ kN;

根据桩身强度:$N_{d2}=1\,500\times3.14\times0.3\times0.3\times0.4$ kN$=170$ kN;

取以上两者的小值,即 $N_d=\min\{N_{d1},N_{d2}\}=170$ kN。

③面积置换率 $m$ 的确定。

$$m=(220-0.5\times80)\div(170\div0.283-0.5\times80)=0.321$$

④总桩数 $n$ 的确定。

$$n=341\times0.321\div0.283=387\ 根。$$

4)搅拌桩的平面布置

略。

5)搅拌桩工作量 $V$

$$V=387\times8.8\times3.14\times0.3\times0.3\ m^3=962\ m^3$$

工程造价:搅拌桩造价 $W=962\times190$ 元$=182\ 780$ 元;机械进退场费:$7\ 000$ 元。合计费用$=(182\ 780+7\ 000)$元$=189\ 780$ 元。

6)工期

拟进 1 台深层搅拌桩机,每天每台机完成 25 根桩,总工期为 25 d。

7)现场所需电力

50 kW,一般施工场地电力都能满足要求。

8)施工质量、可行性

本场地填土质量较好,没有体积庞大的开山石块,成桩不成问题。填土中局部地段有砖块,由于砖块直径一般小于 24 cm,不但不影响施工,还能作为搅拌桩的骨料,提高搅拌桩的强度,施工质量容易得到保证。

9)场容

施工没有噪声,非常安静,不影响周围居民的休息,可以 24 h 不间断施工。施工不排土出来,场容整洁。施工无震动,对周围的房子不造成危害。

### 6.5.3　粉煤灰水泥碎石桩(CFG 桩)

1)处理范围

只处理基础面积以内地基,要求处理后复合地基承载力达到 220 kPa。处理的基础面积约为 341 $m^2$。

2)处理目的

处理要求复合地基承载力 $f_{sp}$ 达到 220 kPa。

3)处理设计计算

粉煤灰水泥碎石桩,处理设计计算结果如下。

①粉煤灰水泥碎石桩径为 500 mm;要求桩穿过粉砂层,进入到圆砾层面,预计桩长 15 m,从地面算起,粉煤灰水泥碎石桩桩长平均 15 m,开挖基础后实际桩长 14 m。

②单桩承载力 $N_d$ 的确定。

根据地质条件:

单桩承载力 $N_{d1}=[0.196\times350+3.14\times0.5\times(8\times4+13\times3.8+6\times10)]$ kN$=291$ kN;

根据桩身强度:$N_d$ 一般取 300 kN。

最后取 $N_d=291$ kN。

③面积置换率 $m$ 的确定:

$$m=(220-0.5\times80)\div(291\div0.196-0.5\times80)=0.125$$

④总桩数 $n$ 的确定:

$$n=341\times0.125\div0.196\ 根=218\ 根$$

⑤粉煤灰水泥碎石桩的平面布置:略。

4)粉煤灰水泥碎石桩工作量 $V$

$$V = 218 \times 15 \times 3.14 \times 0.25 \times 0.25 \text{ m}^3 = 642 \text{ m}^3$$

5)工程造价

粉煤灰水泥碎石桩造价:642×520 元＝333 840 元;机械进退场费 15 000 元。两项费用合计＝(333 840＋15 000) 元＝348 840 元。

6)工期

拟进 1 台粉煤灰水泥碎石桩机,每天每台机完成 10 根桩,总工期为 25 d。

7)现场所需电力

电力要求达到 100 kW,电力要求较大。

8)施工质量、可行性

本场地填土质量较好,没有体积庞大的开山石块,成桩不成问题。填土中局部地段有砖块,由于砖块直径一般小于 24 cm,对施工不构成影响。下部的黏土层为可塑到硬塑状态,施工可行,施工质量易保证。

9)场容

施工噪声较大,只能白天施工。施工不排土出来,场容也较整洁。施工具有强烈震动,对周围距离较近的房子会造成震动危害。

### 6.5.4　换土垫层

1)处理范围

换土垫层要求把承载力低的松散填土挖掉,然后回填砂砾石层,并分层压实。砂垫层处理的层底面积为建筑物分布范围,然后根据放坡的要求,一般为 60°,斜挖到地面,每边挖出去 3 m。本工程填土厚度为 4.4～5.5 m,预计换填平均厚度为 5.5 m,工程量:挖土＝(50＋6)×(15＋6)×5.5 m³＝6 468 m³,换土垫层体积＝(50＋3)×(15＋3)×4.0 m³＝3 816 m³。

2)处理目的

处理要求复合地基承载力 $f_{sp}$ 达到 180 kPa。

3)处理设计计算

略。

4)造价

挖土运土费用＝6 468×13 元＝84 084 元,换土垫层预计费用＝3 816×65 元＝248 040 元。两项合计费用＝(84 084＋248 040)元＝332 124 元。该造价不包括土方开挖过程所需要的基坑支护造成的费用。

5)工期

总工期为 20 d,如果遇到特殊的地质情况造成开挖困难,则工期可能会延长。

6)施工质量、可行性

规范规定,换土垫层不宜超过 3 m,但是本场地填土厚度一般达到 4 m 以上,施工难度较大,厚度大了很不经济,不可预见因素较多,施工工期难以保证,造价难以明确。换土垫层只要每层施工压实度满足要求,施工质量是可以得到保证的。

7)场容

施工挖出大量的土方,场容很不整洁,大量的土方外运、砂石运进来,容易对城市造成污染。开挖较深的基坑,在雨季很容易造成边坡失稳,引发很多环境地质问题。

### 6.5.5 总结

以上三种方案中,深层搅拌桩和粉煤灰水泥碎石桩技术上可行,造价适中,工期较短,但是粉煤灰水泥碎石桩施工噪声大,且造价与深层搅拌桩相比也高一点。深层搅拌桩在该市应用时间较长,且工程例子多,造价经济,场容较好,对于该楼地质情况,综合比较本例中建筑物,适宜采用深层搅拌桩地基处理。

# 项目 7　工程地质勘察报告的识读

◉━▶ ▌学习要求▐ ......

◇ 能熟练识读实际工程的地质勘察报告。

## 7.1　工程地质概述

工程地质与建筑物的关系十分密切。这是因为各类建筑物无不建在地球表面,因此,地表工程地质条件的优劣,直接影响建筑物地基与基础设计方案的类型、施工工期和工程投资的大小。

本节仅对地质构造和地形地貌做简要介绍。

### 7.1.1　地质构造

地质构造是指组成地壳的岩层和岩体在内、外动力地质作用下发生变形变位,从而形成诸如褶皱、断层以及其他各种面状和线状构造等组成地壳的岩层和岩体,在内外地质作用下(多为构造运动),发生变形和变位后,形成的几何体,或残留下的形迹(见图 7-1)。

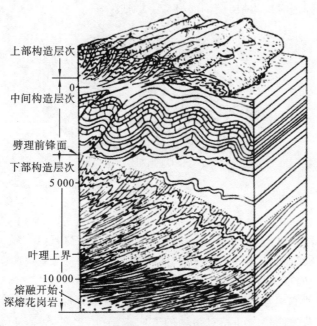

图 7-1　地质构造

**1. 褶皱构造**

地壳中层状岩层在水平运动的作用下,原始的水平产状的岩层弯曲起来,形成褶皱构造(见图7-2)。

图 7-2　褶皱构造

褶皱的基本单元,即岩层的一个弯曲,称为褶曲。褶曲的基本形式只有两种,即背斜和向斜(见图7-3)。背斜由核部老岩层和翼部新岩层组成,横剖面呈凸起弯曲的形态。向斜则由核部新岩层和翼部老岩层组成,横剖面呈向下凹曲形态。

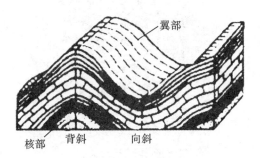

图 7-3　背斜与向斜

**2. 断裂构造**

岩体受力断裂使原有的连续完整性遭受破坏而形成断裂构造。

沿断裂面两侧的岩层未发生位移或仅有微小错动的断裂构造,称为节理;反之,如发生了相对位移,则称为断层(见图7-4)。

分居于断层面两侧相互错动的两个断块,其中位于断层面之上的称为上盘,位于断层面之下的称为下盘。若按断块之间相对错动的方向来划分,上盘下降、下盘上升的断层,称为正断层(见图7-5);反之,上盘上升、下盘下降的断层称为逆断层(见图7-6);如两断块水平互错,则称为平移断层(见图7-7)。

图 7-4　断层

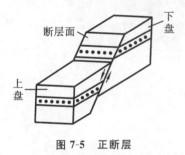

图 7-5　正断层

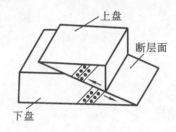

图 7-6　逆断层

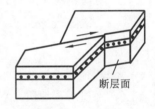

图 7-7　平移断层

### 7.1.2　地形地貌

　　场地的地形地貌(见图 7-8)特征是地质勘察中最初判别建筑场地复杂程度的重要依据,对建筑物的布局及各种建筑物的类型、规模以及施工条件也有直接影响。

图 7-8　场地的地形地貌

地形是指地势高低起伏的变化,即地表的形态。地形分为高原、山地、平原、丘陵、裂谷、盆地六种基本形式。

地貌分为山地、盆地、丘陵、平原、高原等。假如以图形表示,地貌就是用等高线绘制出来的地形图。

## 7.2 工程地质勘察的目的和任务

工程地质勘察的目的在于使用各种勘察手段和方法(见图 7-9),调查研究和分析评价建筑场地及地基的工程地质条件,为设计和施工提供所需的工程地质资料。

图 7-9 现场勘察

工程地质勘察的基本任务如下。

①通过工程地质勘察,查明场地的工程地质条件。

a. 调查场地的地形地貌。

b. 查明场地的地层条件,包括土层分布(见图 7-10)以及持力层和下卧层的工程特性等。

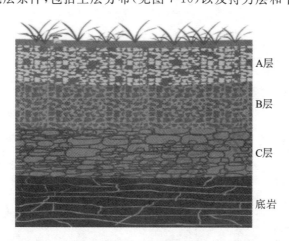

图 7-10 土层分布图

c. 调查场地的地质构造,查明埋藏的河道、墓穴、孤石等对工程不利的埋藏物。

d. 查明场地的水文地质条件,包括地下水的水位变化幅度和腐蚀性等。

e.确定场地有无不良地质现象,如滑坡、泥石流、地震液化等,并提供防治方案建议。

f.测定岩土的物理力学性质指标,包括地基承载力等。

②根据上述勘察内容编制岩土工程勘察报告书。

根据工程重要性等级、场地复杂程度等级和地基复杂程度等级,岩土工程勘察等级可划分为甲级、乙级、丙级三级。

建筑工程设计分为可行性研究、初步设计和施工图设计三个阶段。为了提供各设计阶段所需的工程地质资料,建筑物的岩土工程勘察也相应分为可行性研究勘察、初步勘察和详细勘察三个阶段。

其中,详细勘察的手段主要以勘探、原位测试和室内土工试验为主,必要时可以补充一些物探、工程地质测绘和调查工作。详细勘察勘探点的布置应按岩土工程等级确定:对一、二级建筑物,宜按主要柱列线或建筑物的周边线布置;对三级建筑物,可按建筑物或建筑群的范围布置;对重大设备基础,应单独布置勘探点,且数量不宜少于 3 个(见图 7-11)。勘探点间距视建筑物和岩土工程等级而定。

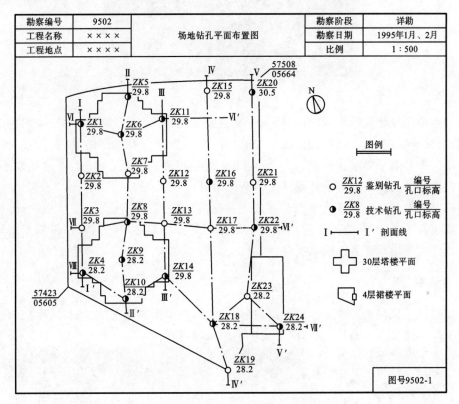

**图 7-11　场地钻孔平面布置图**

# 7.3　工程地质勘探方法

地质勘探即通过各种手段和方法对地质进行勘察、探测,确定合适的持力层,根据持力层的地基承载力,确定基础类型的调查研究活动。常见的工程地质勘探方法主要有坑探、钻探、触探等。

### 7.3.1 坑探

坑探是在建筑场地中开挖探井(探槽、探洞),以揭示地层并取得有关地层构成及空间分布状态的直观资料和原状岩土试样(见图 7-12)。这种方法不必使用专门的钻探机具,对地层的观察直接明了,是一种应用比较广泛的最常规的勘探方法。

**图 7-12　坑探**

当场地地质变化比较复杂时,利用坑探能直接观察地层的结构和变化。但坑探的某些特点,如勘探深度往往较浅、劳动强度大、安全性差、适应条件要求严格等,常使其应用受到很大限制。探井的平面形状一般为 1.5 m×1.0 m 的矩形或直径 0.8~1.0 m 的圆形,其勘探深度视地层的土质和地下水埋藏深度等条件而定。

在探井中取样的一般方法是先在井底或井壁的给定深度处取出一柱状土块,将柱状土样放入取土筒中,贴上标签并注明土样的上下方向以备试验之用。同时还须注意不能硬将土样压入筒内而使其产生挤压或扰动。

### 7.3.2 钻探

钻探通过钻机在地层中钻孔来鉴别和划分地层,并在孔中预定位置取样,用以测定土层的物理力学性质,取出的岩土试样同坑探法一样封存(见图 7-13)。

**图 7-13　钻探**

　　布置于被勘察场地中的钻孔分为技术钻孔和鉴别钻孔两种,前者在对地层进行鉴别、观察的同时,还要间隔一定距离采取岩土试样,而后者则不需要采取岩土试样,仅作鉴别和观察地层之用。按土体的性质差异,取土器一般分为两种:一种是锤击法取土器,另一种是静压法取土器。锤击法取土以重锤少击效果为好,静压法取土以快速压入为好。

### 7.3.3　触探

　　触探是用探杆连接探头,以动力或静力方式将探头(通常为金属探头)贯入土层,通过触探头贯入岩土体所受到的阻抗力或阻抗指标大小,来间接判断土层工程力学性质的一类勘探方法和原位测试技术。触探可用于划分土层,确定岩土体的均匀性;触探结果则可用以估算或判定地基承载能力和土的变形指标等。

　　按将触探头贯入岩土体的方式不同,可将其划分为静力触探和动力触探两类。

**1. 静力触探**

　　静力触探是利用机械或油压装置,借助静压力将触探头压入土层,利用电测技术测量探头所受到的贯入阻力,再通过贯入阻力大小来判定土的力学性质好坏和地基岩土的承载能力、变形指标大小,如图 7-14 所示。与其他常规的勘探手段相比,触探法能快速、连续地探测土层及其性质的变化。静力触探试验适用于软土、一般黏性土、粉土、砂土和含少量碎石的土。

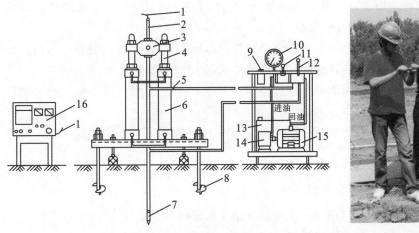

**图 7-14　双缸油压式静力触探设备**

1—电缆;2—触探杆;3—卡杆器;4—活塞杆;5—油管;6—油缸;7—触探头;8—地锚;
9—倒顺开关;10—压力表;11—节流阀;12—换向阀;13—油箱;14—液压泵;15—电动机;16—记录器

**2. 动力触探**

　　动力触探是让一定质量的穿心落锤以一定落距自由落下,将连接在探杆前端一定形状(圆锥或圆筒形)、尺寸的探头贯入岩土体,记录贯入一定厚度岩土层所需的锤击数,并以此锤击数间接判断岩土体力学及工程性质的一种原位测试方法(见图 7-15)。

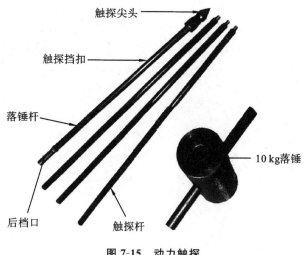

触探尖头

触探挡扣

落锤杆

10 kg落锤

后档口

触探杆

图 7-15　动力触探

## 7.4　工程地质勘察报告

### 7.4.1　工程地质勘察报告的编制

工程地质勘察报告的目的性很明确,就是通过各种勘察手段(如现场钻探、原位测试、室内土工试验等),获取建筑场地岩土层的分布规律和物理力学性质指标,为地基的设计和施工利用提供具有一定可靠程度的计算依据。

对设计师而言,全面掌握勘察报告中所包含的工程地质信息,仔细研究报告中为解决工程问题所提出的合理建议,正确选择地基和基础的形式,是非常必要的。

对基础施工人员来说,勘察结果对合理选择和使用施工机具、预测并解决施工中可能碰到的问题,也具有极大的参考价值。

报告以简要、明确的文字和图表两种形式编写而成,一个单项工程的勘察报告书一般包括以下内容。

**1. 文字部分**

①工程概况、勘察任务等。

②场地位置、地形地貌、地质构造、不良地质现象及地震设防烈度等。

③场地的地层分布、岩土的物理力学性质、地基承载力等设计计算参数。

④地下水的埋藏条件、地下水的腐蚀性等。

⑤综合工程地质评价等。

⑥针对工程建设中可能出现或存在的问题,提出相关的处理方案和施工建议。

**2. 图表部分**

1)勘察点的平面布置图和场地位置示意图

图中应注明建筑物的位置,各类勘探、测试点的编号和位置,并用图表将各勘探、测试点及其地面标高和探测深度表示出来。

2)钻孔柱状图

钻孔柱状图反映的主要是关于地层的分布,以及对各层岩土特征和性质的描述。

柱状图只能反映场地某个勘探点地层的竖向分布情况,而不能说明地层的空间分布情况,也不能完全说明整个场地地层的竖向分布情况。

3)工程地质剖面图

工程地质剖面图能反映某一勘探线上地层竖向和水平向的分布情况(空间分布状态)。

4)综合地质柱状图

综合地质柱状图是通过场地所有钻孔柱状图而得,比例为 1:50~1:200。

5)土工试验成果总表和其他测试成果图表

土工试验成果总表和其他测试成果图表(如现场载荷试验、标准贯入试验、静力触探试验等原位测试成果图表)是设计工程师最为关心的勘察成果资料,是地基基础方案选择的重要依据,因此应将室内土工试验和现场原位测试的直接成果详细列出。必要时,还应附以分析成果图(如静力载荷试验 $p$-$s$ 曲线、触探成果曲线等)。

## 7.4.2　工程地质勘察报告的阅读与使用

工程地质勘察报告是建筑物基础设计和基础施工的依据,因此,对设计和施工人员来说,正确阅读、理解和使用勘察报告是非常重要的。

### 1. 初步阅读勘察报告

首先在阅读了文字报告部分、初步了解和认识了整个场地地质情况的基础上,对照勘探点平面图,阅读地质剖面图和钻孔柱状图。

①可以直接看结束语和建议中的持力层土质、地基承载力特征值和地基类型,以及基础砌筑标高。地基承载力一般以 kPa 为单位,1 kPa=1 kN/m²。

②从持力层土质提供的承载力特征值大小可以初步判断土质的好坏。一般情况下,承载力特征值不小于 180 kPa 的可视为承载力良好的土层,低于 180 kPa 的可认为土的承载力较差。关注是否存在局部软弱下卧层,如果有,则需进行局部软弱下卧层验算。

③回填土的承载力一般为 60~80 kPa。因此,一些层数低矮的丙、丁类建筑,例如单层砖房住宅、单层大门、荷载比较小的临时建筑(构筑)物,基础的持力层可以采用回填土。

④重点看结语或建议中对饱和软土的液化判别,饱和砂土和饱和粉土(即饱和软土,但不包括黄土)在地震强度作用下的液化判别非常重要。

⑤重点看两个水位:历年地下水的最高水位和抗浮水位。历年最高水位:一般设计地下构件如地下混凝土外墙配筋时,要使用这个水位来计算外墙受到的水压力。抗浮水位:一般比历年最高水位低一些,对于一些地下层数较多而地上层数不多的工程,抗浮水位显得尤为重要。

⑥特别扫读结语或建议中定性的预警语句。

关注报告中的提示语句,如"施工应注意在降水时采取有效措施,避免影响相邻建筑物,并建议对本楼沉降变形进行长期观测""严禁扰动基地持力层土⋯⋯""持力层以下埋藏有砂层,且有承压水的条件下,施工时应注意不宜钎探,以免造成涌砂,降低地基承载力和加大基础沉降量",等等,警惕日后施工时可能存在安全隐患。

⑦特别注意结语或建议中场地类别、场地类型、覆盖层厚度和地面下 15 m 范围内平均剪切波速。根据此数值判定拟建场地土的软硬类型,并结合拟建场地的覆盖层厚度,进一步判定拟建场地的场地类别。

**2. 需注意的几个问题**

①场地稳定性评价。对勘察中指明宜避开的危险场地,则不宜布置建筑物,如不得不在其中较为稳定的地段进行建筑,须事先采取有效的防范措施,以免中途更改场地或花费极高的处理费用。对建筑场地可能发生的不良地质现象,如泥石流、滑坡、崩塌、岩溶、塌陷等,应查明其成因、类型、分布范围、发展趋势及危害程度,采取适当的整治措施。

②持力层的选择。对浅基础(天然地基)而言,基础应尽量浅埋。如果持力层承载力不能满足设计要求,则可采取适当的地基处理措施,如软弱地基的深层搅拌、预压堆载、化学加固,湿陷性地基的强夯密实等。

对深基础而言,主要的问题是合理选择桩端持力层。一般地,桩端持力层宜选择层位稳定的硬塑-坚硬状态的低压缩性黏性土层和粉土层、中密以上的砂土和碎石土层、中-微风化的基岩。

地基的承载力和变形特征是选择持力层的关键。

③考虑环境效应。设计和施工人员在阅读和使用勘察报告时,应不仅仅局限于掌握有关的工程地质资料,还要从工程建设的全过程出发来分析和考虑问题。

总之,阅读工程地质勘察报告,可以了解拟建场地的地层地貌,正确选择持力层,了解下卧层,确定基础的埋深,决定基础的选型,甚至上部结构的选型。

# 7.5　工程地质勘察报告实例

## 7.5.1　工程地质勘察报告目录

目录

文字部分

1.前言

(1)工程概况

(2)勘察目的与勘察要求

(3)勘察执行规程、规范

(4)勘察工作量

(5)说明

2.场地工程地质条件

(1)地形地貌特征

(2)岩土层结构及其物理力学性质

(3)水文地质概况

3.岩土工程分析评价

(1)场地稳定性与适宜性评价

(2)地基稳定性评价

(3)地震效应评价

(4)地下水影响评价

(5)地基基础选型分析

(6)基础工程施工中应注意的问题

4.结论与建议

附图

| 序　号 | 图　　名 | 图　号 | 张　数 |
|---|---|---|---|
| 1 | 图例 | — | 1 |
| 2 | 钻孔平面图 | Ⅰ-1 | 1 |
| 3 | 强、中、微风化基岩顶板等高线图 | Ⅰ-2～Ⅰ-4 | 3 |
| 4 | 人工填土层厚度等值线图 | Ⅰ-5 | 1 |
| 5 | 工程地质剖面图 | (Ⅱ-1)～(Ⅱ-71) | 71 |
| 6 | 钻孔地质柱状图 | (Ⅲ-1)～(Ⅲ187) | 187 |

附表

(1)勘探孔数据一览表　　　　　　　　　　　10 张
(2)土的物理力学性质试验报告　　　　　　　6 张
(3)岩石芯样单轴抗压试验报告　　　　　　　1 张
(4)水质分析报告　　　　　　　　　　　　　2 张
(5)场地波速测试报告　　　　　　　　　　　1 份
(6)场地及钻孔岩芯照片　　　　　　　　　　10 版

### 7.5.2　工程地质勘察报告正文

**1.前言**

1)工程概况

受某公司委托,我公司承担了其拟建某市粮食储备库场地的岩土工程勘察工作。

拟建场地位于某地区,预计设计地坪标高为 78.50 m 左右。

拟建场地总占地面积 77 065.18 m²,拟建物包括 10 座浅圆仓(1 层)及 1♯～4♯楼房仓
(5 层),实际仓容为 17 万吨,以及综合楼(4 层),主体高度 14.10 m,工作塔(地下 1 层、地上
8 层,最高约 43.90 m)、总变电所(1 层)、消防水池(地下一层)、机械库(1 层)和预留用地等
建构筑物,地基基础设计等级为乙级和丙级。

2)勘察目的与勘察要求

本次岩土工程勘察的目的是查明拟建场地的工程地质条件(场地岩土层结构及其物理
力学性质,场地内岩溶、土洞和软弱断层破碎带等不良地质现象的发育情况及其危害性和防
治措施,场地土的类型、场地类别及有无可液化地层,场地内地下水的埋藏情况及其水质,地
下水对基础混凝土结构的腐蚀性等),为拟建物的地基基础选型、深基坑支护和施工降水以
及进一步设计与施工提供地质依据,勘察要求按现行岩土工程勘察规范执行。

3)勘察执行规程、规范

本次岩土工程勘察依据以下规程、规范执行。

(1)《岩土工程勘察规范》(2009 年版)(GB 50021—2001)

(2)《建筑地基基础设计规范》(GB 50007—2011)

(3)《广东省建筑地基基础设计规范》(DBJ 15—31—2016)

(4)《建筑抗震设计规范》(2016 年版)(GB 50011—2010)

(5)《深圳市地基基础勘察设计规范》(SJG 01—2010)

4)勘察工作量

本次勘察钻孔的数量及其位置均由委托方委托某设计院提供的"工程勘察布孔图"确定,共计布设了 166 个钻孔(编号 ZK1～ZK166),其后在现场钻探施工过程中发现场地岩土层结构较为复杂,局部地带强风化岩层或中风化岩层顶板起伏较大,经征得委托方和设计院同意后,又增加了 21 个钻孔(编号 ZK167～ZK187),孔号及其位置详见"钻孔平面图"。我公司安排 15 台 XY-1 型钻机于 2006 年 11 月 20 日进场开始野外钻探施工。钻探时土层和强风化岩层采用合金钻具回旋钻进,中、微风化基岩和碎块石填石段采用金刚石钻具钻进,结合跟管或泥浆护壁钻进工艺以防止垮孔埋钻并提高钻孔芯样采取率,钻探质量符合现行岩土工程勘察规范的要求,土、水试料的室内分析测试由我公司岩土工程检测实验中心进行。全部野外工作于 2006 年 12 月 18 日结束,共计完成如下实物工作量。

①钻探:187 个钻孔,总进尺 6 576.81 m。

②原位测试:标准贯入试验 626 次/180 孔。

③采取原状土样并进行常规土工试验:105 件。

④采取岩石试样并进行饱和抗压强度试验:3 组/9 块。

⑤采取水试样并进行水质简分析化验:3 组 6 件。

⑥进行场地土层剪切波速及卓越周期测定试验:2 孔次。

⑦钻孔测量定点:187 处,采用全站仪测放。

⑧钻孔内地下水位测量:374 次/187 孔。

5)说明

①本次勘察钻孔坐标采用深圳独立坐标系,钻孔孔口高程采用黄海高程。现场钻探施工时,受场地地形条件的限制,有少量钻孔的位置稍做调整。

②本勘察报告中的标准贯入击数均已经过杆长校正。

**2. 场地工程地质条件**

1)地形地貌特征

拟建场地原始地貌单元为低丘坡地和丘间沟谷、洼地,地形较复杂,场地西部和中部绝大部分地带已经人工整平,但因最近陆续堆填,场地仍凹凸不平;场地东部局部地段尚保留原有低丘坡地地貌,勘察时测得钻孔孔口高程为 61.02～86.97 m,最大高差达 25.95 m。

2)场地岩土层结构及其物理力学性质

据本次勘察钻孔揭露,场地内在钻探揭露深度内共发育有如下地层:人工填土层、耕植土层、第四系冲洪积层、坡洪积层、残积层以及侏罗系中统基岩,现按自上而下的顺序分述如下。

(1)人工填土层($Q^{ml}$)

素填土:深灰、灰黄、褐黄、褐红夹灰白色,主要由黏性土夹较多风化岩碎屑堆填而成,土质不均匀,干燥至稍湿,较疏松,欠固结状态,部分孔局部为杂填土,含大量砖块、混凝土块、碎石或为碎块石填石。该层见于场区绝大部分地带(浅圆仓、工作塔、汽车卸粮坑发放站、总变电所、机械库以及 1♯～4♯楼房仓场地),除 ZK34～ZK37、ZK61～ZK64、ZK79～ZK83、ZK92～ZK97、ZK117、ZK118、ZK138～ZK142、ZK162、ZK163 和 ZK166 孔外,其余钻孔均有分布,层厚 0.40～23.50 m,平均层厚 11.17 m。进行标准贯入试验 58 次,锤击数 1.8～17.0 击,平均锤击数 7.6 击。

(2)耕表土层($Q^{pd}$)

耕表土:褐灰、深灰、深黄色,为粉质黏土,含少许有机质和植物根须,湿润,软塑至可塑状态。该层仅分布于场区局部地带,见于 ZK11 等孔,层厚 0.30～5.10 m,平均层厚 0.68 m。进行标准贯入试验 5 次,锤击数 4.6～11.4 击,平均锤击数 7.9 击。

(3)第四系冲洪积层($Q^{al+pl}$)

该类成因土层分布于场区大部分地带,可划分为以下 3 个亚层。

①3-1 粉质黏土(黏土):浅灰、灰黄、深黄色,土质较均匀,湿润,可塑,局部软塑或硬塑状态。该层仅分布于原地势较低的丘间沟谷、洼地地段,见于 ZK8 等孔,层厚 1.20～10.40 m,平均层厚 4.20 m,层顶埋深 7.10～18.10 m。进行标准贯入试验 45 次,锤击数 4.9～22.6 击,平均锤击数 15.2 击。

②3-2 淤泥质土:深灰、深黄、灰黑色,主要为淤泥质粉质黏土,含大量有机质,手捏易变形且印模较深,饱和,软塑至流塑状态,局部为松散状淤泥质粉细砂。该层仅见于 ZK8 等孔,层厚 0.40～5.60 m,平均层厚 2.07 m,层底深度 3.50～22.30 m。进行标准贯入试验 20 次,锤击数 1.8～9.9 击,平均锤击数 4.4 击。

③3-3 粗(砾)砂:浅灰、灰黄、褐黄色,分选性较差,局部含较多黏土质呈团块至散粒状,饱和,稍密至中密状态。该层仅见于 ZK9 等孔,层厚 0.60～5.30 m,平均层厚 2.07 m,层顶埋深 3.50～21.20 m。进行标准贯入试验 12 次,锤击数 5.6～35.0 击,平均锤击数 16.5 击。

(4)第四系坡洪积层($Q^{dl+pl}$)

含砂黏土:褐黄、褐红、深红夹灰白、灰黄色呈斑状,土质较均一,可塑至硬塑,局部坚硬状态,少量孔局部含大量碎屑。该层主要分布于低丘坡地地段,见于 ZK2～ZK5 等孔,层厚 1.00～7.80 m,平均层厚 2.95 m,层顶埋深 0.00～14.80 m。进行标准贯入试验 31 次,锤击数 4.6～41.8 击,平均锤击数 18.6 击。

(5)第四系残积层($Q^{el}$)

黏性土:浅灰、灰黄、褐黄、褐红、紫红夹灰白、灰绿色,系粉砂质泥岩(粉砂岩)风化残积而成,除石英外其余矿物已全部风化变质,土质较均一,稍湿,可塑至硬塑状态,部分孔局部不均匀风化,含强风化岩薄层夹层或含较多风化岩碎块。该层除 ZK52 等孔外其余钻孔均有分布,层厚 1.40～26.60 m,平均层厚 11.66 m,层顶埋深 0.00～25.90 m。进行标准贯入试验 316 次,锤击数 6.2～49.6 击,平均锤击数 18.3 击。

(6)侏罗系中统基岩($J_2$)

场区下伏基岩为侏罗系中统粉砂质泥岩(粉砂岩),本次勘察全部钻孔均钻至其强、中风化岩层,但仅部分(控制性)钻孔钻至其微风化岩层。

①6-1 强风化粉砂质泥岩(粉砂岩):灰黄、褐黄、褐红、褐灰杂灰绿色,原岩结构清晰可辨,节理、裂隙极为发育,矿物风化变质显著,岩芯呈半岩半土或碎块夹土状,用手可折断,泡水易软化、碎裂,部分孔局部为块状强风化岩,不均匀,含大量风化岩碎块。除 ZK67 和

ZK145 孔外,其余钻孔均钻遇此层,层厚 0.60～27.30 m,平均层厚 7.93 m,层顶埋深7.10～34.80 m,层顶高程 37.14～78.10 m,平均高程 52.32 m。进行标准贯入试验 139 次,锤击数均大于 50.0 击或反弹。

②6-2 中风化粉砂质泥岩(粉砂岩):深灰、青灰、褐灰、褐黑色,岩芯呈碎小块状或短柱状,较坚硬、致密,裂隙稍发育,裂面风化侵染明显,岩芯锤击声脆而易碎裂。全部钻孔均钻遇此层,揭露厚度 0.50～7.40 m,平均揭露厚度 2.58 m,层顶埋深 7.80～44.90 m,层顶高程29.61～71.47 m,平均高程 44.52 m。

③6-3 微风化粉砂质泥岩(粉砂岩):深灰、青灰、灰黑色,岩芯呈块状或柱状,较新鲜、致密、坚硬、完整,局部偶见裂隙发育,裂面微弱风化侵染呈褐红色。仅 ZK2 等孔钻至此层,揭露厚度 0.50～4.30 m,平均揭露厚度 1.95 m,层顶埋深 10.50～46.30 m,层顶高程 26.21～69.03 m,平均高程 41.50 m。

场地内各类岩土层的分布状况及其结构特征详见人工填土层厚度等值线图,强、中、微风化岩层顶板等高线图,场地钻孔平面布置图(见图 7-1),工程地质剖面图(见图 7-2)和钻孔地质柱状图(见图 7-3、图 7-4)。

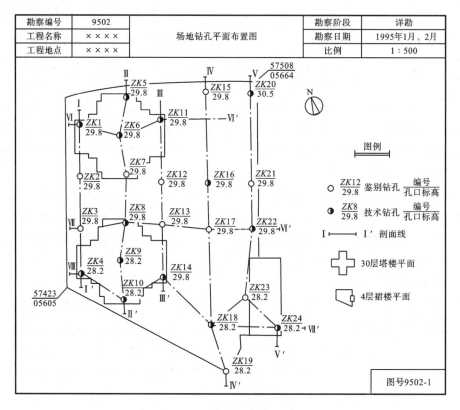

**图 7-1　场地钻孔平面布置图**

各类岩土层的物理力学性质指标详见天然地基设计参数建议值(见表 7-1)、预应力管桩桩基设计参数建议值(见表 7-2)和钻(冲)孔灌注桩桩基设计参数建议值(见表 7-3)。

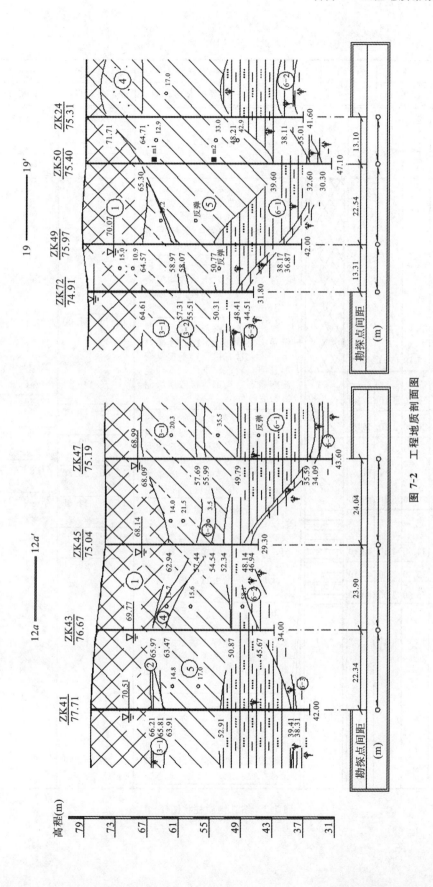

图 7-2　工程地质剖面图

| 钻孔编号 | ZK8 | 坐标 | $x$=32 138.53 $y$=122 392.08 | | 钻孔深度 | 35.50 m | 开孔日期 | 2006.11.29 |
|---|---|---|---|---|---|---|---|---|
| 孔口高程 | 75.60 m | | | | 静止水位 | 87.20 m | 终孔日期 | 2006.11.29 |

| 年代及成因 | 层序号 | 换层深度/m | 层厚/m | 层底高程/m | 图例比例尺1∶300 | 地层描述 | 标贯N 锤击数 / 深度/m | 岩(土)样 编号 / 深度/m | 备注 |
|---|---|---|---|---|---|---|---|---|---|
| $Q^{ml}$ | 1 | 15.10 | 15.10 | 60.50 | | 素填土：深灰、灰黄、褐黄、褐红夹灰白色，主要由黏性土夹较多风化岩碎屑堆填而成，土质不均匀，干燥至稍湿，较疏松，欠固结状态 | | | |
| | | | | | | 粉质黏土（黏土）：浅灰、灰黄、深黄色，土质较均匀，湿润，可塑，局部软塑或硬塑状态 | 5.6 / 10.70～11.00 | | |
| | | | | | | 淤泥质土：深灰、深黄、灰黑色，主要为淤泥质粉质黏土，含大量有机质，手捏易变形且印模较深，饱和，软塑至流塑状态，局部为松散状淤泥质粉细砂 | | 8—1 / 17.70～17.80 | |
| $Q^{al+pl}$ | 3-1 | 15.20 | 3.10 | 57.40 | | | 5.5 / 15.15～17.00 | | |
| $Q^{al+pl}$ | 3-2 | 20.40 | 2.20 | 55.20 | | 黏性土：浅灰、灰黄、褐黄、褐红、紫红夹灰绿色，系粉砂质泥岩（粉砂岩）风化残积而成，除石英外，其余矿物已全部风化变质，土质较均匀，稍湿，可塑至硬塑状态 | 2.7 / 18.55～20.15 | 8—2 / 10.80～19.70 | |
| | | | | | | | 15.4 / 22.00～22.30 | 8—3 / 21.80～21.90 | |
| $Q^{ml}$ | 5 | 26.80 | 6.20 | 49.00 | | | 反弹 / 24.55～24.85 | 8—4 / 24.30～24.40 | |
| | | | | | | 强风化粉砂质泥岩（粉砂岩）：灰黄、褐黄、褐红、褐灰杂灰绿色，原岩结构清晰可辨，节理、裂隙极为发育，矿物风化变质显著，岩芯呈半岩半土或碎块夹土状，用手可折断，泡水易软化、碎裂 | 反弹 / 28.05～28.85 | | |
| $J_2$ | 6-1 | 31.50 | 4.50 | 44.10 | | | 反弹 / 29.25～29.55 | | |
| $J_2$ | 6-2 | 33.50 | 2.00 | 42.10 | | | | | |
| $J_2$ | 6-3 | 35.50 | 2.00 | 40.10 | | | | | |
| | | | | | | 中风化粉砂质泥岩（粉砂岩）：深灰、青灰、褐灰、褐黑色，岩芯呈碎小块状或短柱状，较坚硬，质密，裂隙稍发育，裂面风化侵染明显，岩芯锤击声脆而易碎裂 | | | |
| | | | | | | 微风化粉砂质泥岩（粉砂岩）：深灰、青灰、灰黑色，岩芯呈块状或柱状，较新鲜，致密、坚硬、完整，局部偶见裂隙发育，裂面微弱风化侵染呈褐红色 | | | |

图 7-3  钻孔地质柱状图(一)

| 钻孔编号 | ZK11 | 坐标 | x=32 126.10  y=122 093.09 | 钻孔深度 | 28.00 m | 开孔日期 | 2006.11.25 |
|---|---|---|---|---|---|---|---|
| 孔口高程 | 77.60 m | | | 静止水位 | 70.90 m | 终孔日期 | 2006.11.25 |

| 年代及成因 | 层序号 | 换层深度/m | 层厚/m | 层底高程/m | 图例比例尺 1:300 | 地层描述 | 标贯N 锤数 | 标贯N 深度/m | 岩(土)样 编号 | 岩(土)样 深度/m | 备注 |
|---|---|---|---|---|---|---|---|---|---|---|---|
| $Q^{ml}$ | 1 | 4.80 | 4.80 | 73.00 | | 素填土：深灰、灰黄、褐黄、褐红夹灰白色，主要由黏性土夹较多风化岩碎屑堆填而成，土质不均匀，干燥至稍湿，较疏松，欠固结状态，其中3.00～4.60 m含较多碎石 | | | | | |
| $Q^{pd}$ | 2 | 5.40 | 0.50 | 72.20 | | | 24.0 | 7.66～7.95 | | | |
| $Q^{al+pl}$ | 4 | 8.20 | 2.50 | 58.40 | | 耕表土：褐灰、深灰、深黄色，为粉质黏土，含少许有机质和植物根须，湿润，软塑至可塑状态 | 15.2 | 9.96～10.20 | | | |
| | | | | | | 含砂黏土：褐黄、褐红、深红夹灰白、灰黄色呈斑状，土质较均匀，可塑至硬塑，局部呈坚硬状态 | | | | | |
| $Q^{ml}$ | 5 | 19.60 | 11.40 | 58.00 | | 黏性土：浅灰、灰黄、褐黄、褐红、紫红夹灰绿色，系粉砂质泥岩（粉砂岩）风化残积而成，除石英外，其余矿物已全部风化变质，土质较均匀，稍湿，可塑至硬塑状态，其中23.10～24.90 m为块状强风化岩，含较多风化岩碎块 | 35.2 | 16.85～19.25 | | | |
| $J_2$ | 6-1 | 24.90 | 5.30 | 52.70 | | | | | | | |
| $J_2$ | 6-2 | 26.00 | 3.10 | 49.80 | | 强风化粉砂质泥岩（粉砂岩）：灰黄、褐黄、褐红、褐灰杂灰绿色，原岩结构清晰可辨，节理、裂隙极为发育，矿物风化变质显著，岩芯呈半岩半土或碎块夹土状，用手可折断，泡水易软化、碎裂 | | | | | |
| | | | | | | 中风化粉砂质泥岩（粉砂岩）：深灰、青灰、褐灰、褐黑色，岩芯呈碎小块状或短柱状，较坚硬，致密，裂隙稍发育，裂面风化侵染明显，岩芯锤击声脆而易碎裂 | | | | | |

图 7-4　钻孔地质柱状图(二)

表 7-1  天然地基设计参数建议值

| 地层岩性 | | | 承载力特征值 $f_{ak}$/kPa | 压缩模量 $E_s$/MPa | 变形模量 $E_0$/MPa | 凝聚力 $c$/kPa | 内摩擦角 $\varphi$/° |
|---|---|---|---|---|---|---|---|
| 成因 | 层序 | 岩土层名称 | | | | | |
| $Q^{ml}$ | 1 | 素填土 | 不均匀 | | | | |
| $Q^{pd}$ | 2 | 耕表土 | 80 | 4.0 | 8.0 | 10 | 6 |
| $Q^{al+pl}$ | 3-1 | 粉质黏土(黏土) | 140 | 5.0 | 10.0 | 18 | 12 |
| | 3-2 | 淤泥质土 | 65 | 3.0 | 5.0 | 6 | 3 |
| | 3-3 | 粗(砾)砂 | 180 | 6.0 | 16.0 | 0 | 30 |
| $Q^{dl+pl}$ | 4 | 含砂黏土 | 170 | 6.0 | 13.0 | 22 | 18 |
| $Q^{el}$ | 5 | 黏性土 | 200 | 6.5 | 16.0 | 25 | 20 |
| $J_2$ | 6-1 | 强风化粉砂质泥岩(粉砂岩) | 500 | | | | |
| | 6-2 | 中风化粉砂质泥岩(粉砂岩) | 1 200 | | | | |
| | 6-3 | 微风化粉砂质泥岩(粉砂岩) | 3 000 | | | | |

执行规范:①《建筑地基基础设计规范》(GB 50007—2011);
②《广东省建筑地基基础设计规范》(DBJ 15—31—2016);
③《深圳市地基基础勘察设计规范》(SJG 01—2010)。

表 7-2  预应力管桩桩基设计参数建议值

| 地层岩性 | | | 状态 | 桩侧摩阻力特征值 $q_{sa}$/kPa | 预应力管桩桩端阻力特征值 $q_{pa}$/kPa | | | |
|---|---|---|---|---|---|---|---|---|
| 成因 | 层序 | 岩土层名称 | | | 桩入土深度/m | | | |
| | | | | | $L \leqslant 9$ | $9 < L \leqslant 16$ | $16 < L \leqslant 30$ | $L > 30$ |
| $Q^{ml}$ | 1 | 素填土 | 欠固结 | 0 | | | | |
| $Q^{pd}$ | 2 | 耕表土 | 软塑至可塑 | 18 | | | | |
| $Q^{al+pl}$ | 3-1 | 粉质黏土(黏土) | 可塑 | 24 | | | | |
| | 3-2 | 淤泥质土 | 软塑至流塑 | 15 | | | | |
| | 3-3 | 粗(砾)砂 | 稍密至中密 | 30 | | | | |
| $Q^{dl+pl}$ | 4 | 含砂黏土 | 可塑至硬塑 | 28 | | | | |
| $Q^{el}$ | 5 | 黏性土 | 可塑至硬塑 | 35 | 1 000 | 1 500 | 1 800 | 2 200 |
| $J_2$ | 6-1 | 强风化粉砂质泥岩(粉砂岩) | $N \geqslant 50$ | 90 | 4 000 | | 4 500 | |

执行规范:①《建筑地基基础设计规范》(GB 50007—2011);
②《广东省建筑地基基础设计规范》(DBJ 15—31—2016)。

**表 7-3  钻(冲)孔灌注桩桩基设计参数建议值**

| 地 层 岩 性 | | | 状 态 | 桩侧摩阻力特征值 $q_{sa}$ /kPa | 钻(冲)孔灌注桩桩端阻力特征值 $q_{pa}$/kPa | | 岩石单轴抗压强度标准值 $f_{rk}$ /MPa |
|---|---|---|---|---|---|---|---|
| 成因 | 层序 | 岩土层名称 | | | 桩入土深度/m | | |
| | | | | | ≤15 | >15 | |
| $Q^{ml}$ | 1 | 素填土 | 欠固结 | 0 | | | |
| $Q^{pd}$ | 2 | 耕表土 | 软塑至可塑 | 15 | | | |
| $Q^{al+pl}$ | 3-1 | 粉质黏土(黏土) | 可塑 | 20 | | | |
| | 3-2 | 淤泥质土 | 软塑至流塑 | 12 | | | |
| | 3-3 | 粗(砾)砂 | 稍密至中密 | 30 | | | |
| $Q^{dl+pl}$ | 4 | 含砂黏土 | 可塑至硬塑 | 25 | | | |
| $Q^{el}$ | 5 | 黏性土 | 可塑至硬塑 | 30 | 500 | 650 | |
| $J_2$ | 6-1 | 强风化粉砂质泥岩(粉砂岩) | $N \geqslant 50$ | 80 | 1 100 | 1 500 | |
| | 6-2 | 中风化粉砂质泥岩(粉砂岩) | | | 4 000 | | 18 |
| | 6-3 | 微风化粉砂质泥岩(粉砂岩) | | | 6 500 | | 25 |

执行规范:①《建筑地基基础设计规范》(GB 50007—2011);
②《广东省建筑地基基础设计规范》(DBJ 15—31—2016);
③《深圳市地基基础勘察设计规范》(SJG 01—2010)。

3)水文地质简况

拟建场地原始地貌单元属低丘坡地和丘间沟谷、洼地,场区内地下水主要有赋存于人工填土层中的上层滞水,赋存于第四系砂土、黏性土层中的孔隙水以及赋存于基岩风化带中的风化裂隙水三种类型。地下水的富水性和透水性不均,大部分地带的富水性一般,透水性较弱,但原地势较低的丘间沟谷、洼地局部地带地下水较为丰富,主要含水层(粉砾砂)透水性较好,地下水以大气降水的垂直入渗作为其主要补给来源。勘察时大部分钻孔均遇地下水,测得钻孔内地下稳定水位埋深为 0.30～17.20 m。

勘察时分别从 ZK9、ZK77 和 ZK158 孔中各采取了一组地下水试样进行水质简分析化验,化验结果 pH 值为 6.35～7.38,侵蚀性 $CO_2$ 为 4.92～22.12 mg/L,$HCO_3^-$ 为 0.950～2.402 mol/L,$Cl^-$ 和 $SO_4^{2-}$ 为 28.21～84.42 mg/L。根据上述化验结果,按《岩土工程勘察规范(2009 年版)》(GB 50021—2001)中有关标准判定:场区内地下水在强透水土层中对拟建物基础混凝土结构具弱腐蚀性,在弱透水土层中对混凝土结构不具腐蚀性,对混凝土结构中的钢筋不具腐蚀性,对钢结构具弱腐蚀性。

**3.岩土工程分析评价**

1)场地稳定性与适宜性评价

根据深圳地区已有区域地质资料以及本次勘察结果分析,场地位于侏罗系中统粉砂质泥岩(粉砂岩)分布区,场区内未发现岩溶、土洞、滑坡、崩塌以及区域性全新活动断裂等不良地质现象存在。因此,场地稳定性较好,用作拟建物的建筑场地是适宜的。

2)地基稳定性评价

场地岩土层结构不均,绝大部分地段岩土层结构较为复杂,存在遍布场区、厚度 0.40～23.50 m、平均厚度达 11.17 m、较疏松、欠固结人工填土,局部地带尚分布有软弱的耕表土和淤泥质土层,上述三类土层的工程性质和稳定性均较差,因此绝大部分地段的地基稳定性较差;但场区东南部门卫室、消防池及综合楼场地岩土层结构则较为简单,除仅见于局部地段且厚度较小的耕植土层外,其余岩土层的工程性质均较好,因此,该部分地带的地基稳定性较好。总体来看,由于场地范围较大,不同地段的地形地貌、地层结构、基岩分布等均变形较大,故场地地基具有明显的不均匀性。

3)地震效应评价

本次勘察期间,我公司选取 ZK26 和 ZK47 两个钻孔进行了场地岩土层剪切波速及卓越周期测定试验,据《建筑抗震设计规范》(2016 年版)(GB 50011—2010)及波速测试报告可知:场区抗震设防烈度为 7 度,设计地震分组为第一组,设计基本地震加速度值为 0.10g,场地土的类型为中软,建筑场地类别为 Ⅱ 类,本场地覆盖层的卓越周期可按 0.490 6 s 考虑。另按该标准的有关判定:场地内不存在可液化的土层。场地绝大部分地区填土厚度大,属抗震不利地段。

4)地下水影响评价

场区地下水的富水性与透水性不均,大部分地带地下水的富水性一般,透水性较弱,但原地势较低的丘间沟谷局部地带地下水较为丰富,主要含水层的透水性较好。场地平整至设计地坪标高后其地下水位埋深将较大,地下水对拟建物地下室基坑及绝大部分类型基础工程的施工影响不大,对人工挖孔桩的施工有一定影响。

5)地基基础选型分析

场地内拟建一层浅圆仓、五层 1♯～4♯ 楼房仓、一至七层工作塔、一层总变电所、机械库以及四层综合楼等建(构)筑物,场地岩土层结构不均,拟建物的地基基础类型宜根据各栋建筑物的结构特征及其各自场地的工程地质条件综合确定,具体分析如下。

(1)Ⅰ区(消防水池、综合楼及门卫室)

拟建物为一层门卫室、消防水池及二层综合楼,场地位于低丘坡地地貌单元区,场地岩土层结构较为简单,平整至设计地坪标高后场地内人工填土层厚度将较小或不存在,也不存在软弱土层,各类岩土层的工程性质均较好,均可以用作拟建物的天然地基持力层。因此,拟建物可以采用天然地基浅基础,以残积黏性土(5 层)或强风化粉砂质泥岩(粉砂岩,6-1层)作为天然地基持力层,基础可采用独立基础或条形基础。

(2)Ⅱ区(总变电所、机械库)

拟建物为一层建筑物,荷载较小,场地岩土层结构较为复杂,平整至设计地坪后将存在遍布场区、层厚 9.86～16.47 m,平均层厚达 13.44 m,较疏松、欠固结人工填土,局部地段尚存在软弱淤泥质土,其工程性质较差,承载力较低,均不能直接用作拟建物的基础持力层。因此,拟建物不能采用天然地基浅基础,宜采用加固地基浅基础,加固方法可以采用强夯、强夯置换、深层搅拌桩或 CFG 桩等方法。

(3)Ⅲ区(浅圆仓、工作塔、汽车卸粮坑发放站、1♯～4♯楼房仓)

拟建物为五层楼房仓,承载力要求较高,场地岩土层结构较为复杂,平整至设计地坪标高后将存在遍布场区、层厚分别为 5.57～19.34 m、12.00～18.60 m、6.78～20.84 m 和 7.80～27.14 m,平均层厚分别达 15.05 m、15.67 m、14.51 m 和 18.39 m 的较疏松、欠固结人工填土,局部地带尚存在软弱耕植土和淤泥质土,其工程性质较差,承载力较低。因此,拟建物不能采用天然地基浅基础,宜采用桩基础,桩型宜采用预应力管桩,以强风化粉砂质泥岩(粉砂岩)层作为桩基础持力层。拟建物也可以考虑采用钻(冲)孔桩基础,以强风化或中、微风化岩层作为桩基础持力层。

（4）Ⅳ区（预留用地）

场地岩土层结构较为复杂，平整至设计地坪标高后场地内将存在遍布场区，层厚 5.50～12.46 m，平均层厚达 9.11 m，较疏松、欠固结人工填土，个别地带尚分布有软弱淤泥质土，其工程性质较差，承载力较低。拟建物的地基基础类型宜根据拟建物结构特征及上述工程地质条件综合确定。若拟建物层数较少且承载力要求较低，则宜采用强夯、强夯置换、深层搅拌桩或 CFG 桩加固复合地基浅基础；若拟建物层数较多且承载力要求较高，则拟建物宜采用预应力管桩基础。

6）基础工程施工中应注意的问题

（1）天然地基浅基础的施工

①场地平整至设计地坪标高后，其岩土层结构可能出现不均一的问题，须加强基础工程的施工验槽工作，以确保持力层满足设计要求。

②基础工程开挖后应及时清除虚土并加垫层，以避免基底土层暴露时间过长，遇雨水浸泡而变软。

（2）强夯、强夯置换地基的施工

①人工填土厚度较大的地面必须进行强夯，以避免填土固结产生的地面沉降对建筑物的损坏。

②强夯前应由有相应资质的单位根据本次岩土工程勘察资料进行专门的强夯方案设计。

③强夯设计时应先进行试夯的施工和检测工作，以取得适合本场地的较为合理的强夯参数，以进一步指导强夯工程的设计与施工。

④必须加强强夯加固地基土的检测工作，以确保强夯加固处理效果满足设计要求。

（3）深层搅拌桩或 CFG 桩复合地基浅基础的施工

①加固深度应穿过人工填土层、耕植土层和软弱淤泥质土层，进入下部工程性质较好的土层。

②加强加固后复合地基土应进行承载力和变形检测工作，以确保加固效果。

③应注意局部地带人工填土层中存在的砖块、混凝土块和碎石块等对加固施工及成桩的不良影响，必要时须采取相应的处理措施。

（4）预应力管桩的施工

①基础工程施工前应先进行预应力管桩的试桩工作，取得合理的桩基设计、施工参数，以进一步指导预应力管桩的设计与施工。

②对于桩长的控制，宜以现场施工贯入度或压力控制为主，以设计桩长控制为辅。

③应注意局部地带人工填土层中存在的砖块、混凝土块、碎石块以及残积黏性土层中局部存在的强风化岩夹层等对加固施工及成桩的不良影响，必要时需采取相应的处理措施。

④场地西部局部地带（ZK10、ZK38、ZK40、ZK65、ZK66、ZK99 孔一带）强风化岩层埋藏较浅或不存在强风化岩层，该部分地带可能出现桩长太短或由于基岩面陡倾而出现断桩等工程质量问题，必要时应采取诸如补桩等处理措施。

⑤场地岩土层结构较为复杂，局部地带残积黏性土层中夹有薄层强风化岩层，将对预应力管桩的施工及成桩带来不良影响，因此桩基础施工前应适量地进行施工勘察工作，以确保桩基础的顺利实施。

(5)钻(冲)孔桩的施工

①采用该类桩型时,宜以承载力较高的强风化岩或中、微风化岩层作为桩基础持力层。

②场区大部分地带存在厚度较大的人工填土,其工程性质和稳定性均较差,桩基础施工时易引起桩孔坍塌,因此需采取严密的桩孔护壁措施。

③场地岩土层结构较为复杂,局部地带基岩面起伏较大,因此应加强桩基础的施工验槽工作以确保桩基础落在稳定的设计桩端持力层上。

④桩基础施工过程中应注意施工中产生的泥浆的排放问题。

**4. 结论与建议**

①本项勘察工程重要性等级为二级,场地等级为二级,地基等级为二级,岩土工程勘察等级为乙级。

②场地稳定性较好但绝大部分地带的地基稳定性较差,场地工程地质条件较为复杂,通过合理的地基基础选型和岩土工程治理后用作拟建粮食储备库的建筑场地是适宜的。场地内主要工程地质问题是绝大部分地带存在较厚的人工填土,局部地带尚存在软弱淤泥质土,其工程性质和稳定性均较差,需采取加固处理措施。

③场地抗震设防烈度为7度,设计地震分组为第一组,设计基本地震加速度值为0.10g,场地土的类型为中软,建筑场地类别为Ⅱ类,本场地覆盖层的卓越周期可按0.490 6 s考虑,场地内不存在可液化的土层,场地绝大部分地区填土厚度大,为抗震不利地段,拟建物应按现行有关规范的规定进行抗震设防。

④场地内地下水对拟建物基础混凝土结构具弱腐蚀性,对混凝土结构中的钢筋不具腐蚀性,对钢结构具弱腐蚀性,拟建物基础混凝土结构和钢结构均应按现行有关规范采取相应的防护措施。场区地下水的富水性与透水性不均,大部分地带地下水较贫乏,透水性较弱,仅原地势较低的丘间沟谷局部地带地下水较为丰富,且大部分地带地下水位埋藏较深,地下水对拟建物地下室基坑及绝大部分基础类型的施工影响不大,对人工挖孔桩的施工有一定影响。

⑤根据场地岩土层结构、室内土工试验和野外标准贯入试验成果,结合有关规程、规范及地区经验值,场区内各类岩土层的天然地基设计参数及桩基设计参数建议分别采用附表1~附表3的值。

⑥建议Ⅰ区(消防水池、综合楼、门卫室)采用天然地基浅基础,以残积黏性土(5层)或强风化岩层(6-1层)作为天然地基持力层,基础可以采用独立基础或条形基础。

建议拟建Ⅱ区(总变电所、机械库)采用强夯、强夯置换、深层搅拌桩或CFG桩加固地基浅基础。

建议Ⅲ区(浅圆仓、工作塔、汽车卸粮坑发放站、1♯~4♯楼房仓)采用预应力管桩基础,以强风化岩层(6-1层)作为桩基础持力层,拟建1♯~4♯楼房仓也可以采用钻(冲)孔桩基础,以强风化或中风化岩层(6-1层或6-2层)作为桩基础持力层。

建议Ⅳ区预留用地内的拟建物根据其结构特征选取相应的安全合理而经济的基础类型,即对于层数少、承载力要求较低的建筑物选用加固地基浅基础,对于层数较多、承载力要求较高的建筑物则选用桩基础(预应力管桩或钻、冲孔灌注桩)。

⑦场地平整至设计地坪标高后,绝大部分地带将存在厚度较大的人工填土,该层呈较疏松、欠固结状态,具高压缩低强度特征且具湿润性,稳定性较差,若未对该层采取专门的加固处理措施,应注意该层可能产生较大的不均匀沉降和长期沉降的问题。

⑧拟建工作塔和消防水池均设有一层地下室,拟建工作塔地下室基坑边坡主要由人工填土层组成,消防水池地下室基坑边坡主要由残积黏性土层组成,均需采取基坑边坡支护措施。地下室基坑场地四周均留有空地,可以适当放坡,对地下室基坑边坡的支护可以根据场地条件及计算结果采取放坡与土钉墙、喷锚网混凝土护面等相结合的联合支护措施。场地地下水埋藏较深,地下水位位于一层地下室底板以下,可不采取专门的基坑施工降水措施,但遇雨季施工时,地面可能因降雨而积聚大量地表水,应采取一定的疏排水措施(如采取明沟和集水坑集中抽排)。

⑨上层滞水是影响场区地下室底板抗浮的主要地下水,建议抗浮设计水位可取至设计地坪标高。

【练习题】
7.1　简述岩土工程勘察报告的组成部分。
7.2　简述如何识读实际工程的岩土工程勘察报告。

# 项目 8　重力式挡土墙与基坑支护

**学习要求**

◇ 熟悉重力式挡土墙的细部构造；
◇ 能进行重力式挡土墙的计算与设计；
◇ 能掌握各种基坑支护的细部构造；
◇ 能熟练识读基坑支护方案。

## 8.1　土压力概述

土压力是指挡土墙后的填土因自重或外荷载作用对墙背产生的侧向压力（见图 8-1）。挡土墙（或挡土结构）是防止土体坍塌的构筑物，通常采用砖、块石、素混凝土以及钢筋混凝土等材料建成，如图 8-2 所示。

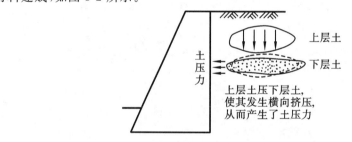

**图 8-1　土压力**

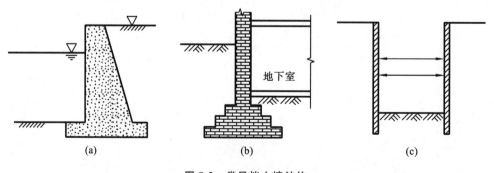

**图 8-2　常见挡土墙结构**

(a)码头挡土墙；(b)地下室侧墙；(c)基坑支护结构

根据挡土墙的位移情况和墙后土体所处的应力状态，通常将土压力分为以下三种类型。

**1. 静止土压力**

当挡土墙静止不动，墙后填土处于弹性平衡状态时，土对墙的压力称为静止土压力，一般用 $E_0$ 表示（见图 8-3（a））。

**2. 主动土压力**

当挡土墙向离开土体方向位移至墙后土体达到极限平衡状态时,作用于墙上的土压力称为主动土压力,常用 $E_a$ 表示(见图 8-3(b))。

**3. 被动土压力**

当挡土墙在外力作用下向土体方向位移至墙后土体达到极限平衡状态时,作用在墙背上的土压力称为被动土压力,常用 $E_p$ 表示(见图 8-3(c))。

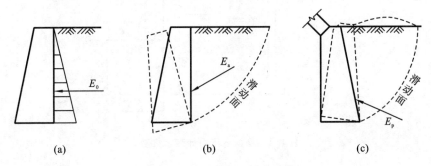

**图 8-3　挡土墙的土压力类型**

(a)静止土压力;(b)主动土压力;(c)被动土压力

实验表明:在相同条件下,主动土压力小于静止土压力,而静止土压力又小于被动土压力,亦即 $E_a < E_0 < E_p$。

挡土墙计算属平面一般问题,故在土压力计算中,均取一延米的墙长度,土压力单位取 kN/m,而土压力强度则取 kPa。土压力的计算理论主要有朗肯土压力理论和库仑土压力理论。

## 8.2　土压力计算

### 8.2.1　静止土压力计算

如图 8-4 所示,在墙后土体中任意深度 $z$ 处取一微小土单元体,作用于该土单元上的竖向主应力就是自重应力 $\sigma_z = \gamma z$,作用在挡土墙背面的静止土压力强度可以看作土体自重应力的水平分量。该点的静止土压力强度 $\sigma_0$ 可按下式计算

$$\sigma_0 = K_0 \gamma z \tag{8-1}$$

式中:$\sigma_0$——静止土压力强度,kPa;

$K_0$——土的侧压力系数或者静止土压力系数,与土的性质、密实程度等因素有关,一般砂土可取 $K_0 = 0.35 \sim 0.50$,黏性土可取 $K_0 = 0.50 \sim 0.70$;

$\gamma$——墙后填土的重度,kN/m³;

$z$——墙后填土的深度,m。

由式(8-1)可知,静止土压力强度沿墙高呈三角形分布,如取单位墙长,则作用在墙上的静止土压力为

$$E_0 = \frac{1}{2} \gamma H^2 K_0 \tag{8-2}$$

式中:$E_0$——静止土压力,kN/m;

$h$——挡土墙高度,m。

静止土压力 $E_0$ 的作用点在距离墙底的 $H/3$ 处,即三角形的形心处。

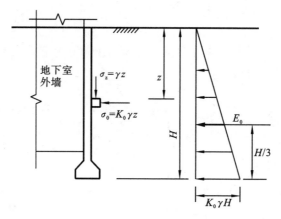

图 8-4 静止土压力计算示意图

### 8.2.2 朗肯土压力理论

朗肯(Rankine)土压力理论是通过研究自重应力下,半无限土体内各点应力从弹性平衡状态发展为极限平衡状态的应力条件,而得出的土压力计算理论。其基本假定是:挡土墙墙背垂直光滑(墙与竖向夹角 $\alpha=0$,墙与土的摩擦角 $\delta=0$),墙后填土面水平($\beta=0$)。

**1. 主动土压力计算**

当土体处于朗肯主动极限平衡状态时,$\sigma_v=\gamma z=\sigma_1$,$\sigma_h=\sigma_3$,即为主动土压力强度 $\sigma_a$。由上述分析和土体极限平衡条件可知

对于无黏性土

$$\sigma_h = \sigma_3 = \sigma_a = \gamma z \tan^2\left(45° - \frac{\varphi}{2}\right) = \gamma z K_a \tag{8-3}$$

对于黏性土

$$\sigma_h = \sigma_3 = \gamma z \tan^2\left(45° - \frac{\varphi}{2}\right) - 2c \tan\left(45° - \frac{\varphi}{2}\right) = \gamma z K_a - 2c\sqrt{K_a} \tag{8-4}$$

式中:$K_a$——主动土压力系数,$K_a = \tan^2\left(45° - \frac{\varphi}{2}\right)$;

$\gamma$——墙后填土的重度,kN/m³,地下水位以下有效重度;

$c$——填土的黏聚力(kPa),黏性土 $c \neq 0$,而无黏性土 $c = 0$;

$\varphi$——内摩擦角,°;

$z$——墙背土体距离地面的任意深度,m。

由式(8-3)可见,无黏性土主动土压力沿墙高为直线分布,即与深度 $z$ 成正比,如图 8-5 所示。若取单位墙长计算,则主动土压力 $E_a$ 为

$$E_a = \frac{1}{2}\gamma H^2 \tan^2\left(45° - \frac{\varphi}{2}\right) = \frac{1}{2}\gamma H^2 K_a \tag{8-5}$$

$E_a$ 通过三角形的形心,即作用在距墙底 $H/3$ 处。

由式(8-4)可知,黏性土的主动土压力强度由两部分组成:一部分是由土自重引起的土压力 $\gamma z K_a$;另一部分是由黏聚力 $c$ 引起的负侧压力 $2c\sqrt{K_a}$。这两部分土压力叠加的结果

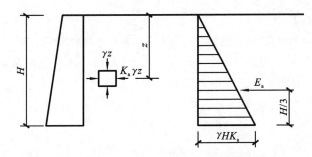

**图 8-5　无黏性土主动土压力分布图**

如图 8-6(c)所示，其中 $ade$ 部分为负值，对墙背是拉力，但实际上墙与土在很小的拉力作用下就会分离，因此计算土压力时该部分应略去不计，黏性土的土压力分布实际上仅是 $abc$ 部分。

图 8-6(c)中 $a$ 点离填土面的深度 $z_0$ 称为临界深度。对于黏性土，令式(8-4)中 $z=0$ 时，$\sigma_h = \sigma_3 = -2c\sqrt{K_a}$，这显然与挡土墙墙背直立、光滑无摩擦相矛盾，为此，需要对土压力强度表达式进行修正，令

$$\sigma_a = \gamma z_0 K_a - 2c\sqrt{K_a} = 0$$

由此可得临界深度为

$$z_0 = \frac{2c}{\gamma\sqrt{K_a}} \tag{8-6}$$

修正后黏性土的土压力强度表达式为

$$\sigma_a = \begin{cases} 0 & (z \leqslant z_0 = \dfrac{2c}{\gamma\sqrt{K_a}}) \\ z\gamma K_a - 2c\sqrt{K_a} & (z > z_0) \end{cases} \tag{8-7}$$

黏性土的土压力分布如图 8-6(c)所示，土压力分布只有 $abc$ 部分。若取单位墙长计算，则黏性土主动土压力 $E_a$ 为三角形 $abc$ 的面积，即有

$$E_a = \frac{1}{2}(H - z_0)(\gamma H K_a - 2c\sqrt{K_a})$$

$$= \frac{1}{2}\gamma H^2 K_a - 2cH\sqrt{K_a} + \frac{2c^2}{\gamma} \tag{8-8}$$

$E_a$ 通过三角形的形心，即作用在距墙底 $(H - z_0)/3$ 处。

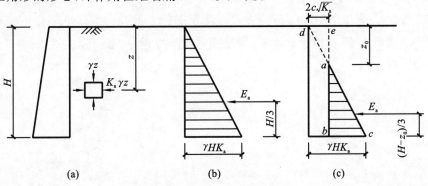

**图 8-6　朗肯主动土压力分布**

(a)主动土压力分布；(b)无黏性土；(c)黏性土

### 2. 被动土压力计算

如图 8-7 所示,当挡土墙在外力作用下推挤土体而出现被动极限状态时,墙背土体中任一点的竖向应力保持不变,且成为小主应力,即 $\sigma_v = \gamma z = \sigma_3$,而 $\sigma_h$ 达到最大值 $\sigma_p$,成为大主应力 $\sigma_1$,即 $\sigma_h = \sigma_1$,可以推出相应的被动主压力强度计算公式。

对于黏性土

$$\sigma_p = \gamma z K_p + 2c\sqrt{K_p} \qquad (8\text{-}9)$$

对于无黏性土

$$\sigma_p = \gamma z K_p \qquad (8\text{-}10)$$

式中:$K_p$——被动土压力系数,$K_p = \tan^2\left(45° + \dfrac{\varphi}{2}\right)$。

则其总被动土压力为
对于黏性土

$$E_p = \frac{1}{2}\gamma H^2 K_p + 2cH\sqrt{K_p} \qquad (8\text{-}11)$$

对于无黏性土

$$E_p = \frac{1}{2}\gamma H^2 K_p \qquad (8\text{-}12)$$

被动土压力 $E_p$ 合力作用点通过三角形或梯形压力分布图的形心。

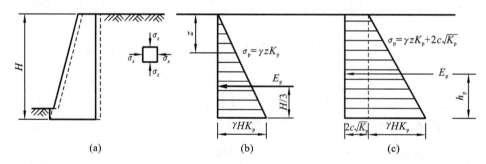

**图 8-7 被动土压力强度分布图**

(a)被动土压力的计算;(b)无黏性土压力的分布;(c)黏性土压力的分布

【**例 8-1**】 已知某挡土墙墙背竖直光滑,填土面水平,墙高 $H = 5$ m,黏聚力 $c = 10$ kPa,重度 $\gamma = 17.2$ kN/m³,内摩擦角 $\varphi = 20°$,试求主动土压力,并绘出主动土压力分布图。

【**解**】 墙背竖直光滑,填土面水平,满足朗肯土压力理论,故可以按照式(8-4)计算沿墙高的土压力强度

$$\sigma_a = \gamma z K_a - 2c\sqrt{K_a}$$

其中

$$K_a = \tan^2\left(45° - \frac{20°}{2}\right) = 0.49$$

地面处

$$\sigma_a = \gamma z K_a - 2c\sqrt{K_a} = (17.2 \times 0 \times 0.49 - 2 \times 10 \times \sqrt{0.49})\,\text{kPa} = -14\ \text{kPa}$$

墙底处

$$\sigma_a = \gamma z K_a - 2c\sqrt{K_a} = (17.2 \times 5 \times 0.49 - 2 \times 10 \times \sqrt{0.49})\,\text{kPa} = 28.14\ \text{kPa}$$

因为填土为黏性土,故需要计算临界深度 $z_0$,由式(8-6)可得

$$z_0 = \frac{2c}{\gamma \sqrt{K_a}} = \frac{2 \times 10}{17.2 \times \sqrt{0.49}} \text{ m} = 1.66 \text{ m}$$

绘制土压力分布图如图 8-8 所示,其中主动土压力为

$$E_a = \frac{1}{2} \times 28.14 \times (5-1.66) \text{kN/m} = 47 \text{ kN/m}$$

主动土压力 $E_a$ 的作用点离墙底的距离为

$$c_0 = \frac{h-z_0}{3} = \frac{5-1.66}{3} \text{ m} = 1.1 \text{ m}$$

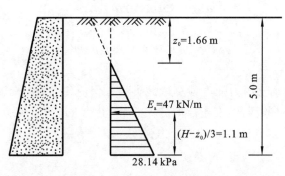

图 8-8　主动土压力分布图

### 3. 几种特殊情况下的土压力计算

#### 1)填土表面有均布荷载

当墙后填土表面作用有均布荷载 $q$ 时,可把荷载 $q$ 视为由高度 $h=q/\gamma$ 的等效填土所产生,由此等效厚度填土对墙背产生土压力。在图 8-9 所示中,当土体静止不动时,深度 $z$ 处应力状态应考虑 $q$ 的影响,竖向应力为 $\sigma_v = \gamma z + q$,$\sigma_h = K_0\sigma_v = K_0(\gamma z + q)$。当达到主动极限平衡状态时,大主应力不变,即 $\sigma_1 = \sigma_v = \gamma z + q$,小主应力减小至主动土压力,即 $\sigma_a = \sigma_3$。

对于无黏性土
$$\sigma_a = \sigma_3 = \sigma_1 \tan^2\left(45° + \frac{\varphi}{2}\right)$$

$$= (\gamma z + q)\tan^2\left(45° + \frac{\varphi}{2}\right)$$

$$= (\gamma z + q)K_a$$

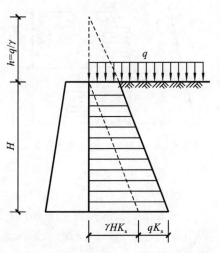

对于黏性土　$\sigma = \sigma_3 = \sigma_1 \tan^2\left(45° + \frac{\varphi}{2}\right) - 2c\tan\left(45° + \frac{\varphi}{2}\right)$

$$= (\gamma z + q)\tan^2\left(45° + \frac{\varphi}{2}\right) - 2c\tan\left(45° + \frac{\varphi}{2}\right)$$

$$= (\gamma z + q)K_a - 2c\sqrt{K_a}$$

可见,对于无黏性土,主动土压力沿墙高分布呈梯形,作用点在梯形的形心,如图 8-9 所示;对于黏性土,临界深度 $z_0 = \dfrac{2c\sqrt{K_a} - qK_a}{\gamma K_a}$。当 $z_0 < 0$ 时,土压力为梯形分布;当 $z_0 \geqslant 0$ 时,土压力为三角形分布。沿挡土墙长度方向每延米的土压力为土压力强度的分布面积。

图 8-9　填土面有均布荷载的土压力计算

2)填土为成层土

当挡土墙后填土由几种不同的土层组成时,仍可用朗肯理论计算土压力。当墙后有几种不同类型的土层时,先求出相应的竖向自重应力,然后乘以该土层的主动土压力系数,得到相应的主动土压力强度,如图 8-10 所示。

对于无黏性土

$$\sigma_{a0}=0$$
$$\sigma_{a1\text{上}}=\gamma_1 h_1 K_{a1}$$
$$\sigma_{a1\text{下}}=\gamma_1 h_1 K_{a2}$$
$$\sigma_{a2\text{上}}=(\gamma_1 h_1+\gamma_2 h_2)K_{a2}$$
$$\sigma_{a2\text{下}}=(\gamma_1 h_1+\gamma_2 h_2)K_{a3}$$
$$\sigma_{a3\text{上}}=(\gamma_1 h_1+\gamma_2 h_2+\gamma_3 h_3)K_{a3}$$
$$\vdots$$

若为更多层时,主动土压力强度计算依此类推。但应注意,由于各层土的性质不同,主动土压力系数 $K_a$ 也不同,因此,在土层的分界面上,主动土压力强度会出现两个数值。

对于黏性土,第一层填土(0-1)的土压力强度

$$\sigma_{a0}=-2c_1\sqrt{K_{a1}}$$
$$\sigma_{a1\text{上}}=\gamma_1 h_1 K_{a1}-2c_1\sqrt{K_{a1}}$$

第二层填土(1-2)的土压力强度为

$$\sigma_{a1\text{上}}=\gamma_1 h_1 K_{a1}-2c_1\sqrt{K_{a1}}$$
$$\sigma_{a1\text{下}}=(\gamma_1 h_1+\gamma_2 h_2)K_{a2}-2c_2\sqrt{K_{a2}}$$

说明:成层填土合力大小为分布图形的面积,作用点位于分布图形的形心处。

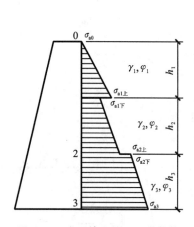

**图 8-10　成层填土的土压力计算**

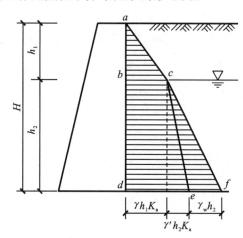

**图 8-11　填土中有地下水的土压力计算**

3)填土中有地下水

当墙后填土有地下水时,作用在墙背上的侧压力由土压力和水压力两部分组成。如图 8-11 所示,$abdec$ 部分为土压力分布图,$cef$ 部分为水压力分布图。计算土压力时,地下水位以下取有效重度进行计算,总侧压力为土压力和水压力之和。

水下土重度　　　　　　　　　　$$\gamma'=\gamma_{sat}-\gamma_w$$
静水压力为　　　　　　　　　　$$\sigma_w=\gamma_w h$$

总侧压力为
$$\sigma = \sigma_a + \sigma_w$$

【例 8-2】 已知某挡土墙高 5 m，上部受到均布荷载 $q=15$ kPa 作用，其墙背竖直光滑，填土水平、分两层并且含有地下水：$h_1=2$ m，$r_1=16.8$ kN/m³，$\varphi_1=30°$，$c_1=12$ kPa；$h_2=3$ m；$\gamma_2=20$ kN/m³，$\varphi_2=26°$，$c_2=14$ kPa。试求主动土压力及其作用点的位置，并绘制 $\sigma_a$ 分布图。

【解】 墙背竖直光滑，填土面水平，满足朗肯土压力理论，故可以按照式(8-4)计算沿墙高的土压力强度

$$\sigma_a = \gamma z K_a - 2c\sqrt{K_a}$$

其中
$$K_{a1} = \tan^2\left(45° - \frac{30°}{2}\right) = 0.33, \quad \sqrt{K_{a1}} = 0.577$$

$$K_{a2} = \tan^2\left(45° - \frac{26°}{2}\right) = 0.39, \quad \sqrt{K_{a2}} = 0.624$$

地面处点 $A$
$$\sigma_a = qK_a - 2c\sqrt{K_a} = (15 \times 0.33 - 2 \times 12 \times 0.577)\text{kPa} = -8.90 \text{ kPa}$$

点 $B$
$$\begin{cases} \text{上层土}: \sigma_{a1} = (q + \gamma_1 h_1)K_{a1} - 2c_1\sqrt{K_{a1}} = 2.352 \text{ kPa} \\ \text{下层土}: \sigma_{a2} = (q + \gamma_1 h_1)K_{a2} - 2c_2\sqrt{K_{a2}} = 1.482 \text{ kPa} \end{cases}$$

墙底 $C$ 处
$$\sigma_{a2} = (q + \gamma_1 h_1 + \gamma_2 h_2)K_{a2} - 2c_2\sqrt{K_{a2}} = 13.182 \text{ kPa}$$

静水压力
$$\sigma_w = \rho_w h_w = 10 \times 3 \text{ kPa} = 30 \text{ kPa}$$

因为填土为黏性土，故需要计算临界深度 $z_0$，可得

$$z_0 = \frac{2c_1}{\gamma_1 \sqrt{K_{a1}}} - \frac{q}{\gamma_1} = \left(\frac{2 \times 12}{16.8 \times 0.577} - \frac{15}{16.8}\right) \text{m} = 1.583 \text{ m}$$

绘制土压力分布图如图 8-12 所示，其总主动土压力为

$$E = E_a + E_w$$
$$= \left[\frac{1}{2} \times 2.352 \times (2 - 1.583) + 1.482 \times 3 + \frac{1}{2} \times (13.182 + 30 - 1.482) \times 3\right] \text{kN/m}$$
$$= 67.49 \text{ kN/m}$$

主动土压力 $E$ 的作用点离墙底的距离为

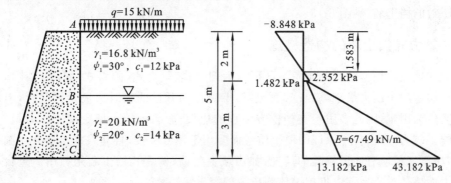

图 8-12 例 8-2 土压力分布图

$$h_a = \frac{1}{E}\left[0.49\times\left(3+\frac{2-1.583}{3}\right)+4.45\times\left(\frac{1}{2}\times3\right)+62.55\times\left(\frac{1}{3}\times3\right)\right]$$
$$=1.05 \text{ m}$$

### 8.2.3 库仑土压力理论

库仑土压力理论是根据墙后土体处于极限平衡状态并形成一滑动楔体时,从楔体的静力平衡条件得出的土压力计算理论。其基本假定为:墙后填土是理想的散粒体(黏聚力 $c=0$),滑动破坏面为一平面,滑动土楔体视为刚体。

因其计算公式较为复杂,本书不做详细介绍。

# 8.3 挡土墙设计

## 8.3.1 挡土墙的类型

挡土墙是防止土体坍塌的构筑物,主要有以下几种类型。

**1. 重力式挡土墙**

重力式挡土墙一般由块石或者素混凝土砌筑而成,靠自身重力来维持墙体稳定,墙身界面尺寸一般较大。重力式挡土墙结构简单,施工方便,取材较容易,是一种应用较广泛的挡土墙(见图 8-13(a))。

**2. 悬臂式挡土墙**

悬臂式挡土墙的稳定主要由墙踵悬臂上的土重维护,墙体内部拉应力由钢筋承受(见图 8-13(b))。

**3. 扶臂式挡土墙**

当墙高大于 10 m 时,挡土墙立壁挠度较大,为了增强立壁的抗弯性能,常常沿着墙的纵向每隔一定距离(0.8~1.0)$h$ 设置一道扶壁,称为扶臂式挡土墙,一般用于重要的大型土建工程(见图 8-13(c))。

**4. 锚定板式挡土墙与锚杆式挡土墙**

锚定板式挡土墙指的是由钢筋混凝土墙板、拉杆和锚定板组成,借埋置在破裂面后部稳定土层内的锚定板和拉杆的水平拉力,以承受土体侧压力的挡土墙(见图 8-13(d))。锚杆式挡土墙指的是由钢筋混凝土板和锚杆组成,依靠锚固在岩土层内的锚杆的水平拉力以承受土体侧压力的挡土墙(见图 8-13(e))。

## 8.3.2 重力式挡土墙的构造措施

重力式挡土墙根据墙背的倾角不同可分为仰斜式、垂直式、俯斜式,如图 8-14 所示。仰斜式挡土墙主动土压力最小,墙身截面经济,墙背可与开挖的临时边坡紧密贴合,但墙后填土的压实较为困难,因此多用于支挡挖方工程的边坡;俯斜式挡土墙主动土压力最大,但墙后填土施工较为方便,易于保证回填土质量而多用于填方工程;直立式挡土墙介于前两者之间,且多用于墙前原有地形较陡的情况,如山坡上建墙;衡重式挡土墙是利用衡重台上部填土的重力而墙体重心后移以抵抗土体侧压力的挡土墙。

重力式挡土墙的构造措施如下。

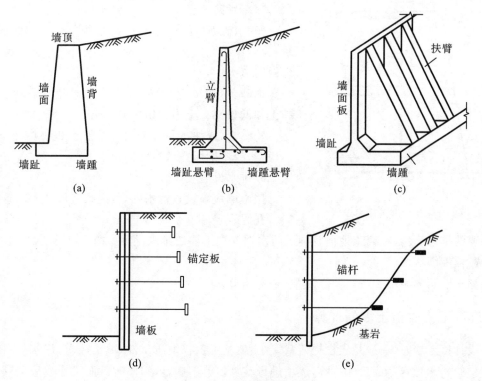

**图 8-13　挡土墙的类型**

(a)重力式挡土墙；(b)悬臂式挡土墙；(c)扶臂式挡土墙；(d)锚定板式挡土墙；(e)锚杆式挡土墙

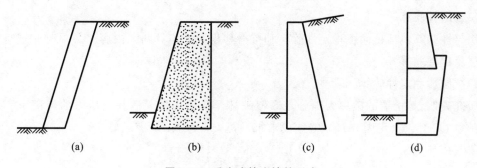

**图 8-14　重力式挡土墙的形式**

(a)仰斜式；(b)垂直式；(c)俯斜式；(d)衡重式

### 1. 挡土墙的高度

挡土墙的高度为坡高加上挡土墙的埋置深度。

### 2. 挡土墙的顶宽

对砌石、混凝土重力式挡土墙,顶宽一般应大于 0.5 m。

### 3. 挡土墙的底宽

挡土墙的底宽 $B$ 为 $0.5H \sim 0.7H$,挡土墙底为卵石、碎石时取小值,挡土墙底为黏性土时取大值。

### 4. 挡土墙的坡度

为了增加稳定性,将基底做成逆坡。

对于土质地基,基底逆坡坡度不大于 $1:10$;对于岩质地基,基底逆坡坡度不大于 $1:5$。

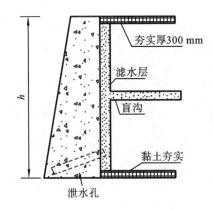

图 8-15 挡土墙的排水设置

**5. 墙后回填土**

卵石、砾石、粗砂、中砂的内摩擦角大,主动土压力系数小,作用在挡土墙上主动土压力小,为挡土墙后理想的回填土。

细砂、粉砂、含水量接近最优含水量的粉土、粉质黏土和低塑性黏土为可用的回填土。

软黏土、成块的硬黏性土、膨胀土和耕植土,性质不稳定,故不能用作墙后的回填土。

**6. 排水设施**

挡土墙应该设置泄水孔,其间距宜取 $2\sim3$ m,外斜 $5\%$,孔眼直径不宜小于 $100$ mm。墙后要做好反滤层和必要的排水盲沟,在墙顶地面宜铺设防水层。挡土墙的排水设置如图 8-15 所示。

**7. 伸缩缝**

挡土墙每隔 $10\sim20$ m 应该设置一道伸缩缝。

### 8.3.3 重力式挡土墙的计算

设计挡土墙时,一般是先根据荷载大小、地基土工程地质条件、填土性质、建筑材料等条件凭经验初步拟定截面尺寸,然后逐项进行验算。若不满足,则修改截面尺寸或采取其他措施。

挡土墙的验算一般有如下内容(本书仅考虑角度 $\alpha$ 为零的情况)。

**1. 稳定性验算**

稳定性验算包括抗倾覆稳定性验算和抗滑移稳定性验算两大内容。必要时应进行地基的深层稳定性验算。

1)抗倾覆稳定性验算

研究表明,挡土墙的破坏大部分是倾覆破坏。要保证挡土墙在土压力的作用下不发生绕墙趾点 $O$ 的倾覆(见图 8-16),必须要求抗倾覆安全系数 $K_t$ 满足要求。

$$K_t = \frac{Gx}{E_a y} \geqslant 1.6 \tag{8-13}$$

式中 :$G$——挡土墙每延米自重,kN/m;

$\quad y$——土压力 $E_a$ 作用点离点 $O$ 的垂直高度,m;

$\quad x$——重力 $G$ 作用点离点 $O$ 的水平距离,m;

$\quad b$——基底的水平投影宽度,m。

2)抗滑移稳定性验算

在土压力的作用下,挡土墙也可能沿基础底面发生滑动(见图 8-17)。因此要求基底的抗滑安全系数 $K_s \geqslant 1.3$,即

$$K_s = \frac{\mu G}{E_a} \geqslant 1.3 \tag{8-14}$$

式中:$\mu$——土对挡土墙基底的摩擦系数,可以查表 8-1。

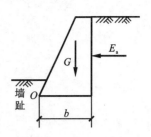

图 8-16 挡土墙抗倾覆稳定性验算    图 8-17 挡土墙抗滑移稳定性验算

表 8-1 土对挡土墙基底的摩擦系数

| 土 的 类 别 | | 摩擦系数 $\mu$ |
|---|---|---|
| 黏土 | 可塑 | 0.25～0.30 |
| | 硬塑 | 0.30～0.35 |
| | 坚塑 | 0.35～0.45 |
| 粉土 | | 0.30～0.40 |
| 中砂、粗砂、粒砂 | | 0.40～0.50 |
| 碎石土 | | 0.40～0.60 |
| 软质岩 | | 0.40～0.60 |
| 表面粗糙的硬质岩 | | 0.65～0.75 |

**2. 地基承载力验算**

挡土墙在自重及土压力的垂直分力作用下,基底压力按线性分布,其验算方法与天然地基上的浅基础验算相同。

**3. 墙身强度验算**

挡土墙的墙身,应按《混凝土结构设计规范》(2015 年版)(GB 50010—2010)和《砌体结构设计规范》(GB 50003—2011)的规定进行抗压强度和抗剪强度验算。

# 8.4 挡土墙设计实例

**【例 8-3】** 一个砂土土坡高为 $h=2$ m,土的重度为 $\gamma_1=18$ kN/m³,毛石的重度 $\gamma_2=23$ kN/m³,摩擦系数 $\mu=0.55$,内摩擦角 $\varphi=10°$,黏聚力 $c=10$ kPa,如图 8-18 所示。挡土墙的重心到墙趾的距离 $x=\frac{7}{6}b_2-\frac{11}{12}b_1$($b_1$ 为顶宽,$b_2$ 为底宽)。为防止土坡坍塌,请根据所给条件设计出挡土墙的截面(不需要进行地基承载力和墙体强度验算)。

**【解】** 初步拟定挡土墙断面尺寸:挡土墙顶宽取800 mm,底宽取 2 000 mm,则

$$G=\frac{(2+0.8)\times h \times \gamma_2}{2}=\frac{2.8\times2\times23}{2} \text{ kN/m}=64.4 \text{ kN/m}$$

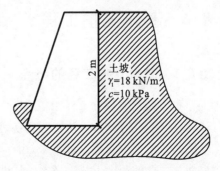

图 8-18 【例 8-3】图

$$K_a = \tan^2\left(45° - \frac{\varphi}{2}\right) = \tan^2\left(45° - \frac{10°}{2}\right) = 0.7$$

$$E_a = \frac{1}{2}\gamma_1 H^2 K_a = 0.5 \times 18 \times 2^2 \times 0.7 \text{ kN/m} = 25.2 \text{ kN/m}$$

$$K_s = \frac{\mu G}{E_a} = \frac{0.55 \times 64.4}{25.2} = 1.41 \geqslant 1.3, \text{满足要求。}$$

$$x = \left(\frac{7}{6} \times 2 - \frac{11}{12} \times 0.8\right) \text{ m} = 1.6 \text{ m}, z_0 = \frac{1}{3}h = \frac{1}{3} \times 2 \text{ m} = 0.67 \text{ m}$$

$$K_t = \frac{xG}{E_a z_0} = \frac{1.6 \times 64.4}{25.2 \times 0.67} = 6.1 \geqslant 1.6, \text{满足要求。}$$

## 8.5  土坡稳定分析

土木建筑工程中经常遇到各类土坡,包括天然土坡(山坡、河岸、湖边、海滨等)和人工土坡(基坑开挖、填筑路堤、堤坝等),如果处理不当,一旦失稳滑坡,不仅影响工程进度,甚至发生灾难性的后果。

土坡滑动是指土坡上的部分岩体或土体在自然或人为因素的影响下,沿某一明显界面发生剪切破坏向坡下运动的现象。图 8-19 所示为简单土坡示意图。

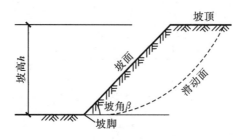

**图 8-19  简单土坡示意图**

造成土坡失稳的常见原因有:土的抗剪强度降低,如由于受雨、雪等自然天气影响,土体中的含水量或孔隙水压力增加,导致土体抗剪强度降低,抗滑力减小;土坡作用力的变化,如在土坡顶堆放材料或建造建筑物,使坡顶受到荷载作用,或因打桩、地震、爆破等引起振动而改变原来的平衡状态;水压力的作用,如雨水、地面水流入土坡中的竖向裂缝,对土坡产生侧向压力,促使土坡滑动。土坡失稳的根本原因在于土体内的剪应力大于其抗剪强度。

## 8.6  基坑支护工程

### 8.6.1  基坑支护工程的特点

我国大量的基坑工程始于 20 世纪 80 年代,由于城市高层建筑的迅速发展,地下停车场、高层建筑的深埋,人防工程等各种需要,高层建筑需建设一定的地下室,这就涉及地下室基坑的开挖支护问题。近年来,由于城市地铁工程的迅速发展,地铁车站、局部区间明挖等也涉及大量的基坑工程。此外,水利、电力也存在着地下厂房、地下泵房等基坑开挖问题。伴随着高层建筑的发展,出现了大量的深基坑工程,对于二层地下室而言,其基坑深度一般为－(8～10)m,三层地下室的基坑深度一般为－(12～15)m,四层地下室的基坑深度一般为－(15～18)m。目前,国内部分高层建筑地下室地下达到了六层,基坑深度接近－30 m。另外,基坑的规模也越来越大,以往高层建筑是一个单体的基坑,面积往往较小,现在几幢高层建筑连同裙房,形成高层建筑的大底盘,基坑面积往往超过 10 000 m²。

基坑支护结构主要起挡土作用,以使基坑开挖和基础结构施工安全顺利进行,并保证在深基础施工期间对邻近建筑物和周围的地上和地下工程不产生危害。一般深基坑的支护结构是临时性的结构,当基础施工完毕后即失去作用。

由于基坑支护工程设计与施工复杂性日益突出,造价进一步提高,工程事故频繁发生,因此,基坑支护已成为地基基础工程领域的一个难点和热点问题。

基坑支护工程的主要特点如下。

①基坑支护工程主要集中在城市,市区的建筑密度很大,并经常在密集的建筑群中施工,场地狭小,挖土不能放坡,邻近又有建筑物和市政地下管道,因此,其施工的条件往往很差,难度很大,所以对基坑稳定和变形的控制要求很严。

②基坑开挖与支护是一门技术性很强的综合学科,从基坑支护事故分析可知,不少事故同勘察、支护设计、开挖作业、施工质量、监控测量、现场管理等因素有关,而事故的发生又往往具有突发性。

③由于存在着许多不确定因素,很难对基坑工程的设计与施工制定一套标准模式,或用一套严密的理论和计算方法把握施工中可能发生的各种变化,因而,目前只能采用理论计算与地区经验相结合的半经验、半理论的方法来进行设计。因此要求现场施工技术人员具有丰富的工程经验和高度的责任感,能及时处理由于各种意外变化所产生的不利情况,只有这样,才能有效地防止或减少基坑工程事故的发生。

④基坑支护工程大多为临时性工程,因此,在实际工程中常常得不到建设方应有的重视,一般不愿意投入较多的资金,可是一旦出现事故,处理起来十分困难,造成的经济损失又十分巨大。

目前,国内基坑工程已有大量的实践经验,创造了许多深基坑施工的新技术,取得了较大的进步,如地下连续墙支护、排桩支护、锚固支护、深层搅拌支护、喷网锚固支护、逆作法施工等。设计时,应该根据不同支护类型的优缺点、使用条件,科学合理地选择支护方案。其中最重要的控制条件是支护结构的稳定、强度和变形。

## 8.6.2　基坑支护的设计原则

### 1.基坑支护应满足的功能要求

基坑支护应满足下列功能要求。

①保证基坑周边建(构)筑物、地下管线、道路的安全和正常使用。

②保证主体地下结构的施工空间。

### 2.基坑支护结构的安全等级

基坑支护设计时,应综合考虑基坑周边环境和地质条件的复杂程度、基坑深度等因素,满足表 8-2 所示的支护结构的安全等级要求。对同一基坑的不同部位,可采用不同的安全等级。

表 8-2　支护结构的安全等级

| 安全等级 | 破坏后果 |
|---|---|
| 一级 | 支护结构失效、土体过大变形对基坑周边环境或主体结构施工安全的影响很严重 |
| 二级 | 支护结构失效、土体过大变形对基坑周边环境或主体结构施工安全的影响严重 |
| 三级 | 支护结构失效、土体过大变形对基坑周边环境或主体结构施工安全的影响不严重 |

**3. 基坑支护结构设计时应采用的极限状态**

1）承载能力极限状态

①支护结构构件或连接因超过材料强度而破坏，或因过度变形而不适于继续承受荷载，或出现压屈、局部失稳。

②支护结构及土体整体滑动。

③坑底土体隆起而丧失稳定。

④对支挡式结构，坑底土体丧失嵌固能力而使支护结构推移或倾覆。

⑤对锚拉式支挡结构或土钉墙，土体丧失对锚杆或土钉的锚固能力。

⑥重力式水泥土墙整体倾覆或滑移。

⑦重力式水泥土墙、支挡式结构因持力层丧失承载能力而破坏。

⑧地下水渗流引起的土体渗透破坏。

2）正常使用极限状态

①造成基坑周边建（构）筑物、地下管线、道路等损坏或影响其正常使用的支护结构位移。

②因地下水位下降、地下水渗流或施工因素而造成基坑周边建（构）筑物、地下管线、道路等损坏或影响其正常使用的土体变形。

③影响主体地下结构正常施工的支护结构位移。

④影响主体地下结构正常施工的地下水渗流。

**4. 基坑支护结构的水平位移控制值和基坑周边环境的沉降控制值**

基坑支护设计应按下列要求设定支护结构的水平位移控制值和基坑周边环境的沉降控制值。

①当基坑开挖影响范围内有建筑物时，支护结构水平位移控制值、建筑物的沉降控制值应按不影响其正常使用的要求确定，并应符合现行国家标准《建筑地基基础设计规范》(GB 50007—2011)中对地基变形允许值的规定；当基坑开挖影响范围内有地下管线、地下构筑物、道路时，支护结构水平位移控制值、地面沉降控制值应按不影响其正常使用的要求确定，并应符合现行相关规范对其允许变形的规定。

②当支护结构构件同时用作主体地下结构构件时，支护结构水平位移控制值不应大于主体结构设计对其变形的限值。

③当无以上两种情况时，支护结构水平位移控制值应根据地区经验按工程的具体条件确定。

**5. 基坑支护结构的计算剖面**

支护结构按平面结构分析时，应按基坑各部位的开挖深度、周边环境条件、地质条件等因素划分设计计算剖面。对每一计算剖面，应按其最不利条件进行计算。对电梯井、集水坑等特殊部位，宜单独划分计算剖面。

**6. 基坑支护设计的其他要求**

基坑支护应按实际的基坑周边建筑物、地下管线、道路和施工荷载等条件进行设计。设计中应提出明确的基坑周边荷载限值、地下水和地表水控制等基坑使用要求。

其他要求参考《建筑基坑支护技术规程》(JGJ 120—2012)。

## 8.6.3　基坑支护结构选型

基坑支护设计中首要的任务就是选择合适的结构类型,然后进行支护结构的计算分析。同一个基坑,若采用不同的支护类型,造价可能相差较大,科学合理的支护形式的优化,有时往往能节省造价近千万元。比如,在强风化岩层中,可以把桩+锚杆的支护类型优化为土钉墙支护。而在某些地方,如软土或砂层较厚而周边民居又近的地方,当采用土钉支护时,又会造成危险。因此,不同的基坑支护类型有不同的适用范围和条件。

**1. 支护结构选型应考虑的因素**

支护结构选型时,应综合考虑下列因素:

①基坑深度;

②土的性状及地下水条件;

③基坑周边环境对基坑变形的承受能力及支护结构一旦失效可能产生的后果;

④主体地下结构及其基础形式、基坑平面尺寸及形状;

⑤支护结构施工工艺的可行性;

⑥施工场地条件及施工季节;

⑦经济指标、环保性能和施工工期。

**2. 支护结构选型条件**

支护结构应按表 8-3 选择其形式。

表 8-3　各类支护结构的适用条件

| 结构类型 | | 安全等级 | 适用条件 | |
|---|---|---|---|---|
| | | | 基坑深度、环境条件、土类和地下水条件 | |
| 支挡式结构 | 锚拉式结构 | 一级、二级、三级 | 适用于较深的基坑 | ①排桩适用于可采用降水或截水帷幕的基坑;<br>②地下连续墙宜同时用作主体地下结构外墙,可同时用于截水;<br>③锚杆不宜用在软土层和高水位的碎石土、砂土层中;<br>④当邻近基坑有建筑物地下室、地下构筑物等,锚杆的有效锚固长度不足时,不应采用锚杆;<br>⑤当锚杆施工会造成基坑周边建(构)筑物的损害或违反城市地下空间规划等规定时,不应采用锚杆 |
| | 支撑式结构 | | 适用于较深的基坑 | |
| | 悬臂式结构 | | 适用于较浅的基坑 | |
| | 双排桩 | | 当锚拉式、支撑式和悬臂式结构不适用时,可考虑采用双排桩 | |
| | 支护结构与主体结构结合的逆作法 | | 适用于基坑周边环境条件很复杂的深基坑 | |

续表

| 结构类型 | | 安全等级 | 适用条件 | |
|---|---|---|---|---|
| | | | 基坑深度、环境条件、土类和地下水条件 | |
| 土钉墙 | 单一土钉墙 | 二级、三级 | 适用于地下水位以上或经降水的非软土基坑,且基坑深度不宜大于 12 m | 当基坑潜在滑动面内有建筑物、重要地下管线时,不宜采用土钉墙 |
| | 预应力锚杆复合土钉墙 | | 适用于地下水位以上或经降水的非软土基坑,且基坑深度不宜大于 15 m | |
| | 水泥土桩垂直复合土钉墙 | | 用于非软土基坑时,基坑深度不宜大于 12 m;用于淤泥质土基坑时,基坑深度不宜大于 6 m;不宜用在高水位的碎石土、砂土、粉土层中 | |
| | 微型桩垂直复合土钉墙 | | 适用于地下水位以上或经降水的基坑,用于非软土基坑时,基坑深度不宜大于 12 m;用于淤泥质土基坑时,基坑深度不宜大于 6 m | |
| 重力式水泥土墙 | | 二级、三级 | 适用于淤泥质土、淤泥基坑,且基坑深度不宜大于 7 m | |
| 放坡 | | 三级 | ①施工场地应满足放坡条件;②可与上述支护结构形式结合 | |

注:①当基坑不同部位的周边环境条件、土层性状、基坑深度等不同时,可在不同部位分别采用不同的支护形式;

②支护结构可采用上、下部以不同结构类型组合的形式;

③不同支护形式的结合处,应考虑相邻支护结构的相互影响,其过渡段应有可靠的连接措施;

④支护结构上部采用土钉墙或放坡、下部采用支挡式结构时,上部土钉墙或放坡应符合《建筑基坑支护技术规程》(JGJ 120—2012)对其支护结构形式的规定,支挡式结构应按整体结构考虑。

⑤当坑底以下为软土时,可采用水泥土搅拌桩、高压喷射注浆等方法对坑底土体进行局部或整体加固。水泥土搅拌桩、高压喷射注浆加固体宜采用格栅或实体形式。

### 8.6.4 基坑支护结构分类

#### 1. 排桩

排桩指的是沿基坑侧壁排列设置的支护桩及冠梁所组成的支挡式结构部件或悬臂式支挡结构(见图 8-20)。其中,冠梁设置在挡土构件顶部的钢筋混凝土连梁。

排桩包括钢板桩、钢筋混凝土板桩及钻孔灌注桩、人工挖孔桩等,其支护形式有以下几种。

①柱列式排桩支护:当边坡土质较好、地下水位较低时,可利用土拱作用,以稀疏的钻孔灌注桩或挖孔桩作为支护结构。

②连续排桩支护:在软土中常不能形成土拱,支护桩应连续密排,并在桩间做树根桩或注浆防水,也可以采用钢板桩、钢筋混凝土板桩密排。

③组合式排桩支护:在地下水位较高的软土地区,可采用钻孔灌注桩排桩与水泥搅拌桩防渗墙组合的形式。对于开挖深度小于 6 m 的基坑,在无法采用重力式深层搅拌桩的情况下,可采用 600 mm 密排钻孔桩,桩后用树根桩防护,也可采用打入预制混凝土板桩或钢板

桩,板桩后注浆或加搅拌桩防渗,顶部设圈梁和支撑;对于开挖深度为 6～10 m 的基坑,常采用 800～1000 mm 的钻孔桩,后面加深层搅拌桩或注浆防水,并设置 2～3 道支撑;对于开挖深度大于 10 m 的基坑,可采用地下连续墙加支撑的方法,也可采用 800～1000 mm 大直径钻孔桩加深层搅拌桩防水,设置多道支撑。

**图 8-20　排桩支护**

排桩的设计要求如下。

①排桩的桩型与成桩工艺应根据桩所穿过土层的性质、地下水条件及基坑周边环境要求等,选择混凝土灌注桩、型钢桩、钢管桩、钢板桩、型钢水泥土搅拌桩等桩型。

当支护桩的施工影响范围内存在对地基变形敏感、结构性能差的建筑物或地下管线时,不应采用挤土效应严重、易塌孔、易缩径或有较大震动的桩型和施工工艺。

采用挖孔桩且其成孔需要降水或孔内抽水时,应对周边建筑物、地下管线进行沉降分析;当挖孔桩的降水引起的地层沉降不能满足周边建筑物和地下管线的沉降要求时,应采取相应的截水措施。

②采用混凝土灌注桩时,对悬臂式排桩,支护桩的桩径宜大于或等于 600 mm;对锚拉式排桩或支撑式排桩,支护桩的桩径宜大于或等于 400 mm;排桩的中心距不宜大于桩直径的2 倍。

③采用混凝土灌注桩时,支护桩的桩身混凝土强度等级、钢筋配置和混凝土保护层厚度应符合下列规定:

a.桩身混凝土强度等级不宜低于 C25;

b.支护桩的纵向受力钢筋宜选用 HRB400、HRB335 级钢筋,单桩的纵向受力钢筋不宜少于 8 根,净间距不应小于 60 mm,支护桩顶部设置钢筋混凝土构造冠梁时,纵向钢筋锚入冠梁的长度宜取冠梁厚度;

c.箍筋可采用螺旋式箍筋,箍筋直径不应小于纵向受力钢筋最大直径的 1/4,且不应小于 6 mm,箍筋间距宜取 100～200 mm,且不应大于 400 mm 及桩的直径。

④在有主体建筑地下管线的部位,排桩冠梁宜低于地下管线。

⑤支护桩顶部应设置混凝土冠梁。

⑥排桩的桩间土应采取防护措施。桩间土防护措施宜采用内置钢筋网或钢丝网的喷射混凝土面层。钢筋网或钢丝网宜采用横向拉筋与两侧桩体连接,钢筋网宜采用桩间土内打

入直径不小于 12 mm 的钢筋钉固定。

⑦排桩采用素混凝土桩与钢筋混凝土桩间隔布置的钻孔咬合桩形式时,支护桩的桩径可取 800～1 500 mm,相邻桩咬合不宜小于 200 mm。

另外,双排桩指的是沿基坑侧壁排列设置的由前、后两排支护桩和梁连接成的刚架及冠梁所组成的支挡式结构。

**2. 地下连续墙**

地下连续墙指分槽段用专用机械成槽、浇筑钢筋混凝土所形成的连续地下墙体,亦可称为现浇地下连续墙(见图 8-21)。

当在软土层中基坑开挖深度大于 10 m,周围相邻建筑或地下管线对沉降与位移要求较高时,常采用地下连续墙作为基坑的支护结构。地下连续墙具有如下优点。

①墙体刚度大、整体性好,因而结构和地基变形较小,可用于超深的支护结构。

②适用于各种地质条件。特别是遇到砂卵石地层或要求进入风化岩层时,钢板桩难以施工,可采用地下连续墙支护。

③可减少工程施工时对环境的影响,但是造价高,废浆液难以处理。

图 8-21　地下连续墙支护

地下连续墙的设计要求如下。

①地下连续墙的墙体厚度宜按成槽机的规格,选取 600 mm、800 mm、1 000 mm 或 1 200 mm。

②一字形槽段长度宜取 4～6 m。当成槽施工可能对周边环境产生不利影响或槽壁稳定性较差时,应取较小的槽段长度。必要时,宜采用搅拌桩对槽壁进行加固。

③地下连续墙的混凝土设计强度等级宜取 C30～C40。地下连续墙用于截水时,墙体混凝土抗渗等级不宜小于 P6,槽段接头应满足截水要求。

④地下连续墙的纵向受力钢筋应沿墙身每侧均匀配置,可按内力大小沿墙体纵向分段通长配置。

⑤地下连续墙的槽段接头应按下列原则选用:

a. 地下连续墙宜采用圆形锁口管接头、波纹管接头、楔形接头、工字形钢接头或混凝土预制接头等柔性接头;

b. 当地下连续墙作为主体地下结构外墙,且需要形成整体墙体时,宜采用刚性接头。

⑥地下连续墙墙顶应设置混凝土冠梁。

**3. 土钉墙支护与锚杆支护**

土钉是指设置在基坑侧壁土体内的承受拉力与剪力的杆件。例如,成孔后植入钢筋杆体并通过孔内注浆在杆体周围形成固结体的钢筋土钉,将设有出浆孔的钢管直接击入基坑侧壁土中并在钢管内注浆的钢管土钉。由随基坑开挖分层设置的、纵横向密布的土钉群、喷射混凝土面层及原位土体所组成的支护结构称为土钉墙(见图 8-22)。

锚杆是指由杆体(钢绞线、普通钢筋、热处理钢筋或钢管)、注浆形成的固结体、锚具、套管、连接器所组成的一端与支护结构构件连接,另一端锚固在稳定岩土体内的受拉杆件(见图 8-23)。杆体采用钢绞线时,亦可称为锚索。

图 8-22　土钉墙

图 8-23　锚杆

锚杆设计要求如下。

①锚杆注浆宜采用二次压力注浆工艺。

②锚杆锚固段不宜设置在淤泥、淤泥质土、泥炭、泥炭质土及松散填土层内。

③锚杆的布置应符合下列规定:

a. 锚杆的水平间距不宜小于 1.5 m,多层锚杆的竖向间距不宜小于 2.0 m;

b. 锚杆锚固段的上覆土层厚度不宜小于 4.0 m;

c. 锚杆倾角宜取 15°～25°,且不应大于 45°,不应小于 10°,锚杆的锚固段宜设置在黏结强度高的土层内。

④钢绞线锚杆、普通钢筋锚杆的构造应符合下列规定:

a. 锚杆成孔直径宜取 100～150 mm;

b. 土层中的锚杆锚固段长度不宜小于 6 m;

c. 锚杆杆体的外露长度应满足腰梁、台座尺寸及张拉锁定的要求;

d. 锚杆注浆应采用水泥浆或水泥砂浆,注浆固结体强度不宜低于 20 MPa。

⑤锚杆腰梁可采用型钢组合梁或混凝土梁。

土钉墙支护是通过土钉、土体和喷射混凝土面层的共同作用,形成复合土体,适用于无水的基坑。锚杆支护的锚杆一般是钢绞线束。土钉墙不施加预应力,锚杆可施加预应力。土钉墙全长范围内受力,锚杆分为自由段和锚固段。土钉墙具有复合整体的作用,个别部位失效对整个土钉墙影响不大;而各锚杆为重要受力部位,若失效,则影响范围较大。土钉墙面板基本不受力,锚杆护墙面板和立柱受力较大。

土钉墙支护与锚杆支护相比,前者构造较简单,成本相对较低,一般适用于土质较好、放一定坡度的情况;后者在不适宜有较大放坡的情况下采用,且后者要求锚杆前端嵌入坚实可靠的岩土层,才能起到支护的作用,要不然就转化为土钉墙了。

**4. 内支撑**

内支撑指设置在基坑内的由钢筋混凝土或钢构件组成的用以支撑挡土构件的结构部件。支撑构件采用钢材、混凝土时,分别称为钢内支撑、混凝土内支撑。

如图 8-24 所示,内支撑的选择根据地质条件而定,如上海软土较多,缺乏锚固的岩土体,主要以内支撑为主,而广州一些土质较好或岩层埋深较浅的场地则采用锚杆。内支撑和锚杆各有优缺点,内支撑一般影响施工空间,而锚杆则方便土方的大开挖,但锚杆通常侵入建筑红线外的场地。内支撑一般有型钢或钢管支撑、混凝土梁支撑、锚杆支撑或支撑与锚杆相结合,如在基坑边中部用锚杆,角部用角撑。

图 8-24　常见内支撑简图

内支撑设计要求如下。

①内支撑结构可选用钢支撑、混凝土支撑、钢与混凝土的混合支撑。

②内支撑结构应综合考虑基坑平面的形状、尺寸、开挖深度、周边环境条件、主体结构的形式等因素,选用下列几种形式:

a. 水平对撑或斜撑,可采用单杆、桁架、八字形支撑;

b. 正交或斜交的平面杆系支撑;

c. 环形杆系或板系支撑;

d. 竖向斜撑。

③内支撑的平面布置应符合下列规定:

a. 内支撑的布置应满足主体结构的施工要求,宜避开地下主体结构的墙、柱;

b. 相邻支撑的水平间距应满足土方开挖的施工要求,采用机械挖土时,应满足挖土机械作业的空间要求,且不宜小于 4 m;

c. 基坑形状有阳角时,阳角处的斜撑应在两边同时设置;

d. 当采用环形支撑时,环梁宜采用圆形、椭圆形等封闭曲线形式,并应按使环梁弯矩、剪力最小的原则布置辐射支撑,宜采用环形支撑与腰梁或冠梁交汇的布置形式;

e. 水平支撑应设置与挡土构件连接的腰梁,当支撑设置在挡土构件顶部所在平面时,应与挡土构件的冠梁连接,在腰梁或冠梁上支撑点的间距,对钢腰梁不宜大于 4 m,对混凝土腰梁不宜大于 9 m。

④混凝土支撑的构造应符合下列规定:

a. 混凝土的强度等级不应低于 C25;

b. 支撑构件的截面高度不宜小于其竖向平面内计算长度的 1/20,腰梁的截面高度(水平方向)不宜小于其水平方向计算跨度的 1/10,截面宽度不应小于支撑的截面高度;

c. 支撑构件的纵向钢筋直径不宜小于 16 mm,沿截面周边的间距不宜大于 200 mm,箍筋的直径不宜小于 8 mm,间距不宜大于 250 mm。

⑤钢支撑的构造应符合下列规定:

a. 钢支撑构件可采用钢管、型钢及组合截面;

b.钢支撑受压杆件的长细比不应大于150,受拉杆件长细比不应大于200;

c.钢支撑连接宜采用螺栓连接,必要时可采用焊接连接。

⑥立柱的构造应符合下列规定:

a.立柱可采用钢格构、钢管、型钢或钢管混凝土等形式;

b.当采用灌注桩作为立柱的基础时,钢立柱锚入桩内的长度不宜小于立柱长边或直径的4倍;

c.立柱长细比不宜大于25;

d.立柱与水平支撑的连接可采用铰接;

e.立柱穿过主体结构底板的部位,应有有效的止水措施。

**5.重力式水泥土墙**

重力式水泥土墙指水泥土桩相互搭接成格栅或实体的重力式支护结构(见图8-25)。

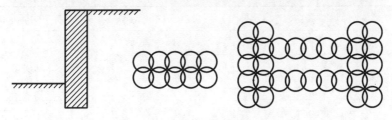

**图 8-25　重力式水泥土墙**

水泥土墙宜采用水泥土搅拌桩相互搭接形成的格栅状结构形式,也可采用水泥土搅拌桩相互搭接成实体的结构形式。搅拌桩的施工工艺宜采用喷浆搅拌法。重力式水泥土墙的嵌固深度,对淤泥质土,不宜小于 $1.2h$;对淤泥,不宜小于 $1.3h$。重力式水泥土墙的宽度($B$),对淤泥质土,不宜小于 $0.7h$;对淤泥,不宜小于 $0.8h$;此处,$h$ 为基坑深度。

其中,深层搅拌桩支护是利用水泥、石灰等材料作为固化剂通过深层搅拌机械,将软土和固化剂(浆液或粉体)强制搅拌,利用固化剂和软土之间所产生的一系列物理化学反应,使软土硬结成具有整体性、水稳定性和一定强度的桩体(水泥土搅拌桩),利用搅拌桩作为基坑的支护结构。水泥搅拌桩适宜于各种成因的饱和黏性土,包括淤泥、淤泥质土、黏土和粉质黏土等,加固深度可从数米至50~60 m。由于其抗拉强度远小于抗压强度,故常适用于基坑深度为5~7 m、可采用重力式挡墙结构形式的基坑。这种支护结构的防水性能好,可不设支撑,基坑能在开敞的条件下开挖,具有较好的经济效益。

此外,水泥土搅拌桩的搭接宽度不宜小于 150 mm;当水泥土墙兼作截水帷幕时,尚应符合基坑支护规范的要求;水泥土墙体 28 d 无侧限抗压强度不宜小于 0.8 MPa。当需要增强墙身的抗拉性能时,可在水泥土桩内插入杆筋。杆筋可采用钢筋、钢管或毛竹。杆筋的插入深度宜大于基坑深度。杆筋应锚入面板内;水泥土墙顶面宜设置混凝土连接面板,面板厚度不宜小于 150 mm,混凝土强度等级不宜低于 C15。

### 8.6.5 基坑截水、降水和集水明排

地下水控制应根据工程地质和水文地质条件、基坑周边环境要求及支护结构形式选用截水、降水、集水明排或其组合方法。当降水会对基坑周边建筑物、地下管线、道路等造成危害或对环境造成长期不利影响时,应采用截水方法控制地下水。采用悬挂式帷幕时,应同时采用坑内降水,并宜根据水文地质条件结合坑外回灌措施。

基坑截水方法应根据工程地质条件、水文地质条件及施工条件等,选用水泥土搅拌桩帷幕、高压旋喷或摆喷注浆帷幕、搅拌一喷射注浆帷幕、地下连续墙或咬合式排桩。支护结构采用排桩时,可采用高压喷射注浆与排桩相互咬合的组合帷幕。当碎石土、杂填土、泥炭质土或地下水流速较大时,宜通过试验确定高压喷射注浆帷幕的适用性。

截水帷幕宜采用沿基坑周边闭合的平面布置形式。当采用沿基坑周边非闭合的平面布置形式时,应对地下水沿帷幕两端绕流引起的基坑周边建筑物、地下管线、地下构筑物的沉降进行分析。

采用水泥土搅拌桩帷幕时,搅拌桩桩径宜取 450~800 mm,搅拌桩的搭接宽度应符合规范规定。

基坑降水可采用管井、真空井点、喷射井点等方法,并宜按表 8-4 的适用条件选用。

表 8-4 各种降水方法的适用条件

| 方 法 | 土 类 | 渗透系数/(m/d) | 降水深度 |
|---|---|---|---|
| 管井 | 粉土、砂土、碎石土 | 0.1~200.0 | 不限 |
| 真空井点 | 黏性土、粉土、砂土 | 0.005~20.0 | 单级井点,小于 6 m<br>多级井点,小于 20 m |
| 喷射井点 | 黏性土、粉土、砂土 | 0.005~20.0 | 小于 20 m |

对基底表面汇水、基坑周边地表汇水及降水井抽出的地下水,可采用明沟排水;对坑底以下渗出的地下水,可采用盲沟排水;当地下室底板与支护结构间不能设置明沟时,基坑坡脚处也可采用盲沟排水;对降水井抽出的地下水,也可采用管道排水。

### 8.6.6 基坑开挖与监测

#### 1. 基坑开挖应符合的规定

①当支护结构构件强度达到开挖阶段的设计强度时,方可向下开挖;对于采用预应力锚杆的支护结构,应在施加预加力后,方可开挖下层土方;对于土钉墙,应在土钉、喷射混凝土面层的养护时间大于 2 d 后,方可开挖下层土方。

②开挖至锚杆、土钉施工作业面时,开挖面与锚杆、土钉的高差不宜大于 500 mm。

③当基坑需要降水时,地下水位以下的土方应在降水后开挖。

④挖至坑底时,应避免扰动基底持力土层的原状结构。

⑤当基坑开挖面上方的锚杆、土钉、支撑未达到设计要求时,严禁向下超挖土方。

⑥采用锚杆或支撑的支护结构,在未达到设计规定的拆除条件时,严禁拆除锚杆或支撑。

**2.基坑监测应符合的规定**

基坑支护设计应根据支护结构类型和地下水控制方法,按表 8-5 选择基坑监测项目,并应根据支护结构构件、基坑周边环境的重要性及地质条件的复杂性确定监测点的部位及数量。选用的监测项目及监测部位应能够反映支护结构的安全状态和基坑周边环境受影响的程度。

表 8-5　基坑监测项目选择

| 监 测 项 目 | 支护结构的安全等级 | | |
|---|---|---|---|
| | 一级 | 二级 | 三级 |
| 支护结构顶部水平位移 | 应测 | 应测 | 应测 |
| 基坑周边建(构)筑物、地下管线、道路沉降 | 应测 | 应测 | 应测 |
| 坑边地面沉降 | 应测 | 应测 | 宜测 |
| 支护结构深部水平位移 | 应测 | 应测 | 选测 |
| 锚杆拉力 | 应测 | 应测 | 选测 |
| 支撑轴力 | 应测 | 宜测 | 选测 |
| 挡土构件内力 | 应测 | 宜测 | 选测 |
| 支撑立柱沉降 | 应测 | 宜测 | 选测 |
| 支护结构沉降 | 应测 | 宜测 | 选测 |
| 地下水位 | 应测 | 应测 | 应测 |
| 土压力 | 宜测 | 选测 | 选测 |
| 孔隙水压力 | 宜测 | 选测 | 选测 |

注:表内各监测项目中,仅选择实际基坑支护形式所含有的内容。

①安全等级为一级、二级的支护结构,在基坑开挖过程与支护结构使用期内,必须进行支护结构的水平位移监测和基坑开挖影响范围内建(构)筑物、地面的沉降监测。

②支挡式结构顶部水平位移监测点的间距不宜大于 20 m,土钉墙、重力式挡墙顶部水平位移监测点的间距不宜大于 15 m,且基坑各边的监测点不应少于 3 个。基坑周边有建筑物的部位、基坑各边中部及地质条件较差的部位应设置监测点。

③基坑周边建筑物沉降监测点应设置在建筑物的结构墙、柱上,并应分别沿平行、垂直于坑边的方向上布设。在建筑物邻基坑一侧,平行于坑边方向上的测点间距不宜大于15 m。垂直于坑边方向上的测点,宜设置在柱、隔墙与结构缝部位。垂直于坑边方向上的布点范围应能反映建筑物基础的沉降差。必要时,可在建筑物内部布设测点。

④支护结构顶部水平位移的监测频次应符合下列要求:

a.基坑向下开挖期间,监测不应少于每天一次,直至开挖停止后连续 3 d 的监测数值稳定；

b.当地面、支护结构或周边建筑物出现裂缝、沉降,遇到降雨、降雪、气温骤变,基坑出现异常的渗水或漏水,坑外地面荷载增加等各种环境条件变化或异常情况时,应立即进行连续监测,直至连续 3 d 的监测数值稳定；

c.当位移速率大于或等于前次监测的位移速率时,则应进行连续监测；

d.在监测数值稳定期间,尚应根据水平位移稳定值的大小及工程实际情况定期进行监测。

⑤其他监测要求可参考基坑支护规范。

# 8.7 基坑支护结构选型实例

## 8.7.1 实例1

某地区拟建5栋高层楼房,其中地上高22层2栋,地上高18层3栋,此5栋楼的基坑为整体开挖,基坑开挖深度为 6.30 m,基坑长度 180.3 m,宽度 116.1 m。由于基坑开挖较深,需对基坑进行支护处理。根据勘察报告和设计院的要求,提出了三种基坑支护处理方案,在这三种方案中要选出一种既经济又合理的方案。

**1. 第一种方案**

采用悬臂式钻孔灌注桩支护设计(见图 8-26)。地基土 $\gamma$、$c$、$\varphi$ 值按 22.00 m 范围内厚度加权平均值计算：$\gamma=17.04$ kN/m³,$c=16.06$ kPa,$\varphi=7.10°$。根据计算得出配筋数,可配Ⅱ级钢筋 $16\phi25$,钢筋的间距 $s\geqslant100$ mm 符合要求。钢筋笼：直径 $\phi900$,主筋 $16\phi25$,加强筋 $\phi20@2\,000$,箍筋 $\phi8@200$,混凝土为 C25,钢筋保护层厚 50 mm。钻孔灌注桩 $\phi1.0$ m,桩中心距 1.2 m,桩长 22.50 m,设计桩数为 494 根。

**图 8-26 悬臂式钻孔灌注桩支护**

**2. 第二种方案**

采用放坡加土钉墙支护,如图 8-27 所示。

**3. 第三种方案**

由于拟建建筑场地周围没有建筑物,有大面积的空地可以作为放坡用地,故又提出了第

**图 8-27 放坡加土钉墙支护**

三种基坑处理方案,采用加大放坡系数,直接对基坑进行放坡(见图 8-28)。根据各层土的物理力学参数计算出放坡的级数为 3 级,放坡比例为 1∶1。

**图 8-28 放坡**

#### 4.方案选择

首先进行受力稳定性分析,如果都可以满足基坑的稳定性要求,那么选择哪一种方案就要看各方案的工程造价了。经初步估算,采用第一种方案的工程造价大约需要人民币 500 万元,采用第二种方案的工程造价大约需要人民币 62 万元,采用第三种方案的工程造价需要人民币 60 万元左右。在三种方案的工程造价计算出来后,由于第一种方案与第二种方案、第三种方案的工程造价差距巨大,因此大家一致的意见是首先舍弃第一种方案。由于第二种方案与第三种方案的工程造价相差不大,那么究竟选择哪一个更好呢?结合现场的情况,大家认真地研究分析后认为,虽然两种方案造价相差不大,但是在施工工期上却相差很大,第三种方案比第二种方案的工期至少可以缩短 20 d,马上要进入雨季了,基坑支护越早完成越好,另外在早投产早受益的情况下,第三种方案也明显优于第二种方案。最终综合考虑确定第三种方案为本工程的实施方案。

### 8.7.2 实例 2

#### 1.工程概况

拟建工程地上有两栋塔楼,高度约为 150 m,总建筑面积约为 62 000 m²,框剪结构;地下层建筑拟为 3~4 层,基坑开挖底面至承台底约 19 m。建筑物重要性等级为一级,勘察等级为甲级,工程抗震设防分类为乙类。

　　一个优化的基坑支护方案应该满足以下三个要求：

　　①保证基坑本身和周边环境是安全的；

　　②支护方案是最为经济、合理的；

　　③基坑施工是方便、快捷、可行的。

　　**2. 基坑支护方案选型比较**

　　从地层结构、基坑本身特点和周边环境分析，本基坑安全等级属Ⅰ级。但本基坑的地质条件和周边环境都不同，因此在进行支护方案的比选时应根据各自不同的特点进行优化。下面分别从本地区目前几种常用的支护方案入手进行分析。

　　1) 放坡方案

　　由于基坑开挖底面至承台底约 19 m，上部淤泥层及细砂层厚度较大，总体地质条件较差，基坑开挖段普遍分布在淤泥层和细砂层中。周边道路、建筑及管线多，基坑可放坡空地少。故全深度采用放坡方案既无空间，也不安全，不可行。

　　2) 重力式挡土墙方案

　　重力式挡土墙方案属于柔性结构支护，适用于较好的地层和较浅的基坑，且允许基坑顶面有一定量的水平位移和地面沉降发生。本基坑东南面约 5 m 处有地下隧道，且基坑处于四面重要道路环绕地区，地下管线多，基坑开挖底面至承台底约 19 m，采用重力式挡土墙不可行。

　　3) 土钉喷锚支护方案

　　土钉喷锚支护方案也属于柔性结构支护，需要允许基坑顶面有一定量的水平位移和地面沉降发生。本基坑属于超深基坑，周边环境非常严格，东南面约 5 m 处有地下隧道，完全不具备土钉支护条件，故本基坑采用土钉喷锚支护方案不可行。

　　4) 排桩支护方案

　　当基坑开挖深度较大、地层较差、地下水较丰富且周边环境要求较严格时，常采用刚性支护方案，排桩(钻孔桩排桩)和地下连续墙方案都是刚性支护方案。

　　根据本基坑深度及地质条件，排桩支护直径不应小于 1 m，间距 1.15 m，嵌固深度不小于 6 m。由于砂层厚度大且地下水丰富，基坑的止水是关键，需要采用搅拌桩作为止水帷幕，止水帷幕应穿越淤泥层及砂层，并进入不透水层至少 1.5 m。由于淤泥层和砂层较厚，因此搅拌桩与排桩之间及桩与桩之间的淤泥和粉细砂在基坑开挖时会从桩间流出。为防止淤泥和粉细砂从搅拌桩及排桩间挤出，导致止水搅拌桩发生位移而被破坏，失去止水作用，需要在排桩间的缝隙处再增加高压旋喷桩进行止水和挡土，也可在基坑内侧挂钢筋网并喷射至少 80 mm 厚 C20 混凝土。

　　同时需要注意的是：对于止水搅拌桩，在深度超过 10 m 后，因机械施工误差，搅拌桩止水质量可能会下降；由于施工机械钻杆长度的限制和机械能力的限制，对于下部的中密粗砾砂层(标贯击数大于 18 击)，搅拌桩因扭矩不足而无法施工。因此，即使采用搅拌桩止水帷幕，其下部也需要改用旋喷桩进行接桩。

　　由于基坑深达 25 m，悬臂排桩不能满足安全要求。因此，排桩需要支撑体系。支撑体系主要有外侧预应力锚索及内支撑。由于上部素填土、淤泥层及细砂层较厚，可提供的锚固力很小，所以预应力锚索必须锚入岩层。岩层埋藏在 14 m 以下，若单纯地采用预应力锚索，锚索长度将达到 40 m(包括锚固段长度)以上。此长度锚索的施工难度是非常大的，且质量无法保证，工期长，费用也高。若在底部一道支撑采用预应力锚索，既利用了下层岩石，又扩大了下部施工空间,同时也更加经济。内支撑有钢筋混凝土内支撑和钢管内支撑,由于内支撑跨度 88 m 左右,不能采用钢管撑,只能使用钢筋混凝土内支撑。

综上所述,采用"灌注桩+两道钢筋混凝土内支撑+一道预应力锚索+搅拌桩止水帷幕+桩间高压旋喷桩止水(内侧挂网喷射混凝土)"作为本基坑支护方案是可行的。

5)地下连续墙支护方案

地下连续墙支护方案和排桩支护方案都是刚性支护方案,适合基坑开挖深度较大、地层较差、地下水较丰富且周边环境要求严格的情况。

地下连续墙不仅挡土而且止水,如果与主体结构配合设计,还能作为地下室外墙和承重墙,这样可减掉地下室外墙体和周边主体工程桩,同时可减少土方开挖量及回填量。为平衡基坑外面的水土压力,需要一道钢筋混凝土内支撑。地下连续墙与排桩相比有较大优势。

地下连续墙的其他优点还包括施工工序简单、速度快、质量容易得到保证等。地下连续墙的挡土能力比排桩强,止水功能比双排搅拌桩及高压旋喷桩好,施工速度比排桩要快,但造价高。

**3. 经济性比较**

1)"灌注桩+两道钢筋混凝土内支撑+一道预应力锚索+搅拌桩止水帷幕+桩间高压旋喷止水(内侧挂网喷射混凝土)"支护方案

灌注桩直径为 1.2 m,间距为 1.4 m,桩长为 23.5 m。预应力锚索为一桩一锚,平均长度为 28 m。单排搅拌桩为 $\phi 550@400$,长度为 16 m,灌注桩与搅拌桩中间的旋喷桩为 $\phi 600@1\,400$,长度约为 18 m。

灌注桩数量为 208 根,共 5 525.4 m³,灌注桩单价为 1 300 元/m³,造价为 718.3 万元。搅拌桩数量为 3 160 根,共 12 006 m³,搅拌桩单价为 35 元/m³,搅拌桩造价为 42.0 万元;单管高压旋喷桩 3 857 m³,单管高压旋喷桩单价为 160 元/m³,单管高压旋喷桩造价 61.7 万元。

锚索数量为 208 根,共 5 824 m。预应力锚索(5 索)单价为 200 元/m,造价为 116.5 万元。

内支撑总量:角撑共 235.9 m³,对撑共 78.6 m³,八字撑共 35.1 m³,联系撑共 98.8 m³,总量为 448.4 m³,单价为 1 000 元/m³,造价为 44.8 万元。钢立柱总数量为 26 根,单价 4 万元/根,造价为 104.0 万元。总造价为 1 087.3 万元。

2)地下连续墙支护方案

连续墙厚 800 mm,深度为 23.5 m。两道混凝土内支撑,截面尺寸为 800 mm×800 mm,一道预应力锚索。墙体总体积为 5 121.6 m³,单价为 1 800 元/m³,总造价为 921.9 万元。锚索数量为 208 根,共 5 824 m。预应力锚索(5 索)单价为 200 元/m,总造价为 116.4 万元。内支撑总量:角撑共 235.9 m³,对撑共 78.6 m³,八字撑共 35.1 m³,联系撑共 98.8 m³,总量为 448.4 m³;单价为 1 000 元/m³;总造价为 44.8 万元。钢立柱总数量为 26 根,单价 4 万元/根,造价为 104.0 万元。总造价为 1 187.1 万元。

通过上面对基坑支护的多方案对比分析,推荐使用"灌注桩+两道钢筋混凝土内支撑+一道预应力锚索+搅拌桩止水帷幕+桩间高压旋喷桩止水(内侧挂网喷射混凝土)"的基坑支护方案。此方案既经济,又安全,施工速度也快,并且已有不少成功案例。

# 8.8　基坑支护施工方案

## 8.8.1　喷锚支护施工方案实例一

### 1.工程概况

本工程由 19 栋建筑物组成,主要形式为小高层(11～15 层,框剪结构),设计±0.00 标高相当于黄海高程 115.20 m,自然地面平均标高为 115.00 m 左右,设计开挖深度小于 5 m。地下室基坑开挖尺寸大约为 230 m×85 m。初步计算基坑开挖土方 10 万平方米。

基坑围护设计:因本工程基坑边坡支护为临时性工程,力争以较小投入满足施工期间要求,故采用"锚杆＋坡面挂钢筋网喷射混凝土"的支护形式。围护设计如图 8-29 所示。

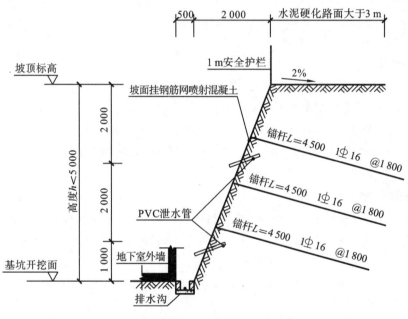

**图 8-29　基坑支护剖面图**

### 2.工程特点和地质状况

1)工程特点

本工程位于工业区主要干道,用地红线附近地下管线众多,且资料不全,距离基坑较近的管线有西侧的国防光缆,东侧围墙内有电线杆架空光缆。南侧基坑外一条 10 kV 高压线由西向东跨过施工现场,高度 15 m 左右。地下室基坑工程开挖深度较深,而开挖面周边红线距离较近且地形复杂,保护要求较高。根据建筑设计有限责任公司《基坑边坡支护方案》,设计采取经济安全的基坑边坡喷锚支护作为本工程基坑围护挡土、隔水结构。

根据岩土工程有限责任公司出具的地质报告显示,该区域场地水位埋深低,出水量小,对基础施工无影响。基坑内按设计图做排水沟集中抽排。

2)地质状况

根据岩土工程有限责任公司《工程勘察报告》,本工程的工程地质情况有以下特点。

① 第①层为素填土,土质差、结构松散,未经处理不宜用作地基持力层,基坑开挖后就

清除。

② 第②₁层为硬塑状黏土,厚度大,承载力高,可作为拟建建筑物的天然地基持力层。

③ 第②₂层为可塑状黏土,承载力低,厚度不均匀,施工期间经钎探遇到该层时易于加固处理。

④ 第③₁层为强风化白云岩,承载力高,厚度不均匀,可作为拟建建筑物的天然地基持力层或地基下卧层。

⑤ 第③₂层为中至微风化白云岩,承载力高,可作为拟建建筑物的桩端持力层。

**3. 施工部署**

1)施工思路

从基坑开挖到喷射混凝土形成时间对围护墙体和坑周地层位移有明显的相关性,为了充分考虑时间效应,以合理利用土体自身在开挖过程中约束位移的潜力而达到控制位移和保护环境的目的,故第一层(支撑以上土方)采用了先挖中央区土方后挖四周土方的方法,然后分层开挖至设计标高,同时按设计要求做好边坡支护工作。

2)施工流程

大部分区域开挖第一层土→坡顶排水及路面工程→分层开挖到设计标高及喷锚支护工程→坑底排水工程→开挖独立基础区域土方。

3)施工组织机构

根据本工程的规模和特点,组建了强大的项目管理机构即项目经理部,由我公司委派具有丰富现场施工管理经验的项目经理,配备两位项目副经理和一位总工程师,同时还配有施工技术、安全、机械设备、质量、计划、预算等方面的专业技术人员,使项目实现全面质量管理,以确保施工工序受控,建造令业主满意的工程。

4)施工进度计划

根据整体工程施工工期要求,土方开挖工程及支护工程工期为 50 d。

**4. 施工准备**

1)技术准备

根据业主单位移交的测量点位,施工前由项目测量员放出基坑开挖边线(以最边上基础筏板外边为准,向外退 1 m 开始放坡),项目部编制详细的土方开挖作业交底,由项目技术负责人对参与土方开挖的全体人员进行技术交底。在土方开挖之前,场内所有的红线桩及建筑物的定位桩全部经市规划部门测量核准。查红线桩及定位桩是否产生位移,若有位移,应会同规划部门、设计单位、建设单位研究处理方案。对场边道路及场内的临时设施做好定位标记,以备观测。所有的测量桩、红线点一经核实后,项目部就落实专人对其保护并进行定期检查复核,以确保红线点的准确性。

2)现场准备

完成主要临时建筑的施工和主要道路的平整工作;主入口处的道路在施工前完善;对车辆主要进出场道路进行疏通,确保挖土车辆的畅通无阻。

3)劳动力准备

在土方开挖前落实一下劳动力:

①土工,10 人,负责人工清挖基底;

②普工,10 人,负责零星施工材料的运输及坑内杂物的运输。

4)机械准备

根据本次开挖土方量及现场实际情况,本次开挖选用表 8-6 所示机械进行开挖,开挖设备在开挖动工前三天进入现场。

表 8-6  土方开挖机械

| 序　号 | 名　称 | 型　号 | 数　量 | 备　注 |
|---|---|---|---|---|
| 1 | 挖土机 | 1.0M3 | 2 台 | |
| 2 | 挖土机 | 0.75M3 | 2 台 | |
| 3 | 自卸汽车 | 12T | 20 台 | |

**5. 土方开挖工程主要施工方法**

1)工程测量

该工程占地面积较大,场地比较平坦通畅,这对施工平面控制网的布设比较有利,考虑该工程的实际情况采用外控法,一次性建立统一的平面施工控制网。

(1)布网原则

先整体,后局部,高精度控制低精度;控制点要选在拘束度大、安全、易保护的位置,通视条件良好,分布均匀。

(2)施工控制网的测设

①控制点引测。

根据常规施工,甲方应至少给出 2 个城市的高程点,项目部据此在场区内引测 3 个控制点,要求埋深 1.5 m,用混凝土浇筑并以钢柱做标记,测定高程作为工程定位放线依据。

②控制网布设。

依据场内导线控制点,沿距建筑物基坑边坡线约 2 m 远位置测设各轴线方向控制基准点,埋设外控基准点,要求埋深 0.5 m,并浇筑混凝土稳固。

③控制网加密和施工放线。

垫层施工完成后,要根据施工控制网精确测定建筑物位置,并进行控制网加密,各轴线交点要以红三角作为标记,要求轴线间距、线的垂直角必须符合规范要求。

④建筑坐标系的建立。

为便于施工中测量数据计算,需要建立建筑坐标系。施工中的数据计算、放样工作均应以此坐标系为依据。

(3)高程控制网的布设

①高程控制网起始依据。

高程控制网依据业主提供的场区内高程控制基点测设。

②高程控制网的布设。

考虑到施测方便,高程控制网拟布设在基坑周边转角部位,100 mm×100 mm 木方打入地下约 1 m 深度,在该竖平面上涂上红色"▼"标志,并在旁侧注明相对标高。

③高程控制网的精度等级及测量方法。

根据工程施工测量的相关规范,标高控制网拟采用四等水准测量方法测定。测量仪器选用 DS₃ 型水准仪及南方全站仪,往返观测。

④基坑标高的控制。

本工程土方采用机械开挖,只留一步(300 mm 厚)人工清理土方,清理至设计承台底标高处。在土方施工预留清底的 300 mm 层面上,每隔 3 m 设水平桩控制基底标高。土方开挖时派专人测量基底土层开挖标高,防止超挖。

2)土方开挖工程

(1)开挖原则

必须确立绝对安全的指导思想,确保邻近建筑物和地下管线的正常使用,确保基坑坑壁的稳定,最大限度减小支护结构的变形。为此,确定基坑开挖的原则如下。

①分层开挖(设计分层开挖深度小于 1.5 m)。

②先做喷锚支护工程,后挖土。

③有利于施工安全,提高工效。

(2)基坑土方的开挖与外运

①根据设计图各部位设计标高、现场自然地坪标高,基坑的实际开挖深度以地下室板底标高为控制标高,局部电梯井最大开挖深度为 7 m。

②马道口的设置。在场地西南门入口处设一个马道口,宽 12 m,出入口的市政水管沟上方铺设 20 mm 厚钢板,以保护设施。

③机械选型和数量。从易用、环保、高效的角度出发,选用液压反铲挖土机,直接进行铲挖和装载作业,设计挖土机 4 台,运土车 20 辆。

④施工安排。为加快施工进度,保证施工工期,在解决周边扰民影响的情况下,土方挖运可实行两班作业,在扰民与民扰因素严重时,可避开居民夜间休息时间,实行白班工作制。

(3)土方开挖施工

①施工准备。

办理好淤泥渣土排放证,土方挖掘机已进场,测量基坑放坡位置边线。

②开挖方法。

本工程基坑上方拟分 4 层开挖,每层开挖深度不超过 1.3 m。

a.挖第一层土。用大反铲将地表土层挖去 1.3 m 厚。

b.边坡喷锚支护工程。按照《基坑边坡支护说明》的相关内容,进行测量放线,定出围檩及支撑的位置,混凝土强度达到 80% 方可开挖下层土。

c.挖第二层土。

d.边坡喷锚支护工程。以 c、d 项工作循环施工至设计标高。

e.机械开挖基坑,在基底土标高上预留 300 mm 土层用人工清理,确保基底土层不被扰动。

③修建坡道。

在基坑西南侧即施工现场西南门处修筑坡道(坡度按 1∶5 考虑)。

④基坑排水措施。

根据地质资料分析,理论上基坑外的地下水不会大量渗入坑内,无须专门设置降水井进行降水,防止地表水流入基坑,在地面沿边坡外设截水沟,将截留水排到市政排水系统,截水沟宽 240 mm,深 240 mm。

基坑底设排水沟(见图 8-30)和集水井。排水沟地下室混凝土墙外,截面尺寸为 300 mm×200 mm,按 $i=0.5\%$ 进行找坡,每隔 30～50 m 设置一个砖砌集水井,截面尺寸为 800 mm×800 mm×1 000 mm。每个集水井配置一台高扬程潜水泵,将水抽排至地面截水沟,抽出的废水经三重砂井过滤后排入市政管道。

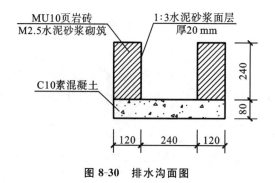

图 8-30 排水沟面图

(4)土方开挖过程中应注意的问题

①每次挖土之前必须进行水位观察,当水位降至开挖深度以下时方可挖土。

②要控制合理的开挖速度,两台挖机的挖土深度基本保持一致。

③基坑底保留 300 mm 以上的土用人工挖除,以保持坑底土体的原状结构。

④人工清槽:清槽应在地基处理后进行,清槽时需配合测量人员,严格控制开挖标高。

⑤基坑开挖完成后,立即进行验槽,并随即浇筑掺早强剂的混凝土垫层,无垫层坑底最大暴露面积不大于 200 m²。如基底土超挖,应用素混凝土或夯石回填。

⑥所有施工机械行驶、停放要平稳,机械行走的上下坡道要加固,基顶周边要设有围护栏杆和安全标志,严禁从基坑顶乱扔物体入基坑内。施工人员必须戴安全帽,基坑内应设有安全出口道,以供当基坑出现事故时,施工人员可以立即安全撤离。每层开挖深度应严格按设计要求进行,开挖面要有一定坡度,严禁采用"偷土"开挖,以免造成塌方事故。

**6. 边坡喷锚支护工程**

由于基坑区域为回填土及可塑状黏土,且施工期间雨天较多,根据设计图《基坑边坡支护说明》采用"锚杆＋坡面挂网喷射混凝土"的支护方式。

1)基坑支护设计参数

基坑支护设计参数如表 8-7 所示。

表 8-7 基坑支护设计参数

| 排数 | 1 | 2 | 3 | |
|---|---|---|---|---|
| 相对于现场地面孔口高度/m | −1.5 | −2.5 | −3.5 | |
| 锚孔长度/m | 5 | 5 | 5 | |
| 水平间距/m | $S_x=1.8$ | | | |
| 俯角/(°) | 15 | | | |
| 锚杆规格 | $\phi16$ 三级螺纹钢,锚杆长 4.5 m | | | |
| 钢筋网 | $\phi6@200$ | | | |
| 加强筋 | 锚杆连接设置 $2\phi12$ | | | |
| 注浆 | M20 纯水泥浆,注浆压力 0.3～0.5 MPa | | | |
| 坡面混凝土 | C20,厚 100 mm | | | |

2)基坑支护施工方法

边坡喷锚网支护施工顺序:施工放线→清障→凿锚杆孔→锚杆安装→注浆→挂钢筋网→加强筋焊接→喷射混凝土。

①施工放线：以规划控制点为依据，按设计方案的开挖边线位置放线，并分段引出固定点，以减少施工累计误差。

②清障：清理基坑边坡松动泥土，用手铲或其他工具压平压实。

③凿锚杆孔：采用洛阳铲或钻机成孔，按设计的孔位布置进行测量画线，标出准确的孔位，然后按设计要求的孔长、孔的俯角和孔径进行凿孔，严格注意质量，逐孔进行验收记录，不合格者为废孔，必须重打。锚杆孔呈梅花形布置，俯角可根据实际情况进行调整。

④锚杆安装：按照设计规定的锚杆的长度、直径，加工合格的锚杆，为使锚杆处于孔的中心位置，每隔 1.5～2 m 焊接一个居中支架，将锚杆体安放在孔内。

⑤注浆：将符合孔深要求的注浆塑料管插入孔内距孔底 0.5～1.0 m 处，然后向孔内注入水灰比为 0.45～0.5 的纯水泥浆，注浆压力不低于 0.4 MPa，以确保锚杆与孔壁之间注满水泥浆。注浆应由里向外逐步回撤注浆，待孔口稍有溢流现象，即可堵口封死。

⑥挂钢筋网：在修好的边坡坡面上，按各坡面设计要求，铺上一层钢筋网，网筋之间用扎丝间隔绑扎，钢筋搭接要牢，挂网时确保有保护层。

⑦加强筋焊接：等锚杆注浆、绑扎网片施工完成后，用 $\phi 14$ 钢筋将锚杆头部连接起来，焊在杆体上，各焊接点必须牢固。

⑧喷射混凝土：在上述工序完成后，即可喷射 C20 细石混凝土，厚度为 100 mm，喷射混凝土表面要求基本平整。

⑨支护主要机械设备如表 8-8 所示。

**表 8-8　支护主要机械设备**

| 序　号 | 设　备 | 规　格 | 数量/台 |
|---|---|---|---|
| 1 | 空压机 | 30 kW | 2 |
| 2 | 喷浆机 | 20 kW | 2 |
| 3 | 注浆机 | 10 kW | 1 |
| 4 | 张拉千斤顶 | — | 1 |
| 5 | 液压油泵 | — | 1 |
| 6 | 电焊机 | 35 kW | 1 |
| 7 | 钢筋调直机 | 10 kW | 1 |
| 8 | 切割机 | 5 kW | 1 |
| 9 | 钻机 | 45 kW | 2 |

3）监控测量

根据本工程的特点，边坡开挖过程中，在边坡周围每隔 15～20 m 布置一个观测点，以观测边坡的位移及地面下降情况，在施工初期可隔天观测 1 次，开挖到基坑底后必须每天观测 1 次，当发现异常时，应加密观测次数，并采取相应措施，直至边坡稳定后，才可减少观测次数。

观测数据应及时进行归纳整理，编制成表，作为工程竣工资料使用。

## 8.8.2　喷锚支护施工方案实例二

### 1. 工程概况

工程场地拟建建筑物分别为商业和住宅综合性建筑，商业楼地上 3 层，地下 2 层，住宅楼地上 18～28 层,地下 2 层,基坑开挖东西长约 163 m,南北宽约 90 m。拟开挖深度约 11.70 m,东侧放坡系数为 0.3,南侧直坡,西侧放坡系数为 0.2,北侧放坡系数为 0.15。

根据甲方提供的《项目岩土工程勘察报告》显示,该建设场地 −11.70 m 处持力层为圆砾层,因基坑开挖较深及与相邻建筑物的关系,须进行边坡支护。

**2. 周边环境**

基坑周边建筑物情况如表 8-9 所示。

表 8-9　基坑周边建筑物统计

| 方　位 | 邻近建(构)筑物 | 层数 | 距离基坑边/m | 超载值/kPa |
|---|---|---|---|---|
| 东侧 | 部分高层建筑 | 17 | 6.0 | 270 |
| 南侧 | 住宅 | 1 | 1.0 | 20 |
| 西侧 | 钢筋场地 | — | 1.0 | 140 |
| 北侧 | 临时建筑 | — | 1.0 | 50 |

**3. 方案比较及支护原理**

1)方案论证

比较成熟的支护方式有排桩(或桩锚)支护、地下连续墙支护、钢板桩支护、喷锚支护、土钉墙支护等类型。地下连续墙支护、钢板桩支护多用于深基坑或地下水丰富又不宜降水的地区,但其造价远远高于排桩等常用支护模式,同时工期相对较长,且因采用大型机械,对场地有一定要求;排桩支护、喷锚支护、土钉墙支护是应用比较广泛、施工工艺成熟的支护形式,具有稳定性高、施工界面美观的特点。

近几年来,我国城市化进入了一个新的发展时期,作为城市化产物之一的高层建筑越来越多,高度越来越高,相应基坑越来越深,而许多高层建筑又是在密集的建筑群中施工,由于场地狭窄,深基坑不可能放坡开挖,必须支护,并且临近常有必须保护的永久性建筑及市政公用设施,对基坑稳定和位移的控制要求很高。

基坑工程主要包括基坑围护体系设计与施工和土方开挖,是一项综合性很强的系统工程;基坑围护体系造价高,又是临时性结构,在地下工程施工完成后,基坑围护体系就不再需要。所以基坑工程具有下述特点。

①围护体系是临时结构,安全储备较小,具有较大的风险性。

②基坑工程具有很强的区域性。

③基坑工程具有很强的个性。

④基坑工程综合性强。

⑤基坑工程具有较强的时空效应。

护坡设计应考虑后续施工用地及场地情况,在保证基础施工安全的前提下,应尽可能降低造价,缩短工期,并最大可能地减少回填量。根据本工程的结构特点、场地条件及周边环境,最适合本工程的基坑支护方式为土钉墙支护。

2)基坑侧壁安全等级

考虑到上述基坑特点,按照《建筑基坑支护技术规程》(JGJ 120—2012),划定为二级。

3)土钉墙加固机理

土钉墙支护技术是一种先进的新型岩土加固技术,它充分利用原状土体自身的承载能力,通过密布土钉及压力注浆,彻底改善加固区原状土体的力学性能,在边坡原状土体中形成加固区(土钉墙)以抵抗不稳定的侧向土压力;边坡加固施工紧随开挖,迅速封闭开挖面,使得因开挖造成的土层应力释放及时得到控制,从而使边坡土体变形得到有效控制;用土钉将不稳定的土压力引入深层土体中,借助稳定土层自身的承载力,提供有效的锚固力来平衡不稳定的压力,从而形成一种先进的深层承载力主动支护体系,与土体共同作用,充分发挥土层能量,提高边坡土层的整体性、自身强度和自稳能力,使边坡得以稳定。

4)土钉墙加预应力锚杆加固机理

在土钉墙充分发挥作用的同时,利用预应力锚杆来抵消直立坡的不利因素,巩固土层的整体性、自身强度和自稳能力,使边坡更加稳定。

**4. 支护方案的选择**

①根据场地条件,基坑东侧距 16 层住宅楼 6 m,放坡系数为 0.3,且基坑外侧为道路,支护形式选用土钉墙加预应力锚索。

②基坑东侧无住宅楼处支护形式可直接采用土钉墙。

③基坑南侧一部分为民房,由于现场用地条件所需,故采用排桩设计方案。

④基坑西侧距钢筋场地 1 m,支护形式采用土钉墙加两排预应力锚索。

⑤北侧距临时建筑 2~3 层,建筑与基坑上口平齐,动、静荷载都较大,基坑支护形式采用土钉墙加两排预应力锚索。

**5. 基坑支护设计方案**

1)土钉墙支护结构布置

基坑东侧无楼房处土钉墙,从上至下共设 6 层土钉。土钉(锚索)孔径 10 cm,土钉(锚索)倾角 10°(±2°),土钉(锚索)纵向间距 1.60 m,横向间距 1.50 m,呈梅花形布置。第一排土钉设计在地面下 1.60 m 处,考虑到地层的实际情况,杂填土分布不均匀,且含大量钢筋混凝土浇筑的建筑基础,土层松散,力学性能差,故第一排土钉可根据现场杂填土、建筑基础的埋深适当调整。各层土钉(锚索)长度及锚筋规格详见表 8-10。

表 8-10　基坑东侧土钉(锚索)长度规格

| 位　　置 | 土　钉　墙 | | | | | | |
|---|---|---|---|---|---|---|---|
| 放坡系数为 0.3 的坡面 | 层数 | 1 | 2 | 3 | 4 | 5 | 6 |
| | 锚筋规格 | φ20 | φ20 | φ20 | φ20 | φ20 | φ20 |
| | 土钉长度/m | 7 | 9 | 8 | 6 | 4 | 2 |
| | 水平间距/m | 1.5 | 1.5 | 1.5 | 1.5 | 1.5 | 1.5 |
| | 竖向间距/m | 1.6 | 1.6 | 1.6 | 1.6 | 1.6 | 1.6 |

2)土钉加预应力锚索联合支护

(1)东侧土钉加一排预应力锚索支护形式

基坑东侧楼房处距楼房较近,若按 0.3 放坡,开挖基坑边线距已有 16 层建筑边线 6 m,采用土钉加一排预应力锚索的支护形式,方案如下。

从上至下共设 5 层土钉,1 排锚索,土钉(锚索)孔径 10 cm,倾角斜向下 10°(±2°),土钉(锚索)纵向间距 1.60 m,横向间距 1.50 m,呈梅花形布置。第一排土钉(锚索)设计在地面下 1.60 m 处,考虑到地层的实际情况,杂填土分布不均匀,且含大量钢筋混凝土浇筑的建筑基础,土层松散,力学性质差,故第一排土钉(锚索)可根据现场杂填土、建筑基础的埋深适当调整。各层土钉(锚索)长度及锚筋规格详见表 8-11。

表 8-11　土钉加一排预应力锚索长度规格

| 位　置 | 土　钉　墙 | | | | | |
|---|---|---|---|---|---|---|
| | 层数 | 1 | 2 | 3 | 4 | 5 | 6 |
| 放坡系数为 0.3 的坡面 | 锚筋(锚索)规格 | $\phi20$ | $\phi20$ | $\phi20$ | 1 860 钢绞线 | $\phi20$ | $\phi20$ |
| | 土钉长度/m | 7 | 8 | 7 | 8 | 5 | 3 |
| | 水平间距/m | 1.5 | 1.5 | 1.5 | 1.5 | 1.5 | 1.5 |
| | 竖向间距/m | 1.6 | 1.6 | 1.6 | 1.6 | 1.6 | 1.6 |

(2)西侧土钉加两排预应力锚索支护形式

基坑西侧距钢筋场地较近,若按 0.2 放坡,开挖基坑边线距钢筋场地 1 m,采用土钉加两排预应力锚索的支护形式。

(3)北侧土钉加两排预应力锚索支护形式

基坑北侧距临时建筑较近,若按 0.15 放坡,开挖基坑边线距钢筋场地 1 m,采用土钉加两排预应力锚索的支护形式。

3)排桩加预应力锚索联合支护

(1)排桩设计与构造

基坑南侧距民房较近,由于建设场地需要直坡开挖,故采用排桩加预应力锚索联合支护的形式,方案如下。

与单纯用排桩支护相比,排桩加预应力锚索联合支护的形式一方面可以减少桩的长度,减少土体变形;另一方面可以充分发挥桩和预应力的作用,保证周边建筑物及基坑侧壁的安全。

排桩桩体嵌固深度:基坑下挖自然地面下 1.5 m 后,进行排桩施工,桩顶标高为自然地面下 1.5 m,桩体嵌固深度设计值为 5.0 m,则桩体长度设计为 $L=15$ m。排桩构造如下。

①根据地区排桩的经验及我单位的成功实例,结合本工程的实际场地情况,选择排桩桩体直径为 600 mm,桩间距为 1.2 m。

②钢筋笼配筋构造。钢筋笼长度 15.0 m,直径 450 mm,主筋采用 10$\phi$20 通长配置,选用Ⅱ级钢筋;内置加强筋 $\phi$14@2 000 间隔配置,外箍筋 $\phi$8@200 螺旋配置,均选用Ⅰ级钢筋。

③冠梁配筋构造。冠梁配筋截面 600 mm×500 mm,主筋采用 6$\phi$20 通长配置,选用Ⅱ级钢筋;箍筋 $\phi$8@200 间隔配置,选用Ⅰ级钢筋。

④桩体混凝土强度等级为 C25,坍落度 18~22 cm,保护层厚度不得小于 50 mm。

⑤冠梁混凝土强度等级为 C25,保护层厚度不得小于 35 mm。

(2)排桩施工工艺流程

机械成孔→灌混凝土→下钢筋笼→剔桩头→绑扎冠梁钢筋→灌注冠梁混凝土。

(3)排桩施工的质量控制

①桩孔的定位放线必须准确,误差严格控制在规范规定的范围以内。

②严格控制成孔质量,保证成孔后的平面布置、垂直度、有效直径、孔深等符合设计和规范要求。

③考虑本工程的重要性,打桩施工前,应提前预订各种混凝土原材料,对所用的施工材料,进场时需有相应的质量证明文件,加强现场检验工作,坚决杜绝不合格材料流入施工工序。

④打桩施工过程中,现场设专人监测并做好施工记录、预检工程检查记录、隐蔽工程检查记录等,杜绝不合格产品进入下道工序,把好质量关。施工主要质量控制指标如表 8-12 所示。

表 8-12 成桩施工质量控制指标一览表

| 序 号 | 指 标 | 设 计 值 | 允 许 偏 差 |
|---|---|---|---|
| 1 | 桩长/mm | 15 000 | +100 |
| 2 | 成桩垂直度/mm | 0 | 1‰ |
| 3 | 坍落度/mm | 180～220 | |
| 4 | 桩径/mm | 600 | ±20 |
| 5 | 桩位偏差/mm | 0 | 0.4d(160) |
| 6 | 混凝土强度/MPa | ≥9.6 | |

⑤在施工过程中要对桩体材料灌注进行连续监控。对于钻孔压灌混凝土桩施工工艺,螺旋钻机钻至设计深度时,须等钻孔底部灌满混凝土后,再提钻杆,边提升钻杆,边压灌混凝土,避免停泵待料。设专人指挥协调钻机操作手与混凝土泵操作手之间泵送混凝土和提升钻杆的配合,直至压灌到地面为止。

⑥钢筋笼放入前须进行导正,以防钢筋笼歪斜。

⑦必须保证钢筋笼的绑扎正确、牢固;钢筋规格、间距、长度、箍筋均应符合设计要求,必须统一配料绑扎。

⑧严格控制混凝土的配合比,混凝土的搅拌、浇筑、振捣等严格按工艺标准操作,必须保证混凝土的强度达到设计要求。

(4)排桩加预应力锚索布置

排桩部分设预应力锚索一排,锚索设计在地面下 3 m 处,锚索孔径 10 cm,倾角向下 10°(±2°),横向间距 1.20 m。具体设计方案见表 8-13。

表 8-13 排桩加预应力锚索联合支护方案布置

| 支护方式 | 预应力锚索布置 | | 排 桩 布 置 | |
|---|---|---|---|---|
| 排桩加预应力锚索 | 锚索层数 | 1 层 | 桩体长度 | 15 m |
| | 竖向间距 | 3.0 m | 桩体直径 | 600 mm |
| | 水平间距 | 1.2 m | 桩间距 | 1.2 m |
| | 锚筋规格 | 1 860 钢绞线 | 冠梁横截面 | 600 mm×500 mm |
| | 土钉(锚杆)长度 | 9 m | | |

腰梁用 18A 槽钢,预拉到 120 kN。面层采用钢板网片为 100×50 孔/m²,厚度 2.0 mm,在桩体中植筋固定于两桩之间,喷混凝土造面,以防桩间土流失。

4)注浆及面层设计

(1)注浆

注浆材料采用水灰比为 0.50 的水泥净浆,水泥采用 P.C32.5 普通(或复合)硅酸盐水泥。

(2)面层

①钢筋网铺设。

土钉墙及土钉加预应力锚索面层采用钢筋网片为 $\phi 6.5@250\times250$,现场绑扎。铺设钢筋网要求如下。

a.铺设钢筋网前,应先调直钢筋。

b.根据施工作业面分层、分段由上而下铺设钢筋网,钢筋网之间的搭接可采用焊接或绑扎,绑扎搭接长度应不小于 30 倍钢筋直径;焊接的搭接长度应不小于 10 倍钢筋直径;坡面上下段钢筋网搭接长度应大于 300 mm。

c.钢筋网宜随壁面铺设,但距基坑侧壁岩土面一般不宜小于 4 cm。

d.边壁上的钢筋网片外翻边长度一般不应小于 1 m。

②喷射混凝土。

土钉墙及土钉加预应力锚索面层喷射 C20 细石混凝土,土钉墙及土钉加预应力锚索面层厚度 80 mm。排桩面层采用钢板网片为 $100\times50$ 孔/$m^2$,厚度 2.0 mm 铺设,采用 U 形钩固定。排桩面层 80 mm。

其他略。

## 【练习题】

8.1  某挡土墙高为 4.0 m,已知墙后填土为均质的砂土,其天然重度 $\gamma=18.5$ kN/$m^3$,内摩擦角 $\varphi=20°$,填土表面作用均布荷载 $q=10$ kPa(见图 8-31)。试用朗肯理论求主动土压力 $E_a$ 的大小。

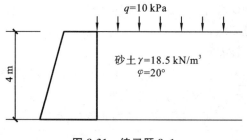

**图 8-31  练习题 8.1**

8.2  参考国家建筑标准设计图集《挡土墙》(04J008),绘制非抗震条件下,直立式路肩墙的截面详图。其中,内摩擦角 $\varphi=30°$,基底摩擦系数 $\mu=0.4$,$q_k=30$ kPa,高度为 3 m。

8.3  参考《基坑支护工程设计施工实例图集》,绘制重力式深层搅拌桩结合放坡开挖的剖面大样图。

8.4  参考《基坑支护工程设计施工实例图集》,绘制深层搅拌桩加土钉墙的剖面图。

8.5  参考《基坑支护工程设计施工实例图集》,土钉墙支护的剖面大样图。

8.6  列出基坑支护的各种类型及其适用条件。

# 项目 9　土 工 试 验

»»➜ ▎学习要求 ▎······

◇ 熟练掌握土工试验的基本原理和操作方法,学会各项土工试验资料的整理与分析。

◇ 难点:试验数据的计算与处理、试验曲线和图表的绘制。

## 9.1　土的含水量试验

土的含水量是指土中水的质量和土颗粒质量之比,亦称含水率。土在天然状态下的含水量称为天然含水量。

**1. 试验目的**

含水量(含水率)是土的基本物理性质指标之一。测定土的含水量,了解土的含水情况,为计算土的孔隙比、液性指数、饱和度以及土的其他物理力学试验提供必需的数据。

**2. 试验方法**

本试验采用烘干法测定。烘干法适用于黏性土、砂土、有机质土和冻土。

**3. 仪器设备**

①电热烘箱:应能温度控制在 105～110 ℃。

②天平:称量 200 g,最小分度值 0.01 g;称量 1 000 g,最小分度值 0.1 g。

③其他:称量铝盒、干燥器(内有硅胶或氯化钙作为干燥剂)等。

**4. 操作步骤**

①先称空铝盒的质量,准确至 0.01 g。

②取代表性试样(细粒土)15～30 g 或用环刀中的试样,有机质土、砂类土和整体状的冻土50 g,放入称量铝盒内,并立即盖好盒盖,称铝盒加试样的质量。称量时可在天平一端放上与称量盒等质量的砝码,移动天平游码,达平衡后的称量结果即为湿土质量,准确至0.01 g。

③打开盒盖,将盒盖套在盒底下,一起放入烘箱内,在 105～110 ℃ 下烘至恒量。烘干时间:黏土、粉土不得少于 8 h,砂性土不得少于 6 h。对有机质含量超过 5% 的土,应将温度控制在 65～70 ℃ 的恒温下烘至恒重。

④将烘干的试样与盒取出,盖好盒盖,放入干燥器内冷却至室温(一般只需 0.5～1 h 即可),冷却后盖好盒盖,称铝盒加干土的质量,准确至 0.01 g。

**5. 注意事项**

①刚刚烘干的土样要等冷却后再称重。

②称重时精确至小数点后两位。

③本试验需进行 2 次平行测定,取其算术平均值,允许平行差值应符合表 9-1 的规定。

表 9-1　允许平行差值

| 含水量/(%) | <40 | ≥40 |
|---|---|---|
| 允许平行差值/(%) | 1.0 | 2.0 |

**6. 计算公式**

土的天然含水量按下列公式计算：

$$\omega = \frac{m_w}{m_s} \times 100\% = \frac{m_1 - m_2}{m_2 - m_0} \times 100\% \tag{9-1}$$

式中：$\omega$——土的含水量，%；

$m_w$——试样中水的质量，g，$m_w = m_1 - m_2$；

$m_s$——试样土粒的质量，g，$m_s = m_2 - m_0$；

$m_1$——称量盒加湿土质量，g；

$m_2$——称量盒加干土质量，g；

$m_0$——称量盒质量，g。

**7. 试验记录**

本试验记录如表 9-2 所示。

表 9-2　含水量试验记录(烘干法)

工程名称_____　　　　　试验日期_____

土样编号_____　　　　　试验者_____

| 盒号 | 称量盒质量 $m_0$/g | (湿土+盒质量)$m_1$/g | (干土+盒质量)$m_2$/g | 含水量 $\omega$/(%) | 平均含水量 $\bar{\omega}$/(%) |
|---|---|---|---|---|---|
|  |  |  |  |  |  |
|  |  |  |  |  |  |

# 9.2　土的密度试验

土的密度是指单位体积内土的质量。测定方法有环刀法、蜡封法、灌水法和灌砂法等。环刀法适用于一般黏性土，蜡封法适用于易破碎的土或形状不规则的坚硬土，灌水法、灌砂法适用于现场测定原状砂和砾质土的密度。

**1. 试验目的**

土的密度是土的基本物理性质指标之一。测定土的密度，以了解土的疏密和干湿状态，为计算土的其他换算指标以及工程设计提供必需的数据。

**2. 试验方法**

本试验采用环刀法。

**3. 仪器设备**

①环刀：内径 61.8 mm 和 79.8 mm，高度 20 mm。

②天平：称量 500 g，最小分度值 0.1 g；称量 200 g，最小分度值 0.01 g。

③其他：削土刀、钢丝锯、玻璃片、凡士林等。

**4. 操作步骤**

①测出环刀的体积 $V$，在天平上称环刀质量 $m_1$。

②按工程需要取原状土或人工制备所需要求的重塑土样，其直径和高度应大于环刀的尺寸，整平两端放在玻璃板上。

③将环刀的刀口向下放在土样上面，然后用手将环刀垂直下压，使土样位于环刀内。然后用削土刀或钢丝锯沿环刀外侧削去两侧余土，边压边削至与环刀口平齐，两端盖上平滑的

圆玻璃片,以免水分蒸发。

④擦净环刀外壁,拿去圆玻璃片,称取环刀加土的质量 $m_2$,精确至 0.1 g。

⑤记录环刀加土的质量 $m_2$、环刀号、环刀质量 $m_1$ 和环刀体积 $V$(即试样体积),如表 9-3 所示。

**5. 试验注意事项**

①密度试验应进行 2 次平行测定,两次测定的差值不得大于 0.03 g/cm³,取两次试验结果的算术平均值。

②密度计算准确至 0.01 g/cm³。

**6. 计算公式**

1)土的密度

$$\rho_0 = \frac{m_0}{V} = \frac{m_2 - m_1}{V}$$

式中:$\rho_0$——试样的湿密度,g/cm³,精确到 0.01 g/cm³;

$m_0$—— 试样的质量,g;

$V$——试样的体积(环刀的内径净体积),cm³;

$m_1$——环刀质量,g;

$m_2$——环刀加土的质量,g。

2)试样的干密度

$$\rho_d = \frac{\rho_0}{1 + 0.01\omega}$$

式中:$\rho_d$—— 干土质量密度,g/cm³;

$\rho_0$——湿土密度,g/cm³;

$\omega$——土的含水量,%。

**7. 试验记录**

本试验记录格式如表 9-3 所示。

表 9-3  密度试验记录(环刀法)

工程名称_____          试验者_____

试验日期_____          计算者_____

| 环刀号 | 环刀质量 $m_1$/g | 试样体积 $V$/cm³ | (环刀+试样质量)$m_2$/g | 土样质量 $m$/g | 湿密度 $\rho_0$/(g/cm³) | 试样含水量 $\omega$/(%) | 干密度 $\rho_d$/(g/cm³) | 平均干密度 $\bar{\rho}_d$/(g/cm³) |
|---|---|---|---|---|---|---|---|---|
|  |  |  |  |  |  |  |  |  |

# 9.3  土粒相对密度试验

土粒相对密度是试样在 105~110 ℃下烘至恒重时,土粒质量与同体积 4 ℃时水的质量之比,旧称土粒比重。

**1. 试验目的**

土粒相对密度是土的基本物理性质指标之一。测定土粒相对密度,为计算土的孔隙比、饱和度以及土的其他物理力学试验(如压缩试验等)提供必需的数据。

**2. 试验方法**

通常采用比重瓶法测定粒径小于 5 mm 的颗粒组成的各类土。

用比重瓶法测定土粒体积时,必须注意所排除的液体体积确实能代表固体颗粒的实际体积。土中含有气体,试验时必须把气体排尽,否则影响测试精度,可用沸煮法或抽气法排除土内气体。所用的液体为纯水。若土中含有大量的可溶盐类、有机质、胶粒时,则可用中性溶液,如煤油、汽油、甲苯等,此时必须采用抽气法排气。

**3. 仪器设备**

①比重瓶:容量 100 mL 或 50 mL,分长径和短径两种。

②天秤:称量 200 g,最小分度值 0.001 g。

③砂浴:应能调节温度(或可调电加热器)。

④恒温水槽:准确度应为 ±1 ℃。

⑤温度计:测定范围刻度为 0~50 ℃,最小分度值 0.5 ℃。

⑥真空抽气设备。

⑦其他:烘箱、纯水、中性液体、小漏斗、干毛巾、小洗瓶、磁钵及研棒、孔径为 2 mm 及 5 mm 筛、滴管等。

**4. 操作步骤**

①试样制备:取有代表性的风干的土样约 100 g,碾散并全部过孔径为 5 mm 的筛。将过筛的风干土及洗净的比重瓶在 100~110 ℃下烘干,取出后置于干燥器内冷却至室温称量后备用。

②将比重瓶烘干,冷却后称得瓶的质量。

③称烘干试样 15 g(当用 50 mL 的比重瓶时,称烘干试样 10 g),经小漏斗装入 100 mL 比重瓶内,称得试样和瓶的质量,准确至 0.001 g。

④为排出土中空气,在已装有干试样的比重瓶中注入半瓶纯水,稍加摇动后放在砂浴上煮沸排气。煮沸时间自悬浊液沸腾时算起,砂土应不少于 30 min,黏土、粉土不得少于 1 h。煮沸后应注意调节砂浴温度,比重瓶内悬浊液不得溢出瓶外。然后,将比重瓶取下冷却。

⑤将事先煮沸并冷却的纯水(或排气后的中性液体)注入装有试样悬浊液的比重瓶中,如用长颈瓶,用滴管注水恰至刻度处,擦干瓶内、外刻度上的水,称量瓶、水、土总质量。如用短颈比重瓶,将纯水注满瓶,塞紧瓶塞,使多余水分自瓶塞毛细管中溢出。将瓶外水分擦干后,称比重瓶、水和试样总质量,准确至 0.001 g。然后立即测出瓶内水的温度,准确至 0.5 ℃。

⑥根据测得的温度,从已绘制的温度与瓶、水总质量关系曲线中查得各试验比重瓶和水的总质量。

⑦用中性液体代替纯水测定可溶盐、黏土矿物或有机质含量较高的土的土粒密度时,常用真空抽气法排除土中空气。抽气时间一般不得少于 1 h,直至悬浊液内无气泡逸出为止,其余步骤同前。

**5. 注意事项**

①用中性液体,不能用煮沸法。

②煮沸(或抽气)排气时,必须防止悬浊液溅出瓶外,火力要小,并防止煮干。必须将土中气体排尽,否则影响试验成果。

③必须使瓶中悬浊液与纯水的温度一致。

④称量必须准确,必须将比重瓶外水分擦干。

⑤若用长颈式比重瓶,液体灌满比重瓶时,液面位置前后几次应一致,以弯液面下缘为准。

⑥本试验必须进行两次平行测定,两次测定的差值不得大于0.02,取两次测值的平均值,精确至0.01 g/cm³。

**6.计算公式**

土粒相对密度 $G_s$ 按下式计算:

$$G_s = \frac{m_d}{m_{bw} + m_d - m_{bws}} \times G_{iT} \tag{9-2}$$

式中:$m_d$——试样的质量,g;

$m_{bw}$——比重瓶、水总质量,g;

$m_{bws}$——比重瓶、水、试样总质量,g;

$G_{iT}$—— $T$ ℃时纯水或中性液体的相对密度。

水的密度如表9-4所示,中性液体的相对密度应实测,称量准确至0.001 g。

表9-4  不同温度时水的密度

| 水温 /℃ | 4.0~5 | 6~15 | 16~21 | 22~25 | 26~28 | 29~32 | 33~35 | 36 |
|---|---|---|---|---|---|---|---|---|
| 水的密度/(g/cm³) | 1.000 | 0.999 | 0.998 | 0.997 | 0.996 | 0.995 | 0.994 | 0.993 |

**7.试验记录**

比重瓶法测定土的相对密度试验记录如表9-5所示。

表9-5  土的相对密度试验记录(比重瓶法)

工程名称＿＿＿＿＿＿  试验日期＿＿＿＿＿＿

土样编号＿＿＿＿＿＿  试验者＿＿＿＿＿＿

| 试样编号 | 比重瓶号 | 温度/℃ | 液体相对密度查表 | 比重瓶质量/g | 干土质量/g | 瓶+液体质量/g | 瓶+液体+干土总质量/g | 与干土同体积的液体质量/g | 相对密度 | 平均值 |
|---|---|---|---|---|---|---|---|---|---|---|
| | | ① | ② | ③ | ④ | ⑤ | ⑥ | ⑦=④+⑤-⑥ | ⑧ | ⑨ |
| | | | | | | | | | | |
| | | | | | | | | | | |
| | | | | | | | | | | |

# 9.4  塑限、液限联合测定试验

**1.试验目的**

测定黏性土的液限 $\omega_L$ 和塑限 $\omega_P$,并由此计算塑性指数 $I_P$、液性指数 $I_L$,判别黏性土的软硬程度。同时,作为黏性土的定名分类以及估算地基土承载力的依据。

**2.基本原理**

黏性土随含水量变化,从一种状态转变为另一种状态的含水量界限值,称为界限含水量。液限是黏性土从可塑状态转变为流动状态的界限含水量,塑限是黏性土从可塑状态转变为半固态的界限含水量。

液限、塑限联合测定法是根据圆锥仪的圆锥入土深度与其相应的含水量在双对数坐标上具有线性关系的特性来进行的。利用圆锥质量为 76 g 的液塑限联合测定仪测得土在不同含水量时的圆锥入土深度,并绘制其关系直线图,在图上查得圆锥下沉深度为 17 mm 所对应的含水量即为液限,查得圆锥下沉深度为 2 mm 所对应的含水量即为塑限。

**3. 试验方法**

①土的液限试验采用锥式法。

②土的塑限试验采用搓条法。

③土的液塑限试验采用液塑限联合测定法。

本试验采用液塑限联合测定法,该方法适用于粒径小于 0.5 mm 的颗粒以及有机质含量不大于试样总质量 5% 的土。

**4. 试验设备**

①液塑限联合测定仪:如图 9-1 所示,包括带标尺的圆锥仪、电磁铁、显示屏、控制开关、测读装置、升降支座等,圆锥质量 76 g,锥角 30°,试样杯内径 40 mm、高 30 mm。

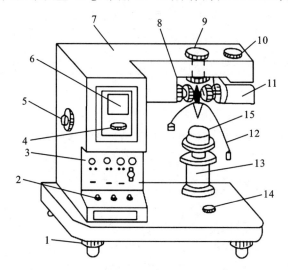

**图 9-1　光电式液塑限仪结构示意图**

1—水平调节螺丝;2—控制开关;3—指示灯;4—零线调节螺钉;5—反光镜调节螺钉;
6—屏幕;7—机壳;8—物镜调节螺钉;9—电池装置;10—光源调节螺钉;11—光源装置;
12—圆锥仪;13—升降台;14—水平泡;15—试样杯

②天平:称量 200 g,最小分度值 0.01 g。

③其他:烘箱、干燥器、调土刀、不锈钢杯、凡士林、称量盒、孔径 0.5 mm 的筛等。

**5. 操作步骤**

①本试验宜采用天然含水量试样。当土样不均匀时,采用风干试样;当试样中含有粒径大于 0.5 mm 的土粒和杂物时,应过 0.5 mm 筛。

②当采用天然含水量土样时,取代表性土样 250 g;当采用风干试样时,取 0.5 mm 筛下的代表性土样 200 g,分成 3 份,分别放入 3 个盛土皿中,加入不同量的纯水,使土样分别接近液限、塑限和两者中间状态的含水量,调成均匀膏状,放入盛土皿,浸润过夜。

③将制备的试样充分调拌均匀,填入试样杯中,填样时不应留有空隙,对较干的试样充分搓揉,密实地填入试样杯中,填满后刮平表面。

④将试样杯放在联合测定仪的升降座上,在圆锥上抹一薄层凡士林,接通电源,使电磁铁吸住圆锥。

⑤调节零点,将屏幕上的标尺调在零位,调整升降座,使圆锥尖接触试样表面,指示灯亮时圆锥在自重作用下沉入试样,经 5 s 后测读圆锥下沉深度(显示在屏幕上),取出试样杯,挖去锥尖入土处的凡士林,取锥体附近的试样不少于 10 g,放入称量盒内,测定含水量。

⑥按③~⑤的步骤分别测试其余两个试样的圆锥下沉深度及相应的含水量。液塑限联合测定应不少于 3 点。

### 6. 注意事项

①圆锥入土深度宜为 3~4 mm、7~9 mm、15~17 mm。

②土样分层装杯时,注意土中不能留有空隙。

③每种含水量设 3 个测点,取平均值作为这种含水量所对应土的圆锥入土深度。如三点下沉深度相差太大,则必须重新调试土样。

### 7. 计算与绘图

①计算各试样的含水量,计算公式与含水量试验相同。

②绘制圆锥下沉深度 $h$ 与含水量 $\omega$ 的关系曲线。以含水量为横坐标,圆锥下沉深度为纵坐标,在双对数坐标纸上绘制关系曲线,三点连一直线(如图 9-2 中的 $A$ 线)。当三点不在一条直线上时,可通过高含水量的一点与另两点连成两条直线,在圆锥下沉深度为 2 mm 处查得相应的含水量。当两个含水量的差值不小于 2% 时,应重做试验。当两个含水量的差值小于 2% 时,用这两个含水量的平均值与高含水量的点连成一条直线(如图 9-2 中的 $B$ 线)。双对数坐标纸如图 9-3 所示。

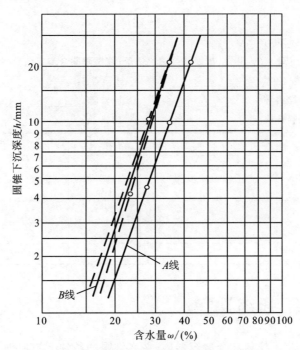

**图 9-2  圆锥入土深度与含水量关系图**

③在圆锥下沉深度 $h$ 与含水量 $\omega$ 关系图上查得:下沉深度为 17 mm 所对应的含水量为液限 $\omega_L$;下沉深度为 2 mm 所对应的含水量为塑限 $\omega_P$,以百分数表示,准确至 0.1%。

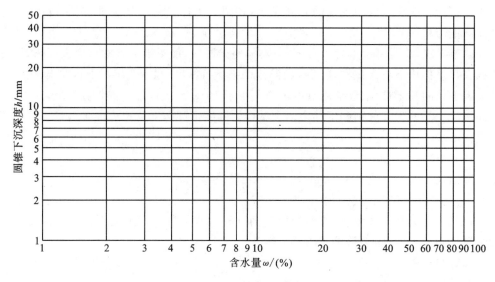

图 9-3 双对数坐标图纸

④计算塑性指数和液性指数。

塑性指数：

$$I_P = \omega_L - \omega_P \qquad (9-3)$$

液性指数：

$$I_L = \frac{\omega - \omega_P}{I_P} \qquad (9-4)$$

**8. 试验记录**

试验记录如表 9-6 所示。

表 9-6  液限、塑限联合试验记录(液塑限联合测定法)

工程名称＿＿＿＿＿＿＿＿＿＿＿　　　　试验者＿＿＿＿＿＿＿＿＿＿＿

试样编号＿＿＿＿＿＿＿＿＿＿＿　　　　计算者＿＿＿＿＿＿＿＿＿＿＿

试验日期＿＿＿＿＿＿＿＿＿＿＿　　　　校核者＿＿＿＿＿＿＿＿＿＿＿

| 试样编号 | 圆锥下沉深度/mm | 盒号 | 湿土质量/g | 干土质量/g | 含水量/(%) | 液限/(%) | 塑限/(%) | 塑性指数 $I_P$ |
| --- | --- | --- | --- | --- | --- | --- | --- | --- |
| | | | ① | ② | ③ | ④ | ⑤ | ⑥ |
| | | | | | | | | |
| | | | | | | | | |
| | | | | | | | | |

# 9.5　标准固结(压缩)试验

土的固结试验是将土样放在金属容器内,在有侧限的条件下施加垂直压力,观察土在不同压力作用下的压缩变形量,并测定土的压缩性指标。

**1. 试验目的**

测定土的压缩性指标(即压缩系数和压缩模量),了解土的压缩性,为地基变形计算提供依据。

**2. 仪器设备**

本试验采用杠杆式压缩仪。

①固结容器,包括环刀、护环、透水板、水槽、加压及传压装置和百分表等(见图 9-4)。

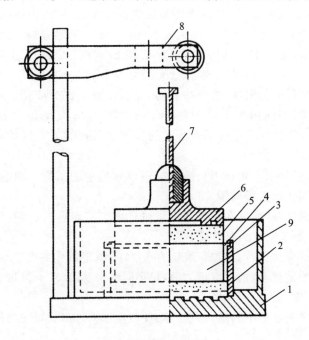

**图 9-4　固结仪示意图**

1—水槽;2—护环;3—环刀;4—导环;5—透水板;6—加压上盖;7—位移计导杆;8—位移计架;9—试样

a. 环刀:内径 61.8 mm 和 79.8 mm,面积 30 cm², 高 20 mm。环刀应具有一定的刚度, 内壁应保持较高的光洁度,宜涂一薄层硅脂或聚四氟乙烯。

b. 透水板:由氧化铝或不受腐蚀的金属材料制成,其渗透系数应大于试样的渗透系数。 用固定式容器时,顶部透水板直径应小于环刀内径 0.2～0.5 mm;当用浮环式容器时,上下 端透水板直径相等,均应小于环刀内径。

②加压设备:应能在瞬间施加各级垂直压力,且没有冲击力。

③变形量测设备:量程 10 mm,最小分度值为 0.01 mm 的百分表或精确度为全量程 0.2%的位移传感器。

④其他:天平、刮刀、钢丝锯、玻璃片、凡士林、滤纸、秒表等。

**3. 操作步骤**

①环刀取土:将环刀内壁涂上一薄层凡士林,刃口向下,放在试样上端表面,先用两手将 环刀轻轻地下压,再用削土刀将上下两端多余的土削去并与环刀齐平。

②擦净粘在环刀外壁的土屑,称得环刀与土的重量(精确至 0.1 g),求得试样在试验前 的密度,同时取环刀四边修削下来的试样重 10 g 左右放入铝盒,称得铝盒与土的重量后,再 放入烘箱烘至恒重,再称重量,以测得试验前的含水量。

③先在固结容器内放置护环、透水板和润湿的薄型滤纸,将带有试样的环刀一起放入护 环内,再套上导环,然后在试样顶面再依次放上润湿的薄型滤纸、透水板、加压上盖和钢球, 并适当移动将固结容器置于加压框架正中,使加压上盖正好与加压框架(横梁)中心对准,与

此同时安装百分表或位移传感器(在此应当注意:滤纸和透水板的湿度应接近试样的湿度;此外,当轻轻按下杠杆使加压横梁正好与钢球接触时,不能使其受力)。

④施加 1 kPa 的预压力使试样与仪器上下各部件之间接触,将百分表或位移传感器调整到零或测读初读数。至此,试验的准备工作已经就绪。

⑤开始加荷:根据实际需要,确定需要施加的各级压力,按压力等级 12.5 kPa、25 kPa、50 kPa、100 kPa、200 kPa、400 kPa、800 kPa、1 600 kPa 的顺序施加。第一级压力的大小应视土的软硬程度而定,宜用 12.5 kPa、25 kPa 或 50 kPa,最后一级压力应大于土的自重压力与附加压力之和。只需测定压缩系数时,最大压力不小于 400 kPa。

本次试验由于受课时的限制,统一按 50 kPa、100 kPa、200 kPa、400 kPa 等四级荷重顺序施加压力。学生做试验应限于课内时间,可缩短固结时间,每级荷重历时为 9 min,即每加一级荷重测至 9 min 的读数。记录下百分表的读数之后再加下一级荷重,直至第四级荷重施加完毕为止。

对于饱和试样,施加第一级压力后应立即浸没水槽中的试样。非饱和土试样进行压缩试验时需用湿棉纱围住加压板周围。

⑥需要进行回弹试验时,可在某级压力下试样固结稳定后退压,直到退到要求的压力,每次退压至 24 h 后测定土样的回弹量。

⑦不需要测定沉降速率时,施加每级压力后 24 h 测定试样高度变化作为稳定标准。只需测定压缩系数时的试样,施加每级压力后,每小时变形达 0.01 mm 时,测定试样高度变化作为稳定标准。

⑧试验结束后吸去容器中的水,迅速拆除仪器各部件,取出整块试样测定含水量。

**4. 注意事项**

①首先装好试样,再安装百分表。在装量表的过程中,小指针需调至整数位,大指针调至零,量表杆头要有一定的伸缩范围,固定在量表架上。

②加荷时,应按顺序加砝码;试验中不要震动实验台,以免指针产生移动。

**5. 试验成果整理**

①计算试样的初始孔隙比。

$$e_0 = \frac{G_s(1+\omega_0)\rho_w}{\rho_0} - 1 \qquad (9\text{-}5)$$

式中:$G_s$——土粒的相对密度;

$\omega_0$——压缩前试样的含水量,%;

$\rho_0$—— 压缩前试样的密度,$g/cm^3$;

$\rho_w$——水的密度,$g/cm^3$。

②计算各级压力下试样固结稳定后的孔隙比。

$$e_i = e_0 - \frac{1+e_0}{h_0}\Delta h_i \qquad (9\text{-}6)$$

或

$$e_i = \frac{h}{h_s} - 1 \qquad (9\text{-}7)$$

式中:$h_0$——试样初始高度,等于环刀高度 20 mm;

$h_s$——试样中土粒(骨架)净高,$h_s = \dfrac{h_0}{1+h_0}$;

$h$——在某一级压力下试样固结稳定后的高度,mm;按下式计算

$$h = h_0 - (\Delta h_1 - \Delta h_2)$$

式中：$\Delta h_1$——在同一级压力下试样和仪器的总变形，mm，即等于施加第一级压力前预压调整时的百分表起始读数与某一级压力下试样固结稳定后的百分表的读数之差；

$\Delta h_2$——在同一级压力下仪器的总变形（其值可由实验室给出），mm。

③计算各级压力下试样固结稳定后的单位沉降量。

$$s_i = \frac{\sum \Delta h_i}{h_0} \times 10^3 \qquad (9\text{-}8)$$

式中：$\sum \Delta h_i$——某级压力下试样固结稳定后的总变形（即高度的累计变形量），mm；其值等于该级压力下固结稳定读数减去仪器变形量。在试验过程中测出各级压力 $p_i$ 作用下的 $\Delta h_i = \Delta h_1 - \Delta h_2$。

④计算某级压力下的压缩系数 $a$ 和压缩模量 $E_s$。

$$a = \frac{e_i - e_{i+1}}{p_{i+1} - p_i} \qquad (9\text{-}9)$$

$$E_s = \frac{1 + e_i}{a} \qquad (9\text{-}10)$$

求压缩系数 $a$ 时，一般取 $p_1 = 100$ kPa，$p_2 = 200$ kPa，用压缩系数 $a_{1\text{-}2}$ 表示。可以用来判定土的压缩性：若 $a_{1\text{-}2} < 0.1$ MPa$^{-1}$，为低压缩性土；$0.1$ MPa$^{-1} \leqslant a_{1\text{-}2} < 0.5$ MPa$^{-1}$，为中压缩性土；$a_{1\text{-}2} \geqslant 0.5$ MPa$^{-1}$，为高压缩性土。

⑤以孔隙比 $e$ 为纵坐标、压力 $p$ 为横坐标，绘制孔隙比与压力 $e$-$p$ 曲线（见图 9-5）。

⑥土的标准固结试验记录，见表 9-7～表 9-11。

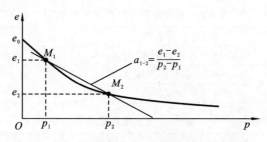

图 9-5　$e$-$p$ 曲线

表 9-7　土的标准固结试验记录（一）

工程编号＿＿＿＿＿＿＿＿　　　　试验日期＿＿＿＿＿＿＿＿

试样编号＿＿＿＿＿＿＿＿　　　　试验者　＿＿＿＿＿＿＿＿

仪器编号＿＿＿＿＿＿＿＿　　　　计算者　＿＿＿＿＿＿＿＿

| 压　　力 | 0.05 MPa | | 0.1 MPa | | 0.2 MPa | | 0.39 MPa | | 0.4 MPa | |
|---|---|---|---|---|---|---|---|---|---|---|
| 经过时间/min | 时间 | 变形读数 | 时间 | 变形读数 | 时间 | 变形读数 | 时间 | 变形读数 | 时间 | 变形读数 |
| 0 | | | | | | | | | | |
| 0.1 | | | | | | | | | | |
| 0.25 | | | | | | | | | | |
| 1 | | | | | | | | | | |
| 2.25 | | | | | | | | | | |
| 4 | | | | | | | | | | |
| 6.25 | | | | | | | | | | |
| 9 | | | | | | | | | | |
| 12.25 | | | | | | | | | | |

续表

| 压　　力 | 0.05 MPa | | 0.1 MPa | | 0.2 MPa | | 0.39 MPa | | 0.4 MPa | |
|---|---|---|---|---|---|---|---|---|---|---|
| 经过时间/min | 时间 | 变形读数 | 时间 | 变形读数 | 时间 | 变形读数 | 时间 | 变形读数 | 时间 | 变形读数 |
| 16 | | | | | | | | | | |
| 20.25 | | | | | | | | | | |
| 25 | | | | | | | | | | |
| 30.25 | | | | | | | | | | |
| 36 | | | | | | | | | | |
| 42.25 | | | | | | | | | | |
| 49 | | | | | | | | | | |
| 64 | | | | | | | | | | |
| 100 | | | | | | | | | | |
| 200 | | | | | | | | | | |
| 23(h) | | | | | | | | | | |
| 24(h) | | | | | | | | | | |
| 总变形量/mm | | | | | | | | | | |
| 仪器变形量/mm | | | | | | | | | | |
| 试样总变形量/mm | | | | | | | | | | |

**表 9-8  土的标准固结试验记录（二）**

| 工程编号 | | 试样面积/mm² | | 试验者 | |
|---|---|---|---|---|---|
| 仪器编号 | | 土粒相对密度/(g/cm³) | | 计算者 | |
| 试样编号 | | 试验前孔隙比 $e_0$ | | 校核者· | |
| 试验日期 | | 试验前试样高度 $h_0$/mm | | | |

**表 9-9  含水量试验记录**

| | 盒　　号 | 湿土质量/g | 干土质量/g | 含水量/(%) | 平均含水量/(%) |
|---|---|---|---|---|---|
| 试验前 | | | | | |
| 试验后 | | | | | |

**表 9-10  密度试验记录**

| 环　刀　号 | 湿土质量/g | 环刀容积/cm³ | 湿密度/(g/cm³) |
|---|---|---|---|
| | | | |
| | | | |

**表 9-11  压缩模量计算**

| 加压历时/h | 压力 $p$/MPa | 试样变形量/mm | 压缩后试样高度 $h$/mm | 孔隙比 $e_i$ | 压缩系数 $a$/MPa$^{-1}$ | 压缩模量 $E_s$/MPa |
|---|---|---|---|---|---|---|
| | | $\sum \Delta h_i$ | $h_0 - \sum \Delta h_i$ | | | |
| | | | | | | |

## 9.6　直接剪切试验

　　剪切试验的目的是测定土的抗剪强度指标。通常采用 4 个试样为一组,分别在不同的垂直压力 $\sigma$ 作用下,施加水平剪应力进行剪切,求得破坏时的剪应力 $\tau$,然后根据库仑定律确定土的抗剪强度参数(内摩擦角 $\varphi$ 和凝聚力 $c$ 值)。

　　直接剪切试验是测定土的抗剪强度的一种常用方法。根据排水条件不同,直接剪切试验具体可分为慢剪试验(S)、固结快剪试验(CQ)和快剪试验(Q)三种。

### 9.6.1　慢剪试验

　　本试验方法适用于细粒土。

　　**1. 仪器设备**

　　①应变控制式直接剪切仪,包括剪力盒、垂直加压设备、剪切传动装置、测力计及位移量测系统等。

　　②环刀:内径 61.8 mm,高度 20 mm。

　　③位移量测设备:量程为 10 mm、分度值 0.01 mm 的百分表,或准确度为全量程 0.2% 的传感器。

　　**2. 操作步骤**

　　①切取试样:按工程需要用环刀切取一组试样,至少 4 个,并测定试样的密度及含水量。如试样需要饱和,可对试样进行抽气饱和。

　　②安装试样:对准剪切容器的上下盒,插入固定销钉。在下盒内放入一块透水石,上覆一张滤纸。将装有试样的环刀平口向下,对准剪切盒,试样上放一张滤纸,再放上一块透水石,将试样慢慢推入剪切盒内,移去环刀。需注意,透水石和滤纸的湿度接近试样的湿度。

　　③移动传动装置:顺时针转动手轮,使上盒前端钢珠刚好与测力计接触(即量力环中量表的指针刚被触动),依次加上传压板(上盖)、钢珠及加压框架,安装垂直位移和水平位移量测装置,调整测力计(即量力环中量表)读数为零或测记初读数。

　　每组 4 个试样,分别在 4 种不同的垂直压力下进行剪切。在教学上,可取 4 个垂直压力分别为 100 kPa、200 kPa、300 kPa、400 kPa。

　　④施加垂直压力:根据工程实际和土的软硬程度施加各级垂直压力。对松软试样,垂直压力应分级施加,以防土样挤出。施加压力后,向盒内注水。非饱和试样应在加压板周围包以湿棉纱。

　　⑤施加垂直压力后,每 1 h 测读垂直变形一次,直至试样固结变形稳定。变形稳定标准为每小时不大于 0.005 mm。

　　⑥拔出固定销钉,开动秒表、记录,以 4~6 r/min 的均匀速率旋转手轮,对试样施加水平剪力,即以小于 0.02 mm/min 的剪切速度进行剪切(在教学中可采用 6 r/min),试样每产生 0.2~0.4 mm 测记测力计和位移读数,直至测力计读数出现峰值。如测力计中的测微表指针不再前进,或有显著后退,表示试样已经被剪破,但一般宜剪至剪切变形达 4 mm 为止。若量表指针再继续增加,则剪切变形应达 6 mm 为止。手轮每转一圈,同时记录测力计量表读数,直到试样剪坏,停止试验(注:手轮每转一圈推进下盒 0.2 mm)。

　　⑦拆卸试样:剪切结束后,吸去剪切盒内的积水,倒转手轮退去剪切力和垂直压力,移动加压框架、上盖板,取出试样,测定试样的含水量。

**3. 注意事项**

①先安装试样,再装量表。安装试样时要用透水石把土样从环刀推进剪切盒里,试验前量表中的大指针调至零。

②加荷时,不要摇晃砝码;剪切时要先拔出销钉。

**4. 计算及绘图**

①估算试样的剪切破坏时间。当需要估算试样的剪切破坏时间时,可按下式计算

$$t_f = 50t_{50} \tag{9-11}$$

式中:$t_f$——达到破坏所经历的时间,min;

$t_{50}$——固结度达 50% 所需的时间,min。

②计算各级垂直压力下的剪应力(以最大剪应力为抗剪强度)。

$$\tau = \frac{C_0 R}{A_0} \times 10$$

式中:$\tau$——试样所受的剪应力,kPa;

$C_0$——测力计(量力环)校正系数,kPa/0.01 mm;

$R$——剪切时测力计量表最大读数,或位移 4 mm 时的读数,0.01 mm。

③绘制 $\tau$-$\sigma$ 关系曲线。

以垂直压力 $\sigma$ 为横坐标,以抗剪强度 $\tau$ 为纵坐标,纵横坐标必须同一比例,根据图中各点绘制 $\tau$-$\sigma$ 关系曲线,该直线的倾角为土的内摩擦角 $\varphi$,该直线在纵轴上的截距为土的黏聚力 $c$,如图 9-6 所示。

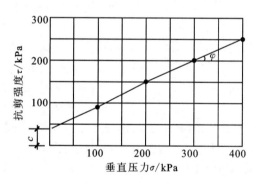

**图 9-6　抗剪强度 $\tau$ 与垂直压力 $\sigma$ 关系曲线**

④慢剪试验的记录格式如表 9-12 所示。

**表 9-12　慢剪试验的记录**

工程编号＿＿＿＿＿＿＿＿　　试验方法＿＿＿＿＿＿＿＿　　试验日期＿＿＿＿＿＿＿＿

仪器编号＿＿＿＿＿＿＿＿　　土壤类别＿＿＿＿＿＿＿＿　　试验者＿＿＿＿＿＿＿＿

试样编号＿＿＿＿＿＿＿＿　　量力环校正系数＿＿＿＿＿＿＿＿　　计算者＿＿＿＿＿＿＿＿

| 手轮转数 量表读数 | 各级垂直压力 | | | |
|---|---|---|---|---|
| | 100 kPa | 200 kPa | 300 kPa | 400 kPa |
| | | | | |
| | | | | |
| | | | | |
| | | | | |
| | | | | |

续表

| 量表读数<br>手轮转数 | 各级垂直压力 | | | |
|---|---|---|---|---|
| | 100 kPa | 200 kPa | 300 kPa | 400 kPa |
| | | | | |
| | | | | |
| | | | | |
| | | | | |
| | | | | |
| | | | | |
| | | | | |
| | | | | |
| | | | | |
| | | | | |
| | | | | |
| | | | | |
| | | | | |
| | | | | |
| | | | | |
| | | | | |
| | | | | |
| 抗剪强度/kPa | | | | |
| 剪切历时/min | | | | |
| 固结时间/min | | | | |
| 剪切前压缩量/mm | | | | |

## 9.6.2　固结快剪试验

固结快剪试验步骤:试样制备、安装和固结应按慢剪试验的第①~⑤步骤进行。固结快剪试验的剪切速度 0.8 mm/min,使试样在 3 min 内剪损、在 5 min 内剪破。其剪切步骤应按慢剪试验的第⑥、⑦步骤进行操作。固结快剪试验的计算、绘图及试验记录的格式与慢剪相同。

固结快剪法适用于测定渗透系数小于 $10^{-6}$ cm/s 的细粒土。

## 9.6.3　快剪试验

快剪试验步骤:试样制备、安装应按慢剪试验的第①~②步骤进行(注意:安装时应以硬塑料薄膜代替滤纸,不需安装垂直位移装置)。快剪试验是在试样上施加垂直压力后,拔去固定销,立即以 0.8 mm/min 的剪切速度按慢剪试验的第⑤、⑥步骤进行至试验结束;使试样在 3~5 min 内剪损。一般在整个试验过程中,不允许试样的原始含水量有所改变,即在试验过程中孔隙水压力保持不变。

快剪试验法适用于测定渗透系数小于 $10^{-6}$ cm/s 的细粒土。

# 参 考 文 献

[1] 中华人民共和国住房和城乡建设部.GB 50007—2011 建筑地基基础设计规范[S].北京:中国建筑工业出版社,2011.

[2] 中华人民共和国建设部.GB 50021—2001 岩土工程勘察规范(2009 年版)[S].北京:中国建筑工业出版社,2009.

[3] 中华人民共和国住房和城乡建设部.JGJ 79—2012 建筑地基处理技术规范[S].北京:中国建筑工业出版社,2012.

[4] 中华人民共和国水利部.GB/T 50123—1999 土工试验方法标准[S].北京:中国建筑工业出版社,1999.

[5] 陈晋中.土力学与地基基础[M].2 版.北京:机械工业出版社,2013.

[6] 陈希哲.土力学地基基础[M].5 版.北京:清华大学出版社,2013.